3판

# 한국의
# 전통병과

3판

# 한국의 전통병과

정길자·박영미·장소영·조은희·이종민 지음

교문사

## 머리말

50여 년 전인 1971년 황혜성 교수님이 개원하신 궁중음식연구원 조교를 시작으로 궁중음식과 인연을 맺었다. 이 해는 한희순 상궁이 국가무형문화재 제38호 '조선왕조궁중음식'의 1대 기능보유자로 지정된 해이기도 하다. 그 후 황혜성 교수님이 2대 기능보유자가 되셨고, 2007년 9월 17일에 한복려와 함께 3대 기능보유자로 지정되면서 필자는 특히 궁중병과 부문에 역점을 두고 보존과 전승에 주력해 왔다. 전통병과는 떡류 45종, 과정류 63종, 음청류 8종이 조선왕조 궁중음식 전수지정종목으로 지정되어 현재까지 전수되고 있다.

많은 사람들이 궁중음식은 구중궁궐이라는 폐쇄된 공간에서 왕족들만을 위해 만들어진, 본적도 먹어본 적도 없는 특별한 음식으로 생각한다. 그러나 궁중음식과 반가의 음식은 서로 교류되는 여러 계기가 있었기 때문에 궁중의 기록에 있는 음식이 대부분 반가의 옛 음식책에서도 찾아볼 수 있다.

궁중음식이 전통음식의 정수라고 말하는 것은 제철에 지역 특산물이 진상되는 제도가 있어 좋은 식재료로 전문조리사인 숙수나 소주방상궁, 생과방상궁 등이 정성을 다하여 음식을 만들었기 때문이다. 또한 궁중에서는 각종 명절이나 잔치 등 일 년 내내 크고 작은 잔치가 베풀어졌다. 이러한 행사는 『의궤』나 『건기』 등의 자료로 남아 있으며 각 음식의 명칭, 재료, 양이 모두 기록되어 있다. 『의궤』의 기록을 보면 잔치음식 중 떡이 가장 먼저 등장하고, 그 다음 한과가 이어지며 그 종류도 매우 많다. 특히 조선시대는 유교의 영향을 받아 의례음식을 중요하게 여겼기 때문에 병과가 더욱 다양하게 발전할 수 있었다.

이 책은 조선왕조 궁중음식 지정종목을 주로 설명하고 옛 음식책과 각 지방에서 발달한 향토 떡과 한과 그리고 근간에 자리를 잡은 병과를 보태어 엮게 되었다. 내용은 크게 병과 이론인 '전통병과의 이해'와 병과 실기인 '전통병과의 실제'로 나누었다. 다시 이해와 실제에 각각 떡, 한과, 음청류로 나누고, 떡은 찐 떡, 친 떡, 지진 떡, 빚은 떡, 한과는 유밀과, 유과, 다식, 숙실과, 정과, 과편, 엿강정, 엿으로 구분하였다.

병과류의 제조방법은 전통적인 방법을 고수하였으나 계량과 디자인 등은 요즘 식생활에 적합하도록 현대화하여 병과를 공부하는 후학들이 쉽게 이해하고 조리할 수 있도록 하였다. 우리의 전통 떡, 한과, 음청류를 전통음식으로 지켜 나가는 것이 쉬운 일은 아니겠으나 정통성이 있는 뿌리 깊은 우리의 것을 지켜나가려는 의지로 이 책을 발간하게 되었으며, 궁중음식 이수자들과 이 책을 만들면서 우리 모두 다시 공부할 수 있는 기회였던 것이 큰 보람이었다. 부족한 점은 부단한 노력으로 채워 나갈 것을 다짐해 본다.

오랜 세월 제자로서 자부심을 갖도록 이끌어 주셨던 고 황혜성 교수님, 공부에 맛들이기를 경험하게 해주신 이효지 교수님, 필요한 자료를 제공해 준 궁중음식연구원 원장이자 친구인 한복려 원장님께 감사드린다. 이 책이 엮어지기까지 여러모로 도움을 준 궁중병과연구원의 박은혜, 백진주, 황화경, 문병선에게도 감사의 마음을 전한다.

끝으로 이 책의 출간을 허락해 주신 (주)교문사의 류원식 대표님과 편집부 여러분에게도 감사를 드린다.

2025. 1.

대표저자 정길자

# 차례

Ｐ ａ ｒ ｔ   ３

# 떡제조기능사 실기 과제

# 부 록

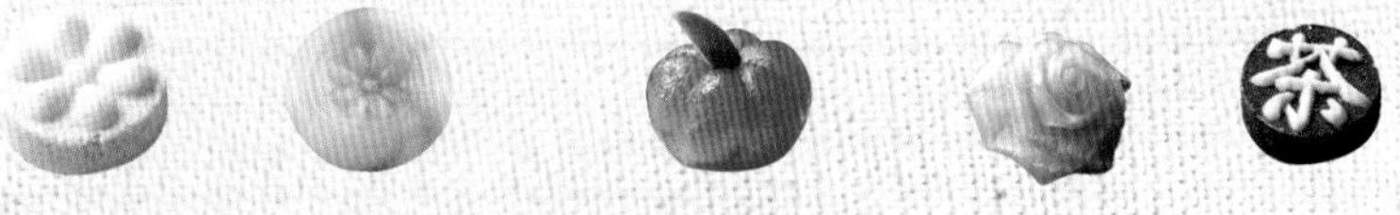

우리 민족이 언제부터 떡을 먹기 시작하였는지 정확히 알 수는 없다. 그러나 대부분의 학자들은
삼국이 성립되기 이전인 부족국가 시대부터 만들어진 것으로 추정하고 있다.
그 이유는 이 시대에 떡의 주재료가 되는 곡물이 생산되고 있었고, 떡의 제작에 필요한 갈판과 갈돌,
시루가 당시의 유적으로 출토되고 있기 때문이다.

Part **1**

# 전통병과의
# 이해

# Chapter 1

# 떡

## 떡의 역사

### 삼국시대 이전

우리 민족이 언제부터 떡을 먹기 시작하였는지 정확히 알 수는 없다. 그러나 대부분의 학자들은 삼국이 성립되기 이전인 부족국가시대부터 만들어진 것으로 추정하고 있다. 그 이유는 이 시대에 떡의 주재료가 되는 곡물이 생산되고 있었고, 떡의 제작에 필요한 갈판과 갈돌, 시루가 당시의 유적으로 출토되고 있기 때문이다. 황해도 봉산 지탑리의 신석기 유적지에서는 곡물의 껍질을 벗기고 가루로 만드는 데 쓰이는 갈돌이, 경기도 북변리와 동창리의 무문토기시대 유적지에서는 갈돌로의 발전 이전 단계인 돌확이 발견된 바 있다.

함경북도 나진 초도 조개더미에서는 양쪽에 손잡이가 달리고 바닥에는 구멍이 여러 개 난 시루가 발견되었다. 그런데 곡물을 가루로 만들어 시루에 찐 음식이라면 '시루떡'을 의미한다. 따라서 우리 민족은 삼국시대 이전부터 시루떡 및 시루에 찐 떡을 쳐서 만드는 인절미, 절편 등 도병류(搗餅類)를 즐겼을 것으로 보인다. 다만 아직 쌀의 생산량이 많지 않았으므로 쌀 외에도 조, 수수, 콩, 보리 등 각종 잡곡류가 다양하게 이용되었을 것이다.

삼국시대 이전에 이미 우리 민족은 시루떡, 친 떡, 지진 떡을 만들어 먹고 있었음을 알 수 있다. 이들 떡은 무천, 영고, 동맹과 같은 제천의식(祭天儀式)에 사용되었을 것으로 생각된다.

갈판과 갈돌, 국립중앙박물관 소장

## 삼국시대와 통일신라시대

삼국 및 통일신라시대에 이르러 사회가 안정되자 쌀을 중심으로 한 농경이 더욱 발달하게 되었다. 쌀을 주재료로 하는 떡이 한층 더 발전할 수 있었던 것은 물론이다. 고구려 안악 3호 고분 벽화에는 시루에 무엇인가를 찌고 있는 모습이 담겨 있으며, 여러 삼국시대의 고분에서는 시루가 출토되고 있기도 하다. 식량 생산이 늘어나면서 곡물의 도정·제분 용구인 절구와 디딜방아, 대형 맷돌로 발전한다. 시루가 증가하여 주

고구려 안악 3호 고분의 '시루'

방의 기본 용구가 되고 따라서 시루에 찌는 떡이 평소 음식으로 발전한다. 『삼국사기』, 『삼국유사』 등의 문헌에서도 떡에 관한 이야기가 많아 당시의 식생활 중에서 떡이 차지했던 비중을 짐작하게 한다.

『삼국사기』 신라본기 유리왕 원년(24년)조에는 유리와 탈해가 서로 왕위를 사양하다 떡을 깨물어 생긴 잇자국을 보아 이의 수가 많은 자를 왕으로 삼았다는 기록이 있다. 또 같은 책 백결선생조에는 신라 자비왕대(458~479년) 사람인 백결 선생이 가난하여 세모에 떡을 치지 못하자 거문고로 떡방아 소리를 내어 부인을 위로한 이야기가 나온다. 깨물어 잇자국이 선명히 났다든지 떡방아 소리를 냈다든지의 기록으로 보아 여기서 말하는 떡은 찐 곡물을 방아 등에 쳐서 만든 흰떡, 인절미, 절편 등의 도병류임을 알 수 있다. 특히 백결 선생이 세모에 떡을 해먹지 못함을 안타깝게 여겼다고 하여 당시에 이미 연말에 떡을 하는 절식 풍속이 있었음을 보여주고 있다.

또한 『삼국유사』 신라 효소왕대(692~702년) 죽지랑조에 "죽지랑이 부하인 득오가 부산성의 창직(倉直)으로 임명되어 급히 떠난 것을 알고 설병(舌餠) 한 합과 술 한 병을 가지고 노복을 거느리고 가서 찾아 술과 떡을 먹었다"는 이야기가 있다. 떡의 이름이 문헌에 등장하는 것은 이것이 처음이다. 설병을 이두음대로 미루어 생각하면 '설기', 즉 '설기떡'으로 해석할 수 있고 '설(舌)'이 '혀'를 의미하므로 혀의 모양처럼 생긴 인절미나 절편, 혹은 그 음이 설병(雪餠)과 유사하니 설기떡으로 추측할 수 있다.

전 시대에 이어 떡은 중요한 제사음식의 하나로 사용되어, 『삼국유사』 가락국기에는 법민왕 19년에 수로왕 17대손에게 선조의 제사를 지내도록 상상답(上上田 : 좋은 논)을 주었는데 조에 "……세시마다 술, 감주와 병(餠), 반(飯), 과(菓), 차(茶) 등의 여러 가지를 갖추고

제사를 지냈다"는 기록이 남아 있다.


## 고려시대

삼국시대에 전래된 불교는 고려시대에 이르러 역사상 최고조로 번성하게 된다. 불교 문화는 고려인들의 모든 생활에 영향을 미쳤으며 음식 또한 예외가 아니었다. 육식의 억제와 음다(飮茶) 풍속의 유행은 과정류와 함께 떡이 더욱 발전하는 계기를 만들어 주었다. 이와 더불어 토지제도를 개혁하고 농업기술 지도에 주력한 결과 양곡이 증산되어 떡의 발전이 더한층 촉진되었고, 차와 함께 한과가 크게 발전하여 한국의 병과 문화가 정착한다. 고려시대에는 특히 떡의 종류와 조리법이 크게 다양해져 주목된다.

『거가필용사류』에 '고려율고'라는 떡이 나오고, 한치윤의『해동역사』에는 "고려인이 율고(栗糕)를 잘 만든다"고 칭송한 견문이 소개되고 있다. 율고란 밤가루와 찹쌀가루를 섞어 꿀물을 내려 시루에 찐 일종의 밤설기이다. 설기떡을 찔 때 꿀물을 내리면 공기가 고르게 들어가 떡의 보습성이 커지고 쉽게 굳지 않으므로 상당히 과학적이라 할 수 있다. 이수광은 그의 저서『지봉유설』에서 "송사(宋史)에서 말하기를, 고려는 상사일(上巳日)에 청애병(靑艾餅)을 으뜸으로 가는 음식으로 삼는다. 어린쑥 잎을 쌀가루에 섞어 떡으로 찐 것이다"라고하였으니 쑥설기인 셈이다. 이외에도 송기떡이나 산삼설기 등이 등장한다. 즉, 이전에는 쌀가루만을 쪄서 만들던 설기떡류가 쌀가루 또는 찹쌀가루에 밤과 쑥 등을 섞어 그 종류가 다양해졌다.

청애병

또한 이색의『목은집』을 보면 수수전병(粘黍)은 "그 뉘가 떡의 향기를 알건가. 황금빛이 면모에 넘치며 팥으로 속을 박았으니 먹기 쉬우므로 배고픔에 쾌적하여라. 다만 소화하기 어려우니 포식하면 속상하기 쉬운데 최옹의 비위는 건강도 하다"라고 하여 찰수수전병을 설명하고 있다.

불교 문화 외에 몽고와의 교류도 고려의 음식에 많은 영향을 주었다. 특히 밀가루를 술에 부풀려 채소로 만든 소와 팥소를 넣고 찐 증편류인 상화(霜花)가 도입되었는데, 고려시대 이전에 존재했던 것으로 생각되는 증편의 시원, 즉 이식(酏食)과 비슷한 형태였다. 고려가요 중 「쌍화점」은 상화를 파는 전방이 따로 있었음을 말해 주어 당시 상화가 많은 인기를 얻었던 것을 알 수 있다.

고려시대에는 떡의 다양화와 함께 일상화가 함께 진행되었다. 『고려사』에는 광종이 걸인(乞人)에게 떡으로 시주하였으며, 신돈(辛旽)이 떡을 부녀자에게 던져 주었다는 기록이 남아 있다. 또한 떡이 절식(節食)으로 점차 자리잡아 갔는데, 상사일에 청애병을 해먹는다든지 유두일에 수단을 해먹는다는 것이 그것이다.

## 조선시대

조선시대는 농업기술과 조리가공법의 발달로 전반적인 식생활 문화가 향상된 시기이다. 이에 따라 떡의 종류와 맛은 더 한층 다양해졌다. 특히 궁중과 반가(班家)를 중심으로 발달한 떡은 사치스럽기까지 하였다. 처음에는 단순히 곡물을 쪄 익혀 만들던 것을 다른 곡물과의 배합 및 과실, 꽃, 야생초, 약재 등의 첨가로 빛깔, 모양, 맛에 변화를 주었다. 조선 후기의 각종 요리 관련서들에는 매우 다양한 떡의 종류가 수록되었는데 그 종류가 250가지에 이른다. 각 지역에 따라 특색있는 떡이 소개되어 있는 것도 이채롭다. 또한 조선시대에는 관혼상제의 풍습이 일반화되어 각종 의례와 대·소연회, 무의(巫儀) 등에 떡이 필수적으로 사용되었다. 고려시대에 이어 명절식 및 시식으로의 사용도 증가하였다.

설기떡류로는 기존의 백설기, 밤설기, 쑥설기, 감설기 외에 석탄병(惜呑餠), 잡과점설기, 잡과꿀설기, 도행병(桃杏餠), 꿀설기, 석이병, 괴엽병(槐葉餠), 무떡, 송기떡, 승검초설기, 막우설기, 복령조화고, 상자병, 산삼병, 남방감저병, 감자병, 유고, 기단가오 등이 등장하였다. 특히 기단가오와 유고는 이 시기에만 만들어졌던 떡이다. 기단가오는 메조가루에 삶은 대추, 콩, 팥을 섞어 무리로 찐 떡(『규합총서』, 1815년)으로, 차진 메조가 생산되는 북쪽 지방의 향토떡이기도 하다. 한편 유고는 참기름에 소금을 약간 넣어 쌀가루에 섞은 다음 잣과 대추를 잘게 썰어 고명으로 얹어 시루에 찐 것이라 한다(『역주방문』, 1800년대 중엽). 오늘날의 백편과 유사하다.

시루떡 또한 팥시루떡, 콩시루떡 외에 무시루떡, 꿀찰편, 청애메시루떡, 녹두편, 거피팥녹두시루편, 깨찰편, 적복령편, 승검초편, 호박편, 두텁떡, 혼돈병 등이 나타났다. 이 중 두텁떡은 찹쌀가루에 밤과 대추 등의 소를 박고 볶은팥가루고물을 얹어 찐 것으로 조리법이 한층

두텁떡

발달하여 오늘날까지 전승되고 있는 최고의 떡이다. 『규합총서』의 혼돈병은 찹쌀가루, 승검초가루, 후춧가루, 계핏가루, 말린 생강가루, 꿀, 잣 등을 사용하여 두텁떡과 유사하게 조리한 것이다. 그러나 『증보산림경제』(1766년)의 혼돈병은 이름만 같을 뿐 내용은 매우 다르다. "메밀가루를 꿀물에 타서 죽처럼 하여 질그릇 항아리에 넣어 입구를 단단히 봉하고 겨불 속에 묻는다"고 하여 만드는 방법이나 재료가 다른 떡들과 구별되고 있다.

찌는 떡뿐만 아니라 치는 떡도 다양하게 발전하였다. 인절미는 찹쌀을 쪄서 치는 단순한 형태였으나 점차 쑥, 대추, 당귀잎을 넣고 쳐서 색다른 맛을 음미하게 되었다. 또한 조인절미라 하여 처음부터 찹쌀에 기장조를 섞어 찌기도 하였다. '긴 다리같이 만든 떡'(『동국세시기』, 1849년)이었던 흰떡은 '손가락 두께처럼 하여 한치 너비에 닷분 길이로 잘라'(『음식방문』, 연대미상) 만든 골무편이나 산병, 환병 등으로 여러 가지 모양을 가지게 되었다. 절편은 쑥, 수리취, 송기 등을 첨가하고 떡살로 무늬를 박아 모양과 색을 더욱 아름답게 하였다. 조선시대에 이르러 소를 넣고 반달 모양으로 빚은 개피떡이 문헌에 본격적으로 등장하기 시작한 것도 흥미롭다. 『음식방문』의 개피떡은 "흰떡 치고 푸른 것은 쑥 넣어 절편 쳐서 만들되 팥 거피고물하여 소 넣어 탕기 뚜껑 같은 것으로 떠내고……"라고 하여 오늘날과 매우 유사했음을 알 수 있다.

전병류도 찰수수전병에서 더덕전병, 토란병, 산약병, 서여향병, 유병, 권전병, 송풍병 등으로 재료의 사용이 다양해졌다. 『음식디미방』(1670년경)에는 '전화법'이라 하여 두견화(진달래), 장미꽃, 출단화의 꽃을 얹어 지져내는 떡이 소개되어 있는데 그 만드는 방법이 지금과 거의 같다. '빈자떡'은 기름에 지진 떡으로 『음식디미방』에 비로소 모습을 보이고 있다. 당시의 빈자떡은 "녹두를 뉘없이 거피하여 되직하게 갈아서 번철에 기름을 부어 끓으면 조금씩 떠 놓아 거피한 팥을 꿀에 말아 소로 넣고, 또 그 위에 녹두 간 것을 덮어 빛이 유자빛같이 되게 지져야 한다"고 하여 현재의 형태와는 달리 순수한 떡에 가까운 것이었다.

경단 및 단자류는 조선시대에 새롭게 만들어진 떡의 종류이다. 경단류는 『요록』(1680년경)에 '경단병'으로 처음 등장하여 『음식방문』, 『시의전서』(1800년대 말) 등 이후의 문헌에도 나타나고 있다. 경단병은 찹쌀가루로 떡을 만들어 삶아 익힌 뒤 꿀물에 담갔다가 꺼내어 콩가루(丁숌)를 바르고 그릇에 담아 다시 그 위에 꿀을 더한다고 하였다.

단자류는 『증보산림경제』에 '향애(香艾)단자'로 기록된 것이 최초이다. 이후 밤단자, 대추단자, 승검초단자, 유자단자, 토란단자, 건시단자, 마단자, 귤병단자, 꿀단자 등 종류가 다양해졌다. 이외에도 송편이 만들어져 추석에 즐겨 먹는 명절음식으로 발달하게 되었다.

빈자병

## 근대 이후

19세기 말 이후 진행된 급격한 사회변동은 떡의 역사마저 바꾸어 놓았다. 간식이자 별식거리 혹은 밥 대용식으로 오랫동안 우리 민족의 사랑을 받아왔던 떡은 서양에서 들어온 빵에 의해 점차 식단에서 밀려나게 되었다. 또한 생활 환경의 변화로 떡을 집에서 만들기보다는 떡집이나 떡방앗간같은 전문업소에 맡기는 경우가 대부분이다. 이에 따라 다양하게 전개되던 떡의 종류는 전문업소에서 주로 생산되는 몇 가지로 축소되어 가는 형편이다. 그러나 아직도 중요한 행사나 제사 등에는 빠지지 않고 오르는 필수적인 음식이기도 하다.

팥시루떡

## 떡의 종류

### 찌는 떡

곡물을 가루로 하여 시루에 안치고 솥 위에 얹어 증기로 쪄 내는 시루떡은 증병(甑餠)이라 하고, 설기떡과 커떡이 있다. 쌀가루에 물을 내려 켜를 만들지 않고 한 덩어리가 되게 하여 찐 떡을 설기떡, 무리떡이라고도 한다. 설기떡에는 쌀가루만으로 만든 흰색의 백설기와 쌀가루에 콩·감·밤·쑥 등을 섞은 콩설기·감설기·밤설기·잡과병·쑥설기 등이 있다.

커떡은 쌀가루나 찹쌀가루를 가루로 하고, 고물은 팥·녹두·깨 등을 쓰고, 고물 대신에 밤·대추·석이채·잣 등을 고명으로 얹어 찌는 각색편도 있다. 쌀가루에 꿀·석이가루·승검초가루·감가루·송홧가루·송기가루 등을 섞어서 만들기도 한다.

시루편에는 거피팥시루편과 녹두시루편·깨시루편·상추떡·물호박떡 등 여러 종류가 있고, 시루에 찔 때 찹쌀가루 켜만 올려 찌면 김이 잘 오르지 않으니 멥쌀가루와 찹쌀가루의 켜를 번갈아 안쳐서 쪄야 한다.

각 절기마다 나오는 산물들을 쌀가루에 섞어 계절의 미각을 맛보게 하는 떡들이 있다. 봄에는 쑥편과 느티떡, 여름에는 수리취떡과 상추시루떡, 가을에는 신과병, 물호박떡과 무떡을 만들고, 겨울에는 호박고지떡과 잡과병이라 하여 밤·대추·곶감 등을 섞어 떡을 만든다.


## 치는 떡

치는 떡은 도병(搗餠)이라 하여 일단 시루에 쪄낸 찹쌀이나 떡을 뜨거울 때 절구나 안반에 쳐서 끈기 나게 한 떡으로 인절미, 절편, 개피떡 등이 있다.

인절미는 찹쌀을 불려서 시루나 찜통에 쪄서 바로 절구나 안반에 쳐서 적당한 크기로 썰어 콩고물이나 거피팥고물을 묻힌다. 떡을 칠 때에 데친 쑥을 넣으면 쑥인절미가 된다.

또 멥쌀가루에 물을 내려 시루에 쪄서 절구나 안반에 끈기 나게 친다. 이렇게 친 떡을 길게 막대 모양으로 만든 것이 가래떡이고, 길게 빚어서 떡살로 문양을 내어 썬 것이 절편이다. 개피떡은 친 절편 덩어리를 얇게 밀어 팥소를 넣고 접어서 반달 모양으로 찍어 공기가 들어가게 한 떡이 개피떡이다.

단자(團子)는 찹쌀가루를 물을 주어 찌거나 익반죽을 하여 반대기를 만들어 끓는 물에 삶아 꽈리가 일도록 쳐서 적당한 크기로 빚거나 썰어서 고물을 묻힌다. 단자에는 석이단자, 쑥구리단자, 대추단자, 유자단자, 밤단자, 색단자 등이 있다.

### 빛는 떡

경단(瓊團)은 찹쌀가루나 수숫가루 등을 더운물로 익반죽을 하여 동그랗게 빚어서 끓는 물에 삶아 내어 콩고물이나 깨고물을 묻힌 빚어서 삶는 떡이다.

송편(松餠)은 쌀가루를 익반죽을 하여 콩, 깨, 밤 등을 소로 넣고 조개처럼 빚어서 시루에 솔잎을 켜켜로 깔아 쪄 낸 떡이다.

송 편

### 지진 떡

찹쌀가루를 익반죽하여 모양을 만들어 기름에 지진 떡(油煎餠)으로 화전·주악·부꾸미 등이 있다.

화전(花煎)은 반죽을 동글납작하게 빚어서 번철에 기름을 두르고 지진 떡이다. 철 따라 진달래꽃, 장미꽃, 감국(황국화) 등의 꽃이나 국화잎을 얹어서 계절의 정취를 즐기는 떡이다.

주악(助岳)은 찹쌀가루 반죽에 깨나 대추를 꿀로 반죽한 소를 넣고 송편 모양으로 작게 빚어 기름에 튀겨 내어 꿀에 재웠다가 쓰는 웃기떡이다. 부꾸미는 찹쌀가루나 차수수가루를 익반죽하여 납작하게 빚어서 번철에 기름을 두르고 지져서 소를 넣고 반을 접어 붙여 모양을 낸다.

## 떡의 쓰임새

### 시·절식

각 민족은 생활 기반이 되는 자연 환경과 독특한 생활 양식에 의해 그 나름대로의 절식을 형성, 발전시켜 왔다. 우리 민족도 예외는 아니어서 절식에는 특별한 음식을 만들어 함께 나누는 등 뜻있게 보내왔다. 이 중 떡은 반드시 준비하는 중요한 음식이었다. 따라서 떡은 사철 절기와 명절에 따라 달라진다. 절기에는 그때 많이 나오는 식품을 가지고 쌀가루에 가미하여 만들게 된다. 매달 하게 되는 떡들은 그 달에 있는 명절의 뜻을 가지고 만들어서 신에게 바치거나 아랫사람 혹은 친척 간에 나누거나 하였다. 절기에 만드는 떡은 어느 것이나 뜻이

포함되어 있다.

## 정조다례(正朝茶禮)

정월 초하루인 설날에는 흰 떡가래로 떡국을 끓여서 순수무구한 경건함을 표하였다. 설날이 천지만물이 새로 시작되는 날인 만큼 엄숙하고 청결해야 한다는 뜻에서 유래된 것이라고 한다. 이 날의 떡국을 첨세병(添歲餅)이라고도 하는데, 그 이유는 떡국을 먹음으로써 나이를 하나 더하게 되기 때문이다. 그런데 쌀 생산이 적은 북쪽지방에서는 만둣국이나 떡만둣국으로 떡국을 대신하기도 하였다. 흰떡 외에 찹쌀, 차조, 기장, 차수수 등 찰곡식으로 만든 인절미에 거피팥, 콩가루, 검정깨, 잣가루 등으로 고물을 입힌 찰떡을 만들어 먹었다.

## 정월 대보름(上元)

정월 대보름은 설 잔치 분위기를 정월 대보름 잔치로 마감하고 새해 생업을 위한 채비를 시작하는 전환점이다. 이날에는 묵은 나물, 복쌈, 부럼, 귀밝이술 등과 함께 떡으로는 약식을 만들어 즐겼다. 처음에는 까마귀가 왕의 생명을 구한 데 대한 감사함을 표시하기 위해 까마귀 깃털 색과 같은 약식을 만들었던 것이 후대에 전해 오면서 여러 가지 견과류와 꿀을 첨가, 현재의 모습을 갖추게 되었다.

## 2월 중화절(中和節)

음력 2월 1일을 일꾼날(머슴날 또는 노비일)로 정하여 술과 음식을 대접하고 격려하는 날이다. 정월 대보름에 마당에 세워 두었던 낟가릿대의 곡식을 함께 섞어 만든 커다란 송편을 빚어 노비에게 나이수대로 나누어 준다. 새해 농사를 시작하는데 수고해 달라고 상전이 노비를 대접하는 것이다. 이날 빚는 송편을 '노비송편' 혹은 2월 초하룻날 빚는다 하여 '삭일송편'이라 한다.

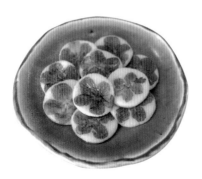

진달래화전

## 3월 삼짇날

음력 3월 3일 삼짇날은 만물이 활기를 띠고 강남갔던 제비가 돌아온다는 날로, 집안의 우환을 없애고 소원성취를 비는 산제를 올렸다. 이날에는 화전놀이라 하여 찹쌀가루와 번철을 들고 야외로 나가 진달래꽃을 뜯고 그 자리에서 진달래화전을 만들어 먹었다. 『동국세시기』에서 삼짇날 음식은 진달래화전과 화면이 으뜸이라 하였다.

## 4월 초파일

음력 4월 8일은 석가모니의 탄생을 경축하기 위한 날이다. 본래는 불가에서만 경축하였으나 고려시대 이후 일반인들도 명절로 지키게 되었다. 음식으로는 이즈음 느티나무에 새싹이 돋게 되므로 어린 느티싹을 넣은 느티떡을 해 먹거나 흔해진 장미꽃을 넣어 장미화전을 부쳐 먹었다. 혹은 석남잎(石南葉 : 만병초)으로 석남엽병을 만들었다.

## 5월 단오

음력 5월 5일 단오는 천중절(天中節), 수릿날, 중오절(重五節) 등 여러 이름으로 불린다. 조선 중종 13년(1518)에 설, 추석과 함께 3대 명절로 정해질 만큼 큰 명절이다. 창포 삶은 물로 머리를 감고 단장을 한 부녀자들은 하늘 높이 그네를 뛰고 남정네들은 씨름판으로 기세를 올린다.

　이날에는 단오차사를 거피팥시루떡으로 만들어 지내고, 앵두차사라 하여 앵두를 천신하기도 하였다. 떡으로는 수리취절편도 곧잘 하였는데 떡살의 문양이 수레바퀴모양이라고 하여 차륜병(車輪餠)이라 불렀다. 그 외에 햇쑥으로 버무리, 절편, 인절미를 만들어 쑥의 향취로 봄을 느끼는 떡을 많이 하였다.

## 6월 유두일

음력 6월 15일에는 아침 일찍 밀국수, 떡, 과일 등을 천신하고 떡을 만들어 논에 나가 농신께 풍년을 축원하였다. 절식으로는 밀을 거두는 때이므로 상화병이나 밀전병을 즐겼고, 더위를 잊기 위한 음료수로 꿀물에 동글게 빚은 흰떡을 넣은 수단을 만들어 먹었다.

## 7월 칠석

음력 7월 7일에는 올벼를 가묘에 천신하고 흰쌀로만 만든 백설기를 즐겼다. 또 삼복에는 깨찰편, 밀설기, 주악, 증편을 많이 하였다. 특히 삼복 중에는 증편을 즐겼는데, 증편은 술로 반죽하여 발효시킨 후 찐 떡으로 더위에도 쉽게 상하지 않았기 때문이다. 주악 또한

증 편

쉽게 상하지 않아 이 시기에 많이 해먹었다. 백중절(음력 7월 15일)에는 망혼을 위하여 절에서 제를 올린다.

## 8월 한가위

음력 8월 15일에는 햅쌀로 시루떡, 송편을 만들어 조상께 감사하며 제사를 지낸다. 송편이라는 명칭은 찔 때 솔잎을 켜마다 깔고 찌기 때문에 붙여진 것이라 한다. 그런데 이날 만드는 송편은 이르게 익는 벼, 곧 올벼로 빚은 것이라 하여 '오려송편'이라 부르고 2월 중화절의 삭일송편과 구별하였다. 이외에 찰떡, 곧 인절미를 만들기도 하였다.

## 중양절

음력 9월 9일은 추석 제사를 못 잡순 조상께 제사를 지내는 날이다. 이날 시인과 묵객들은 야외로 나가 시를 읊거나 그림을 그리면서 풍국(楓菊)놀이를 즐겼다. 음식 또한 향기 좋은 국화를 꺾어 운치를 더하고, 국화주나 국화꽃잎을 띄운 가양주와 함께 국화전을 만들어 먹었다. 또 삶은 밤을 으깨 찹쌀가루에 버무려 찐 밤떡도 즐겨 먹었다.

## 10월 상달

상달은 일 년 중 첫째 가는 달이라 하여 당산제와 고사를 지내서 마을과 집안의 풍요를 빌었다. 고사 때는 백설기나 붉은팥시루떡을 만들어 시루째 대문, 장독대, 대청 등에 놓고 성주신을 맞이하여 빈다. 이때에는 애단자(艾團子)와 밀단고(密團糕)도 빚어 먹었다.

상달 오일(午日) 말날인 무오일에는 팥시루떡을 시루째 마굿간에 갖다 놓고 말이 병이 없기를 빌었다.

## 동짓날

동지는 죽어가던 태양이 다시 살아난 것을 경축하는 날이다. 이날 낮의 길이가 가장 짧아졌다가 다시 길어지기 때문이다. 동지를 '작은 설'이라고도 했으며 중국에서는 이때를 일년

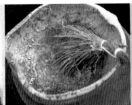

© 황헌만

동짓날 집안 곳곳에 팥죽 뿌리기

의 시작이라 여겨 달력을 선물로 나누어주는 풍습이 있다. 이날엔 팥죽을 쑤어 집안 곳곳에 뿌려 나쁜 액을 막았으며, 찹쌀경단(새알심)을 나이 수대로 팥죽에 넣어 먹었다.

## 섣달 납일

납향(臘享 : 한 해 동안의 농사나 형편 등을 신께 고하는 제사)하는 날인 납일이 들어 있다고 해서 납월(臘月)이라고도 한다. 납일은 동지 뒤 셋째 미일(未日)로 사람이 살아가는 데 도움을 준 천지신명에게 제사를 지낸다. 납월의 음식으로는 골동반, 장김치 등이 있으며, 떡으로는 팥소를 넣고 골무 모양으로 빚은 골무떡을 즐겨 먹는다. 특히 섣달 그믐에는 온시루떡과 정화수를 떠 놓고 고사를 지내고, 색색의 골무떡을 빚어 나누어 먹는다.

이와 같이 우리나라는 계절적 변화에 민감하여 각 계절 및 명절에 어울리는 음식을 만들어 먹었다. 떡은 그 중 가장 중요한 음식의 하나로 일 년 열두 달 떡을 해먹지 않는 달이 없을 정도였다.

## 통과의례

통과의례란 사람이 태어나서 생을 마칠 때까지 반드시 거치게 되는 몇 차례의 중요한 의례를 말한다. 이러한 의례에는 응당 떡을 하기 마련이었는데, 떡에는 각기 의미를 부여하여 의례와의 관련성을 더욱 크게 하였다. 또 통과의례의 풍속이 떡의 풍속에 크게 영향을 주기도 하였다. 대표적인 통과의례와 관련된 떡의 풍속은 다음과 같다.

### 삼칠일

아이가 태어나 7일이 되면 초이레, 14일이 되면 두이레, 21일이 되면 세이레라 하였는데 7이라는 숫자를 길(吉)하게 여겼던 것과 관련이 있는 것으로 보인다. 어쨌든 아이를 출산한 지 세이레가 되면 삼칠일이라 하여 특별하게 보냈다. 이날에는 그동안 대문에 달았던 금줄을 떼어 외부인의 출입을 허용하고 산실(産室)의 모든 금기를 철폐하며, 아이에게도 쌀깃이나 두렁이를 벗기고 옷을 갖춰 입혔다. 가족이나 친지들은 방문하여 새로운 생명의 탄생을 축하하고 산모의 노고를 치하한다.

삼칠일 축하음식은 흰밥, 미역국, 백설기가 기본이다. 그동안의 육미금지(肉味禁止)가 해지되어 흰 쌀밥에 고기를 넣은 미역국을 만들어 먹는다. 떡으로는 아무것도 넣지 않은 순백색의 백설기를 마련하는데 아이와 산모를 속인의 세계와 섞지 않고 산신(産神)의 보호 아래 둔다는 신성의 의미를 담고 있다. 삼칠일의 백설기는 집 안에 모인 가족이나 가까운 친지끼리만 나누어 먹고 밖으로는 내보내지 않는다. 삼칠일까지는 아기와 산모 모두가 아직 신의 가호환경 아래 있다는 의미로 해석된다.

## 백 일

백일은 백날이라고도 하며 아이가 출생한 지 100일이 된 것을 축하하는 날이다. 출생으로부터 삼칠일까지는 아이를 보호하고 산모의 건강 회복을 위한 의례적인 행사가 주를 이루는데 반해 백일날에는 철저하게 아이 중심으로 잔치가 벌어진다. 백(百)이란 숫자는 성수(成數)의 극점(極占)으로 모든 것을 일단 완성했음을 의미한다. 따라서 백일잔치는 아이가 이 완성된 단계를 무사히 넘김을 축하함과 동시에 앞으로도 건강하게 자라기를 축복하기 위한 것이다.

백일상에는 흰밥과 고기미역국, 푸른색의 나물 등을 올리고 떡으로는 백설기, 붉은팥고물 찰수수경단, 오색송편을 준비한다. 이날에 이르러서야 비로소 축의음식을 밖으로 돌려 나누었는데, 특히 백일떡은 백 집에 나눠 주어야 아이가 수명장수하고 큰 복을 받는다고 생각하였다. 백일떡을 받은 집에서도 빈 그릇을 그냥 보내지 않고 반드시 흰 무명실이나 흰쌀을 담아 보내었다.

백설기에는 삼칠일 때와 마찬가지로 신성의 의미를, 붉은팥고물의 찰수수경단에는 귀신이 적색을 피한다 하여 액을 막는다는 의미를 부여하였다. 또한 그동안 산신(産神)의 보호 아래 두었던 아이가 이날을 기점으로 속계(俗界)로 돌아간다는 뜻도 된다. 그런데 찰수수경단은 백일로부터 시작하여 10살 이전의 생일날에는 반드시 해주는 풍습이 있다. 이는 삼신이 지켜 주는 나이에 이르기까지 잡귀가 붙지 못하도록 예방, 벽화(僻禍)하기 위한 것이다. 오색송편은 아이가 장성한 다음에도 생일 또는 책례축의(冊禮祝儀)에 사용되는데 평상시에 만드는 것보다 아주 작고 예쁘게 만든다. 송편에 물들이는 다섯 가지 색은 오행(五行), 오덕(五德), 오미(五味)와 마찬가지로 '만물의 조화'를 뜻한다. 이외에도 송편은 그 안에 들어 있는 속처럼 속이 꽉 차고, 혹은 속이 빈 송편과 같이 뜻이 넓으라는 의미를 동시에 가진다.

## 돌

돌은 생후 일 주년이 되는 날로 아이의 장수복록(長壽福祿)을 축원하며 아이에게 의복을 만

남아 돌상

여아 돌상

들어 입히고 떡과 과일을 주로 한 돌상을 차려 돌잡이를 한다. 돌상에는 아이를 위해 새로
마련한 밥그릇과 국그릇에 흰밥과 미역국을 담아 놓고 푸른색 나물과 과일 등을 준비한다.
떡으로는 백설기와 붉은팥고물찰수수경단, 오색송편, 무지개떡, 인절미 등을 만들어 먹는
다. 이 중 백설기와 수수경단은 반드시 준비하며, 과일도 여러 색이 고루 들어가도록 하여
마련한다. 오색의 송편은 오행과 오덕을 갖춘 어른으로 성장하기를 염원하는 의미이다.

돌상에는 음식과 함께 여러 가지 물건을 놓아 돌잡이(돌쟁이, 돌을 맞은 아이)가 마음대로
집도록 하는 의식을 벌이는 것이 특징적이다. 집은 물건을 보고 아이의 장래를 점쳐 보게 되
는데 이를 돌잡히기 혹은 시쉬(試晬), 시주(試周), 시아(試兒)라고 한다. 돌상에 올리는 물건
은 남아의 경우 쌀·흰 타래실·책·종이·붓·활과 화살이며, 여아인 경우 활과 화살 대신
가위·바늘·자가 놓인다.

## 책 례

책례란 아이가 서당에 다니면서 책을 한 권씩 뗄 때마다 행하던 의례로 어려운 책을 끝낸 것
에 대한 자축 및 축하, 격려의 의미가 있었다. 이때는 작은 모양의 오색송편과 기타 다른 음
식을 푸짐하게 만들어 선생님, 친구들과 나누었다.

## 혼 례

혼례는 남녀가 부부의 인연을 맺는 일생일대의 가장 중요한 행사 중 하나이다. 사례(四禮)
라 하여 의혼(議婚), 납채(納采), 납폐(納幣), 친영(親迎)의 절차가 있으며 문명(問名), 납길
(納吉)을 더하여 육례의 여섯 단계로 보기도 한다.

혼례상의 달떡

혼례상의 용떡

이 중 납채는 신랑집에서 신부집에 함을 보내는 절차로 봉채떡(혹은 봉치떡)이 사용된다. 납폐일에 신부집에서는 함이 들어올 시간에 맞추어 북쪽으로 향한 곳에 돗자리를 간 다음 상을 놓는다. 그리고 상 위에 붉은색 보를 덮은 뒤 다시 떡시루를 얹어 기다리다가 함이 들어오면 함을 시루 위에 놓고 북향재배(北向再拜)를 한 후 함을 연다. 바로 이때 사용되는 떡이 봉채떡이다. 봉채떡은 찹쌀 3되, 팥 1되로 찹쌀시루떡 2켜만을 안치되 윗켜 중앙에 대추 7개를 방사형으로 올린다. 봉채떡을 찹쌀로 하는 것은 부부의 금실이 찰떡처럼 화목하게 귀착되라는 뜻이며, 떡을 2켜로 올린 것은 부부 한 쌍을 상징하는 것이다. 또 붉은팥고물은 벽

초례상의 달떡과 용떡

화(僻禍)를, 대추 7개는 아들 7형제를 상징하여 남손번창(男孫繁昌)을 기원한다.

달떡과 색떡 또한 혼례식에 사용되는 떡으로 혼례의례상인 동뢰상(同牢床)에 올린다. 둥글게 빚은 흰절편인 달떡은 보름달처럼 밝게 비추고 둥글게 채우며 잘 살도록 기원하는 것이다. 달떡은 동뢰상 두 번째 줄에 21개씩 두 그릇을 올린다. 여러 가지 색물을 들여 만든 절편인 색편으로는 암수 한 쌍의 닭 모양을 만드는데, 수탉은 동쪽에 암탉은 서쪽에 각각 배설하여 한 쌍의 부부를 의미하도록 한다. 지방에 따라서는 흰쌀, 밤, 대추, 콩, 팥, 용떡, 달떡을 두 그릇씩 준비하여 놓고 청홍색

보자기에 싼 닭 암·수를 남북으로 갈라 놓는다. 용떡과 달떡은 혼례 다음날 떡국을 끓이거나 죽을 쑤어서 신랑이 먹게 한다. 대추와 밤은 장수와 다산을 상징한다.

새로 맞이한 며느리에게 폐백을 받은 시부모는 환영과 감사의 표시로 큰상을 고여 신부 앞에 차려 준다. 이를 구고예지(舅姑禮之)라 하며 며느리를 마음으로 환영하는 조선시대 가부장권 대가족의 규범정신이 함축된 것이다. 신부집에서도 대례가 끝나면 새 사위를 환영하는 의미에서 큰상을 고여 신랑 앞에 차려 준다. 이 큰상 음식을 그대로 싸서 신부집에서 신랑집에 보내는 이바지 음식으로도 떡을 많이 하였다. 이때는 대개 인절미와 절편으로 만들어 동구리에 푸짐하게 담아 보냈다.

## 회갑

나이 61세가 되는 생일에는 회갑이라 하여 자손들이 연회를 베풀어 드리게 된다. 주년(周年) 혹은 회갑(回甲)은 자기가 태어난 해로 돌아왔다는 뜻으로 환갑(還甲)이라 하기도 하며 화(花)자를 풀어 해석하면 61이 된다고 하여 화갑(華甲)이라 하기도 한다.

회갑연 때는 큰상을 차리는데 음식을 높이 고이므로 고배상(高排床) 또는 바라보는 상이라 하여 망상(望床)이라고도 한다.

혼례나 나이 일흔 살인 희수연(稀壽宴)에도 큰상을 차리는데 한국의 상차림 중에서 가장 화려하고 성대한 것이다. 음식으로는 대개 과정류(果飣類), 생과실(生果實), 떡, 전과류(煎

회갑 상차림

果類), 숙육편육류(熟肉片肉類), 전유어류(煎油魚類), 건어물류(乾魚物類), 육포(肉脯), 어포류(魚脯類), 기타의 음식을 30~60cm 정도까지 원통형으로 고이고 색상을 맞추어 2~3열의 줄로 배열하게 된다.

　회갑연에서도 떡은 빼놓을 수 없는 음식이 된다. 갖은편이라 하여 백편, 꿀편, 승검초편을 만드는데, 만들어진 편은 정사각형으로 크게 썰어 네모진 편틀에 차곡차곡 높이 괸 후 화전이나 주악, 단자 등 웃기를 얹어 아름답게 장식한다. 또 인절미 등도 층층이 높이 괴어 주악, 부꾸미, 단자 등의 웃기떡을 얹는다. 조선시대에 이처럼 가정행사가 많아지면서 떡이 더욱 발전하여 큰상고임을 시작하면서 여러 가지의 시루편과 물편 등 다양한 떡 만드는 솜씨가 크게 발전한다.

## 제례

제례란 자손들이 고인을 추모하며 올리는 의식이다. 이때도 떡은 중요한 음식의 하나로 녹두고물편, 꿀편, 거피팥고물편, 흑임자고물편 등 편류로 준비한다. 제사 당일 새벽에 정성스럽게 만들어낸 떡은 여러 개 포개어 고이고 위에 주악이나 단자를 웃기로 올린다. 제사는 강신을 하여 신인공식(神人共食)을 해야 하므로 귀신이 두려워하는 붉은팥고물은 쓰지 않는다.

제례 상차림

## 궁중의 떡(『궁중의궤』의 병이류)

조선조 궁중의 떡에 관해서 알고자 하면 『의궤』(儀軌), 『발기』(件記 : 건기), 『태상지』의 기록을 살피면 된다.

　『의궤』란 조선시대에 국가나 왕실에서 거행한 대규모의 행사나 경사스러운 일이 있을 때에 그 경과와 결과 등의 내용을 후세에 참고하게 하기 위하여 기록으로 남긴 것이다.

　여러 가지의 『의궤』 중에서 궁중에 경사가 있어 베풀어지는 연회에 관한 『의궤』에는 진연(進宴), 진찬(進饌) 및 진작의궤(進爵儀軌)가 있다. 그 규모나 절차에 있어서 진찬은 진연보

**연도별 『진연의궤』**

| 연 도 | 내 용 |
|---|---|
| 숙종 45년(1719년) 『진연의궤』 | 기로소 입소자가 300명에 이르게 된 것을 축하 |
| 영조 20년(1744년) 『진연의궤』 | 대왕대비인 명성왕후 김씨를 위한 진연 |
| 영조 41년(1765년) 『수작의궤』 | 영조의 보령 망8(71세)를 기념하기 위한 진연<br>조선왕조 500년 동안 왕의 71세 생신을 축하하는 진연으로는 유일 |
| 순조 9년(1809년) 『혜경궁진찬소의궤』 | 사도세자비인 혜경궁 홍씨의 관례회갑을 축하하는 진찬 |
| 순조 27년(1827년) 『진작』(자경전 진작정례의궤) | 순조의 모후인 김씨를 위하여 베푼 진작 |
| 순조 28년(1828년) 『진작의궤』 | 순조의 비(妃) 순원왕후 김씨의 보령 4순을 축하하기 위한 진작 |
| 순조 29년(1829년) 『진찬의궤』 | 순조 4순과 어극 30년을 축하하는 진찬 |
| 헌종 14년(1848년) 『진찬의궤』 | 순조 비(妃) 보령 6순과 익종비 조씨 보령 망5가 되는 해에 순조와 익종에게 존호를 추상하고 대왕대비와 왕대비에게 존호를 가상하고 베푼 잔치 |
| 고종 5년(1868년) 『진찬의궤』 | 익종비인 조대비의 보령 회갑 탄신을 축하하기 위한 진찬. 조대비는 조선시대에 가장 오래 산 대비였고 가장 자주 진찬연회를 받은 대비였음 |
| 고종 10년(1873년) 『진작의궤』 | 화재로 소실되었던 강령전을 재건하고 전호(殿號)를 다시 지어 올리면서 베푼 진작 |
| 고종 14년(1877년) 『진찬의궤』 | 조대비의 7순을 축하하기 위한 진찬 |
| 고종 24년(1887년) 『진찬의궤』 | 조대비의 8순을 축하하기 위한 진찬 |
| 고종 29년(1892년) 『진찬의궤』 | 고종의 망5와 어극 30년을 축하하기 위한 진찬 |
| 광무 5년(1901년) 『진찬의궤』 | 헌종왕후인 명헌태후 홍씨의 보령 망8을 축하하기 위한 진찬 |
| 광무 5년(1901년) 『진연의궤』 | 고종의 5순을 축하하기 위한 진연 |
| 광무 6년(1902년) 『함령전진연의궤』 | 고종이 망6이 되어 기로소에 들어 갈 수 있게 되었음을 축하하기 위한 진연 |
| 광무 6년(1902년) 『진연의궤』 | 고종의 망6과 어극 40년을 축하하기 위한 진연 |

『원행을묘정리의궤』 중 「봉수당 진찬도」

다 규모가 작고 절차가 간소하며, 진작은 그보다 더 약소하다. 『의궤』는 한문으로 표기되어 있으며, 상에 올려지는 찬품의 내용은 음식명, 상과 그릇의 종류, 고임의 높이, 재료명과 재료의 분량은 적혀 있으나 조리법은 적혀 있지 않다.

조리법은 같은 시대의 옛 음식책을 통해서 알 수 있으며, 기록에 있는 대부분의 음식은 조선왕조 궁중음식의 제1대 기능보유자이며 조선조 마지막 주방상궁인 한희순으로부터 2대 기능보유자 황혜성, 3대 한복려·정길자에 이르기까지 정통성을 가지고 전수되었다.

한국학중앙연구원 도서관 장서각도서와 서울대학교 도서관에 있는 규장각도서 중에서 궁중연회에 관한 『의궤』는 17건이다. 그 가운데 가장 오래된 『의궤』는 숙종 45년(1719년)의 『진연의궤』이며, 최후의 의궤는 광무 6년(1902년)의 『진연의궤』이다. 『의궤』를 연도순으로 보면 다음과 같다.

**『원행을묘정리의궤』 혜경궁 홍씨의 회갑연에 올려진 떡류**

| 종류 | | 높이 | 내용 |
|---|---|---|---|
| 각색병 | 백미병 | 1자 5치 (약 45cm) | 백미(白米:멥쌀) 4말(斗:두), 찹쌀(粘米:점미) 1말, 검정콩(黑豆:흑두) 2말, 대추(大棗:대조) 7되(升:승), 깐 밤(實生栗:실생률) 7되 |
| | 점미병 | | 찹쌀 3두, 녹두(菉豆) 1말 2되, 대추 4되, 깐 밤 4되, 곶감(乾柿:건시) 4串(곶:꼬챙이) |
| | 삭 병 | | 찹쌀 1말 5되, 검정콩 6되, 대추 3되, 깐 밤 3되, 꿀(淸:청) 3되, 계핏가루(桂皮末:계피말) 3냥(雨) |
| | 꿀설기 | | 멥쌀 5되, 찹쌀 3되, 대추 3되, 깐 밤 2되, 꿀 2되, 곶감 2꼬챙이, 깐 잣(實栢子:실백자) 5홉(升) |
| | 석이병 | | 멥쌀 5되, 찹쌀 2되, 꿀 2되, 석이 1말, 대추 3되, 깐 밤 3되, 곶감 2꼬챙이, 깐 잣 3홉 |
| | 각색절편 | | 멥쌀 5되, 연지(臙脂) 1완(盌:바리), 치자(梔子) 1돈(錢:전), 쑥(艾:애) 5홉, 파래(甘苔:감태) 2냥 |
| | 각색주악 | | 찹쌀 5되, 참기름(眞油:진유) 5되, 검정콩 2되, 삶은 밤(熟栗:숙률) 2되, 실깨(實荏子:실임자) 2되, 송기(松古:송고) 10편(片:조각), 치자 3돈, 쑥 5홉, 파래 2냥, 깐 잣 2홉, 꿀 1되 5홉 |
| | 각색산승 | | 찹쌀 5되, 참기름 5되, 승검초(辛甘草:신감초) 5홉, 깐 잣 2홉, 꿀 1승 5홉 |
| | 각색단자병 | | 찹쌀 5되, 석이 3되, 대추 3되, 삶은 밤 3되, 쑥 5홉, 깐 잣 5홉, 꿀 1되 5홉, 계핏가루 3돈, 말린 생강가루(乾薑末:건강말) 2돈 |
| 약반 1그릇 | | | 찹쌀 1되, 대추 7되, 깐 밤 7되, 참기름 7홉, 꿀 1되 5홉, 깐 잣 2홉, 간장 1홉 |

이외에 임금이 궁궐 밖으로 거둥(擧動 : 거동)하시는 것을 행행(行幸)이라 하는데, 정조 19년(1795년) 사도세자와 혜경궁 홍씨의 갑년(甲年)을 맞아 정조의 아버지인 사도세자의 묘소가 있는 화성에 가서 잔치를 하였다.

음력 윤 2월 9일 창덕궁에서 출궁하여 2월 13일 봉수당에서 진찬례가 베풀어지고 2월 16일에 환궁하기까지 8일간의 일정이 『원행을묘정리의궤』(園行乙卯整理儀軌)에 그 전모가 기록되어 있다. 잔칫날인 진찬례에는 당연히 떡이 올려졌고, 8일간에 드신 음식 내용도 자세히 기록되어 있으며 일상식에 관해서 전해지는 유일한 기록이기도 하다. 수라(水刺)에는 떡이 올려지지 않았지만 조다소반과(早茶小盤果), 주다(晝茶)소반과, 야다(夜茶)소반과, 만다(晩茶)소반과, 별반과(別盤果)에는 빠짐없이 각색병(各色餅)의 이름으로 여러가지 떡과 약반(藥飯)이 올려졌다.

이와 같이 비교적 대규모의 잔치의 기록 제일 앞부분에 등장하는 음식명이 떡이다. 떡은 각색병(各色餅)이라 하여 여러 가지 메떡과 찰떡을 차례로 고인 후에 웃기떡을 얹진 경우가 있고, 메떡인 각색경증병(各色粳甑餅)과 찰떡인 각색점증병(各色粘甑餅)으로 나누어 고이고 화전, 주악, 단자 등의 웃기떡을 따로 고여 세 그릇에 담기도 하였으며 바로 약반의 기록이 이어진다. 떡의 고임 높이는 연회 때마다 다르다. 음식 중에서 가장 높이 고였으며 주가되는 상차림에서는 가장 많은 횟수를 보이는 높이는 1자 5치(약 45cm)이며, 높게는 2자 2치(약 66cm)를 고이기도 하였다.

### 『의궤』에서의 떡

『의궤』 중 떡을 한 그릇에 담았던 『원행을묘정리의궤』(1795년)와 세 그릇으로 나누어 담았

조대비 8순 잔치 재현 큰상

**조대비 8순 잔치에 올려진 떡류**

| 종 류 | | 높 이 | 내 용 |
|---|---|---|---|
| 각색메시루떡 | 거피팥메시루떡 | 1자 3치<br>(약 39cm) | 멥쌀 1말 5되, 찹쌀 3되, 거피팥(去皮豆:거피두) 9되, 대추 4되, 간 밤 4되 |
| | 녹두메시루떡 | | 멥쌀 1말 5되, 찹쌀 3되, 녹두 9되, 대추 4되, 간 밤 4되 |
| | 석이메시루떡 | | 멥쌀 1말 5되, 찹쌀 3되, 석이가루(石耳末:석이말) 4되, 대추 4되,<br>간 밤 4되, 꿀 4되, 간 잣 2되, 실깨 1말 2되 |
| | 꿀설기 | | 멥쌀 1말 5되, 찹쌀 3되, 대추 4되, 간 밤 4되, 꿀 4되, 간 잣 2되 |
| | 백설기 | | 멥쌀 1말 5되, 찹쌀 3되, 대추 4되, 간 밤 4되 석이 2되, 간 잣 2되 |
| | 승검초메시루떡 | | 멥쌀 1말 5되, 찹쌀 3되, 대추 4되, 간 밤 4되, 꿀 4되, 승검초가루 6되,<br>간 잣 4홉 |
| 각색차시루떡 | 거피팥차시루떡 | 1자 3치<br>(약 39cm) | 찹쌀 1말 8되, 거피팥 1말, 대추 4되, 간 밤 4되 |
| | 녹두차시루떡 | | 찹쌀 1말 8되, 녹두 1말, 대추 4되, 간 밤 4되 |
| | 승검초차시루떡 | | 찹쌀 1말 8되, 승검초가루 6되, 실깨 1말, 대추 4되, 간 밤 4되, 꿀 4되,<br>간 잣 3홉 |
| | 볶은팥차시루떡 | | 찹쌀 1말 8되, 거피팥 1말, 대추 · 간 밤 · 꿀 각 4되 |
| | 흰깨차시루떡 | | 찹쌀 1말 8되, 실깨 1말, 대추 4되, 간 밤 4되, 꿀 4되 |
| | 두텁떡 | | 찹쌀 1말 8되, 거피팥 1말 8되, 대추 4되, 간 밤 4되, 꿀 5되, 간 잣 3홉,<br>계핏가루 2작(夕) |
| 각색주악화전단자병 | 각색주악 | 1자<br>(약 30cm) | 찹쌀 5말, 거피팥 1말 5되, 참기름(眞油) 1말 2되 5홉, 대추 5되,<br>치자 50개, 파래가루(甘苔末) 3되 3홉, 꿀 4되 3홉, 계핏가루 4작 |
| | 화 전 | | 찹쌀 1말 5되, 참기름 4되, 꿀 1되 5홉, 간 잣 7홉, 계핏가루 4작 |
| | 단자병 | | 찹쌀 2말, 거피팥 6되, 대추 3되, 간 밤 3되, 쑥(靑艾:청애) 2냥(兩), 생강 3홉,<br>실깨 1되 3홉, 석이가루 1되 7홉, 꿀 1되 7홉, 간 잣 6되, 계핏가루 2작 |
| 약반 1그릇 | | | 찹쌀 1말, 대추 1말, 말린 밤(黃栗) 1되, 꿀 3되, 참기름 1되, 간장 5홉,<br>간 잣 1홉, 계핏가루 1작 |

던 조대비 8순 잔치를 예로 떡 이름과 고임의 높이, 재료를 살펴보도록 한다.

• 자궁께 올리는 찬안(慈宮進御饌案 : 자궁진어찬안) : 70그릇, 자기(磁器), 검정 칠을 한 다리가 높은 상에 올렸다.

• 대왕대비전에 올리는 찬안(大王大妃殿進御饌案 : 대왕대비전진어찬안) : 47그릇, 유기, 갑번자기는 내하에서, 붉은 칠을 한 다리가 높은 찬안 6좌는 상방에서 마련한다.

각색메시루떡　　　　각색차시루떡　　　　각색주악 · 화전 · 단자병　　　　약 식

## 조선왕조 궁중음식 『건기』에 나오는 떡류

| 번 호 | 명 칭 | 횟 수 | 번 호 | 명 칭 | 횟 수 |
|---|---|---|---|---|---|
| 1 | 각색편(병), 각색증병 | 40 | 19 | 임자메시루떡 | 2 |
| 2 | 백설고 | 16 | 20 | 임자시루편 | 1 |
| 3 | 잡과백설고병 | 12 | 21 | 잡과임자설고병 | 4 |
| 4 | 잡과청태설고병 | 1 | 22 | 잡과임자증병 | 6 |
| 5 | 잡과증병 | 1 | 23 | 석이시루편 | 2 |
| 6 | 밀설고 | 3 | 24 | 석이메시루편 | 2 |
| 7 | 잡과밀설고병 | 20 | 25 | 잡과석이증병 | 12 |
| 8 | 백두시루편 | 1 | 26 | 잡과감태증병 | 9 |
| 9 | 백두증병 | 2 | 27 | 붉은팥시루편 | 2 |
| 10 | 백두메시루편 | 5 | 28 | 꿀차시루편 | 8 |
| 11 | 잡과백두증병 | 25 | 29 | 잡과밀점증병 | 2 |
| 12 | 잡과백두나복증병 | 2 | 30 | 백두차시루편 | 3 |
| 13 | 당귀메시루편 | 17 | 31 | 잡과백두점증병 | 1 |
| 14 | 신감채증병 | 1 | 32 | 녹두차시루편 | 20 |
| 15 | 잡과당귀증병 | 8 | 33 | 잡과녹두점증병 | 2 |
| 16 | 잡과당귀설고병 | 1 | 34 | 붉은팥차시루편 | 1 |
| 17 | 녹두메시루떡 | 3 | 35 | 잡과석이점증병 | 6 |
| 18 | 잡과녹두증병 | 27 | 36 | 잡과흑태점증병 | 1 |

(계속)

| 번 호 | 명 칭 | 횟 수 | 번 호 | 명 칭 | 횟 수 |
|---|---|---|---|---|---|
| 37 | 임자꿀차시루편 | 9 | 67 | 잡과당귀단자 | 3 |
| 38 | 잡과임자밀점증병 | 3 | 68 | 잡과병 | 13 |
| 39 | 당귀차시루떡 | 4 | 69 | 생강단자 | 9 |
| 40 | 잡과당귀점증병 | 18 | 70 | 잡과생강단자 | 12 |
| 41 | 잡과감태밀점증병 | 1 | 71 | 대추자박병 | 40 |
| 42 | 잡과감태점증병 | 3 | 72 | 청자박병 | 20 |
| 43 | 볶은팥차시루편 | 3 | 73 | 황자박병 | 11 |
| 44 | 잡과초두점증병 | 8 | 74 | 은행자박병 | 1 |
| 45 | 잡과초두밀점증병 | 9 | 75 | 감태자박병 | 1 |
| 46 | 초두합점증병 | 1 | 76 | 해의자박병 | 1 |
| 47 | 잡과초두합점증병 | 13 | 77 | 양색자박병 | 4 |
| 48 | 두텁편 | 1 | 78 | 색산승 | 8 |
| 49 | 잡과두텁병 | 1 | 79 | 반자병 | 3 |
| 50 | 약 식 | 77 | 80 | 밀 쌈 | 1 |
| 51 | 주 악 | 4 | 81 | 각색상기병(上只餠) | 1 |
| 52 | 대추주악 | 23 | 82 | 양색연산삼병 | 5 |
| 53 | 청주악 | 21 | 83 | 양색생강산삼병 | 1 |
| 54 | 황주악 | 1 | 84 | 잡과연산삼병 | 5 |
| 55 | 양색주악 | 2 | 85 | 송 병 | 5 |
| 56 | 화 전 | 14 | 86 | 삼색송병 | 1 |
| 57 | 국화엽전 | 12 | 87 | 각색송병 | 1 |
| 58 | 돈전병 | 1 | 88 | 은절병 | 1 |
| 59 | 단 자 | 2 | 89 | 잡과임자인점병 | 1 |
| 60 | 석이단자 | 17 | 90 | 색절병 | 2 |
| 61 | 잡과석이단자 | 18 | 91 | 청절병 | 1 |
| 62 | 청애단자 | 2 | 92 | 갑피병 | 1 |
| 63 | 잡과청애단자 | 4 | 93 | 산 병 | 1 |
| 64 | 백두잡과청애단자 | 1 | 94 | 양색산병 | 1 |
| 65 | 율단자 | 3 | 95 | 유사병(油沙餠) | 2 |
| 66 | 잡과감태증병 | 1 | 96 | 유백병(油白餠) | 1 |

(계속)

| 번호 | 명칭 | 횟수 | 번호 | 명칭 | 횟수 |
|---|---|---|---|---|---|
| 97 | 고배병(高排餅) | 1 | 100 | 황요주병(黃蓼柱餅) | 1 |
| 98 | 상화병(霜花餅) | 1 | 101 | 암난병 | 1 |
| 99 | 홍요주병(紅蓼柱餅) | 1 | | | |

## 『발기』에서 떡

『발기』(件記 : 건기)는 궁중의 소규모 접대식이나 다례식 등의 상차림 구성을 적어 놓은 것이다. 『발기』는 국내 도처의 도서관이나 개인이 제법 많이 소장하고 있어 그 수량이 방대하다.

『발기』란 궁중의례에 사용되는 물품과 수량을 적어 둔 것인데 '발기'에 대해서 김용숙의 「조선조 궁중풍속 연구」에서는 撥記인지 發記인지 확실히 알 수 없다고 했으며, 대부분 '발긔'로 표기되어 있고 한자로는 건기(件記), 단자(單子)로 되어 있다.

또 발기의 어원에 대해서 김용숙은 "어디서부터 시작되었는지 모르지만 『계축일기』에 광해군 쪽의 내인이 와서 인목대비전의 재산목록을 발기해 갔다"는 대목으로 미루어 이 낱말의 역사가 오래된 것임을 알 수 있다고 하였다.

음식 관련의 것은 한글로 된 것은 거의 대부분 '발긔'로 표시되어 있고 단자로 표기된 것은 몇 통에 불과하다. 『발기』는 대부분 한글로 표기되어 있고, 한자로 표기된 것은 똑같은 내용의 한글로 표기한 『발기』가 있는 경우도 있다.

『음식발기』는 소규모 접대식, 다례식이므로 의궤음식을 만드는 숙수(熟手)에 의해서 음식이 마련된 것이 아니고 궁 안에서 외소주방과 평상시 왕의 조석수라 이외의 음료 · 병과를 만드는 것을 담당하는 생과방에서 했다고 하니 여자 내인들이 쉽게 볼 수 있도록 한글로 썼을 것이라고 생각된다. 『건기』역시 음식을 받는 대상, 음식의 명칭과 음식에 따라서는 고이는 높이가 표시되어 있는 것도 있고 함께 담는 음식을 엮어 놓았다. 역시 조리법은 없다.

앞의 표에 적혀 있는 떡은 필자가 92건의 『건기』에서 발췌한 것이며 100여 종에 이른다. 이 중에는 이름만 다를 뿐 같은 떡으로 보이는 것도 있다.

## 『태상지』에서의 떡

당고병(唐糕餅) 보시병(普是餅) 절병(切餅) 경단병(敬團餅) 자박병(煮朴餅) 유병(油餅) 분자병(粉糍餅)

『태상지』떡의 도식

『태상지』(太常志)란 태상, 즉 봉상시(奉常寺)의 기관지이다. 명칭은 바뀌었으나 신라, 고려, 조선 한말까지 존속되어온 태상시는 옛날부터 국가대사 중 가장 중요하게 여겨왔던 제사(祭祀), 즉 교묘백신(郊廟百神)의 제사를 맡아 보던 기관이다.

영조 39년 홍봉한의 서(序)가 있는 『태상지』가 있고, 고종 10년(1873년)에 봉상시 판관 이근명에 의하여 개편된 것이 있다. 『태상지』에는 제사품목이 기록되어 있는데 간단하게나마 조병식(造餅食)과 떡 모양의 도식이 있어 참고하고자 한다.

그 내용을 우리말로 옮기면 다음 표와 같다.

**『태상지』에서의 떡 만드는 방법**

| 종 류 | 만드는 법 |
|---|---|
| 구이병 | 멥쌀가루를 물로 반죽하여 쪄서 익혀 경단같이 둥글게 만들어 콩가루를 묻힌다. |
| 분자병 | 찹쌀을 찐 밥에 물을 주어 고르게 쳐서 네모지게 썰어 콩가루를 묻힌다. |
| 삼식병 | 멥쌀가루와 찹쌀가루를 섞어 여기에 소고기, 양고기, 돼지고기를 다져서 넣어 고르게 쳐서 자(尺:척) 모양으로 잘라 기름(참기름)에 지진다. |
| 이식병 | 멥쌀가루를 술(청주)과 섞어 상화 같이 쪄서 익힌다. |
| 백 병 | 멥쌀가루를 물과 섞어서 고르게 쳐서 모나게 썰어 삼식병 같이 만든다. |
| 흑 병 | 수숫가루를 물과 고르게 반죽하여 썰어 백병과 같이 만든다. |
| 유 병 | 찹쌀가루를 물과 고르게 섞어서 잘라 기름에 지지는데 백병과 같은 모양으로 한다. |
| 자박병 | 찹쌀가루에 물을 넣어 반죽하여 콩가루에 꿀을 섞은 것으로 떡을 만들어 기름에 지진다. |
| 두단병 | 찹쌀가루에 물을 섞어 덩어리를 만들어 익혀 꿀을 넣은 거피팥이나 잣가루를 묻힌다. |
| 절 병 | 멥쌀가루에 물을 섞어서 쪄 익혀 물을 주면서 쳐서 둥글게 잘라서 만든다. |
| 상화병 | 밀가루에 술을 섞고 꿀로 반죽한 콩가루 소를 넣어 떡을 둥글게 만들어 쪄 익혀 잣가루를 묻힌다. |
| 당고병 | 밀가루에 술을 섞고 물에 삶아 둥글게 베어 절병 같이 한다. |
| 보시병 | 멥쌀가루에 물을 섞어 쪄서 익혀 둥글게 만들어 한쪽을 접어 합하여 만든다. |
| 유사병 | 찹쌀가루를 경단같이 만들어 물에 삶아 기름에 지지는데 꿀을 넣은 밀가루를 묻힌다. |
| 경단병 | 찹쌀가루를 물에 삶아 콩가루, 꿀, 잣가루를 묻힌다. |
| 송고병 | 찹쌀가루를 송기와 합하여 고르게 쳐서 둥글게 나누어 기름에 지져 즙청하여 잣가루를 묻힌다. |
| 산삼병 | 찹쌀가루에 더덕을 합하여 송고병 같이 만든다. |
| 빙자병 | 녹두를 껍질 벗겨 생강과 후춧가루를 넣어 지져서 떡을 만든다. |

# 떡과 관련된 조리원리

전분은 식물의 저장탄수화물로서 곡류나 감자, 고구마 등에 저장물질로 다량 함유되어 있다. 전분은 무미, 무취의 백색의 분말로서 물보다는 무거우며 물 속에서 잘 침전된다. 전분은 포도당의 수가 수백~수천 개 중합(重合)한 것으로 그 결합방법에 따라 아밀로오스(amylose)와 아밀로펙틴(amylopectin) 두 종류로 구별이 된다. 아밀로오스는 가지 없이 연결된 직선상의 구조이고, 아밀로펙틴은 모양이 나뭇가지 모양으로 가지가 많이 달린 분자구조이다. 전분마다 물에 넣고 익혔을 때의 익기 시작하는 온도, 끈끈한 정도, 굳는 정도 등의 행동이 다르다. 그 이유의 하나는 아밀로오스와 아밀로펙틴의 함유량이 다르기 때문이다.

## 전분의 호화

생전분을 물에 넣고 가열시키면 전분 분자나 물 분자는 그 운동이 차츰 심해져서 어떤 온도, 즉 임계온도(60~75℃)에 이르면 갑자기 끈기가 세어지고 반투명해지는데 이를 전분의 호화라 한다.

전분의 호화에 대한 과정을 자세히 살펴보면 제1과정은 수화현상(hydration)이라 할 수 있는데, 전분 입자들이 물 속에 존재할 때 일부 물 분자가 흡수되어 수화현상이 일어나 현탁액의 온도가 점차 상승됨에 따라 전분입자들이 물을 흡수하게 된다. 전분 입자는 미셀(micell) 구조로 물이 침투되지 않는 결정 상태이다.

제2과정은 팽윤(swelling)에 의한 붕괴과정이라 할 수 있다. 이 전분에 물을 가해서 가열하여 일정 온도에 달하면 전분립이 급격히 물을 흡수하여 팽윤하기 시작한다. 이것은 열에너지에 의해서 전분의 규칙적인 미셀 구조가 느슨해져서 그 틈에 물이 침투해 들어가기 때문이다. 한층 더 가열을 계속하면 전분립은 더욱 크게 팽윤하여 용액은 대단히 점도가 높은 상태가 된다. 이와 같이 분자 간의 결합이 절단되어 결정성 구조가 붕괴되므로 전분립이 팽윤해서 액체의 점도가 높게 되는 현상을 호화(湖化, $\alpha$-化)라고 한다. 이 호화의 시작온도는 전분의 종류에 따라 각기 다르다. 예를 들어, 쌀이나 감자전분은 비교적 낮은 온도에서 호화를 시작하지만 옥수수나 소맥의 전분은 호화시키는 데 높은 온도를 필요로 한다.

$\beta$-전분         $\alpha$-전분         $\beta$-전분

호화와 노화의 모형도

### 전분의 호화에 영향을 미치는 요인

- **전분의 종류** : 전분의 종류에 따라 전분 입자들의 구조나 크기가 차이가 나며 전분의 입자가 클수록 호화하는 시간이 빨라진다. 예를 들면, 감자나 고구마는 쌀보다 전분 입자가 크기 때문에 더 빨리 호화가 된다.

- **전분의 수분함량** : 전분 입자들이 수분을 흡수하여 팽윤 상태에 있으면 호화가 쉽기 때문에 수분함량이 많을수록 호화가 잘 된다. 설기떡보다 물의 첨가량이 많은 절편류가 단시간에 익을 수 있다.

- **전분의 농도** : 전분의 농도가 높으면 낮은 온도에서도 고도의 점성을 가지지만 지나치게 농도가 높으면 수분의 부족으로 충분한 호화가 될 수 없다. 곡식의 경우 완전호화를 위하여 필요한 수분의 양은 곡식 1에 대해 물 6의 비율이다.

- **가열온도의 고저** : 가열하는 온도와 압력이 높을수록 단시간에 호화된다.

- **전분현탁액의 pH** : 전분의 호화는 알칼리성에서 전분의 팽윤과 호화가 촉진된다. 전분액에 산을 첨가하면 가수분해를 일으켜 점도가 낮아지므로 신맛인 오미자를 떡에 첨가하면 pH가 산성으로 낮아져 떡이 잘 익지 않을 수 있다.

- **당류의 농도** : 설탕은 전분 식품에 흔히 이용이 되는 성분이다. 적은 양의 설탕은 호화에 영향을 미치지 않으나 농도가 20% 이상, 특히 50% 이상 시에는 호화를 크게 억제한다. 많은 양의 설탕이 전분의 조리에 들어가면 전분의 완전호화를 방해하기 때문에 전분을 조리한 다음에 나중에 설탕을 첨가하면 호화에 미치는 영향을 줄일 수 있다.

### 전분의 노화

바로 찐 떡은 전분이 수분을 흡수하여 팽윤해서 부드럽고 소화되기 쉬운 형태로 부드러운 질감을 가지나 그대로 방치하면 딱딱하게 변하게 된다. 이것은 전분이 호화가 되어서 느슨

아밀로오스의 구조

$n = 22-28$

아밀로펙틴의 $\alpha$-1,6 포도당 결합 구조

한 구조가 된 아밀로펙틴(측쇄상의 전분)의 사슬이 다시 규칙적으로 바르게 배열되기 시작하여 마치 생전분과 같은 결정 상태에 가깝게 되기 때문이다. 동시에 전분이 호화될 때에 전분립의 밖으로 흘러나와 있던 아밀로오스(직쇄상의 구조)도 전분립의 틈새에서 점점 단단한 상태로 돌아가게 된다. 예를 들어, 떡의 조직이 굳어지게 되면 조직의 찰기가 줄어들고 단단해지며 풍미를 잃게 되고 조직의 투명도가 증가하여 수용성전분이 증가하는 현상 등이 일어난다. 이와 같이 호화된 전분의 특성을 잃어가는 현상을 일반적으로 노화라고 한다. 한마디로 요약하면 $\alpha$-형(전분의 호화)이 $\beta$-형 전분으로 변하는 현상을 말한다.

떡의 노화정도는 멥쌀과 찹쌀 모두 냉장＞실온＞냉동의 순이다. 냉장의 온도(5℃)에서 노화의 속도가 최대이며, 0~65℃에서 저장을 했을 경우 온도가 낮을수록 노화 속도가 증가하였다.

냉동을 하였을 때 노화가 지연되는 이유는 수분이 빙결정 상태로 전분 분자 사이에 존재하는 전분 분자 간의 수소결합을 방해하기 때문에 전분 분자 간의 결정화, 즉 노화의 진행이 늦어진다.

## 노화에 관계하는 요인

전분의 노화속도는 온도, 수분함량, pH, 전분의 분자의 종류 등에 크게 영양을 받는다.

- **온도** : 노화가 가장 잘 일어나는 온도는 0~4℃이며, 60℃ 이상의 온도에서는 거의 노화가 일어나지 않는다. 이와 반대로 온도가 내려가 동결되어도 노화가 일어나지 않는다. 즉, 고온에서는 전분 분자 상호간의 수소결합이 되기 힘들고, 0~4℃에서는 분자 간 수소결합이 안정되며 상호간의 결합을 촉진시키고, 물이 얼게 되면 전분 분자가 물 분자 사이에서 고정이 되기 때문에 노화가 되기 힘들다. 겨울철 떡이나 밥이 쉽게 굳는 것은 노화의 최적 온도와 가깝기 때문이다.
- **수분함량** : 수분의 양은 30~60%에서 가장 노화하기 쉽다. 수분이 10% 이하이면 노화하기 힘들고, 또 수분이 아주 많아도 노화가 힘들다. 이것은 수분이 적은 건조 상태에서는 전분 분자가 교착 상태로 고정되고, 또 수분이 아주 많은 상태에서는 전분 분자의 상호간의 회합이 일어나기 때문에 힘들다. 그러나 30~40%로 수분함량이 줄어든 떡의 조직은 내부의 수분이 떡의 표면으로 확산되어 증발하며, 떡 조직은 점차 찰기와 부드러운 조직 감을 잃어 단단해진다.
- **pH** : 노화는 수소결합에 의하여 전분 분자가 합하는 변화이므로 수소이온 농도에 의하여 영향을 받는다.
- **전분의 종류** : 전분 종류에 따라 노화속도가 달라지는데 아밀로오스는 직선 분자로 입체 장해가 없기 때문에 노화하기가 쉽고, 아밀로펙틴은 분지상 분자로 노화하기가 어렵다. 따라서 아밀로오스 함량이 많을수록 노화속도는 빠르다. 따라서 멥쌀떡이 찰떡보다 빨리 굳는다.

## 노화의 방지

- **당의 첨가** : 설탕이나 맥아당 등 당을 많이 넣으면 전분을 고정화하여 노화를 방지한다. 또한 당은 수분함량이 줄어드는 것을 방지하므로 설탕의 첨가에 따라 떡이 굳어지는 것을 막을 수 있다.
- **냉동법** : 수분함량이 큰 그 속의 전분이 호화 상태로 있는 식품들은 냉동이 되면 그 속의 전분의 노화는 일시적으로 방지된다. 떡을 쪄 낸 직후 노화가 덜 된 상태에서 급속동결해야 하며, 냉장의 온도를 가능한 한 빠른 시간 내에 통과하여 냉동 상태가 되는 것이 중요하다.

- 유화제 첨가 : 수분과 결합을 하는 분자와 지질과 결합을 하는 두 가지 분자구조를 갖는 물질을 유화제라고 하는데, 유화제의 첨가에 의해 굳어지는 속도가 감소한다.
- 효소제의 첨가 : 아밀라아제와 같은 효소는 떡의 노화를 방지한다. 절편, 개피떡 등 익혀서 치는 떡에만 가능하며 효소의 양을 조절하는 것이 중요하다.

## 떡의 조리과정별 특징

### 씻기

쌀에 불순물, 즉 먼지와 겨나 돌 등을 제거하기 위한 과정이다. 깨끗하게 씻어 담가야 떡을 했을 때 쉬지 않고 보관일수가 길어진다. 이 과정에서 수용성 비타민은 상당한 감소를 나타낸다.

### 불리기

쌀을 씻어 불려야 하는데, 이는 쌀은 그 자체가 가지고 있는 수분함량이 적고 또 조직이 단단하기 때문에 쌀 내부까지 물과 열이 침투하려면 상당히 시간이 걸린다. 그러므로 미리 물에 일정시간 담가 두면 쌀 조직이 물을 흡수해서 벌어지므로 가열 때 전분의 호화를 쉽게 한다. 일반적으로 쌀의 물 흡수는 온도가 높을수록 빠르다.

쌀 불리기

- 쌀을 씻어 물에 담그면 말랐던 쌀이 수분을 흡수하여 단단한 쌀 전분 입자 내의 미셀구조의 결합력이 점차 약해져 가루를 빻았을때 쌀가루가 고와지고 쌀가루의 팽윤력과 용해도는 증가한다.
- 쌀의 수분흡수율은 침지 후 15분까지 매우 빠른 속도로 흡수를 하다가 1시간가량 후에는 거의 수분을 흡수한다지만, 전래적으로 12시간가량 담근 쌀로 떡을 하는 것이 먹었을 때 가장 좋고 전분의 호화 개시 온도가 수침시간이 1시간은 73.2℃에서 12시간은 66℃로 시간이 경과함에 따라 호화개시 온도가 낮아진다. 또한 색, 부드러운 정도, 촉촉한 정도, 탄성과 전반적인 바람직성은 수침시간이 12시간인 절편이 가장 바람직하다.
- 멥쌀의 수침시간이 증가할수록 쌀의 조직이 연화되어 입자의 결합력은 감소하고 조직의

연화와 함께 습식 제분을 할때 전분 입자는 더욱 미세화된다.

## 쌀가루 만들기

쌀가루 만들기

- 쌀가루는 아주 고운 것보다 어느 정도의 입자가 있는 것이 쌀가루의 자체 수분 보유율과 떡을 만들었을 때 수분 함량이 높아 호화도가 더 좋다.
- 또한 가루가 굵은 것이 고운 가루보다 단단하게 나타난다. 이러한 차이는 가열시의 작은 입자는 조직이 없어 전분 입자만으로 되어 있으므로 가열시 완전히 풀의 형태로 되고, 큰 입자는 아직 조직을 가진 것이 많고 가열 후에도 단순한 팽윤을 보이며 붕괴의 정도도 다르다.

## 물 주기

물 주어 섞기

쌀을 하룻밤 담가 가루로 만들었을 때 멥쌀과 찹쌀의 최대 수분 흡수율은 27%와 38%이다. 멥쌀과 찹쌀의 수분함량이 틀린 이유는 찹쌀의 아밀로펙틴 함량의 차이 때문으로 보인다.

찹쌀로 떡을 할 경우 침지과정 중 멥쌀에 비해 10% 이상의 높은 수분 흡수율을 보였으며, 또한 찌는 동안 전체 중량의 7% 이상의 수분을 더 흡수하여 떡을 할 때 물을 더하지 않아도 쉽게 떡을 만들 수 있다. 이에 비해서 멥쌀은 물을 주지 않고 찌면 과정 중에 수분의 흡수가 거의 이루어지지 않아 수분의 보충이 필요하다.

## 반죽하기

반죽하기

- 송편이나 화전 등의 떡반죽을 많이 치댈수록 떡을 만들었을 때 부드러우면서 입의 감촉이 좋다. 저장 중 변화가 작고 가식일수가 길어진다. 치는 횟수가 많아지면 반죽 중에 작은 기포가 함유되기 때문으로 보인다.
- 익반죽하는 이유는 쌀가루에는 글루텐이 없으므로 끓는 물을 넣어 전분의 일부를 호화시켜 점성을 만들어 주는 것이다. 따라서 반죽 시 물의 온도는 높을수록 좋다.

## 부재료 첨가하기

- 쑥이나 수리취 등 섬유소가 많은 식품을 쌀에 섞어 떡을
  만들었을 때 쑥을 많이 넣을수록 수분함량이 높아지는데,
  이는 쑥의 식이섬유가 수분결합력이 커서 보수성을 갖기
  때문이다. 또한 노화속도가 지연이 된다.
- 쑥개떡을 만들 때 쑥을 20% 첨가했을 때가 좋다(쑥가루
  일 때는 2%).

쑥쌀가루

## 가열하기(찌기)

쌀가루를 찌거나 삶거나 지지면 전분의 변화가 결정적으로
나타난다. 전분이 호화하여 먹기 좋은 상태로 바뀌며 가열
중에 덱스트린(dextrin), 유리아미노산, 유리당이 침출해서
맛이 좋아진다.

시루에 찌기

## 뜸 들이기

뜸을 들이는 것은 고온 중에서 일정시간 그대로 유지하는 것인데, 이때 미처 호화되지 못하
고 남은 전분 입자들을 호화시키기 위해서이다. 따라서 높은 온도에서 뜸을 들이면 전분의
호화를 촉진시키므로 맛이 있는 떡이 된다.

## 치 기

인절미와 같이 치는 떡은 많이 칠수록 점성이 늘어나 떡이
쫄깃하고 맛이 좋다. 이렇게 치는 공정을 펀칭(punching)이
라고 하며, 펀칭을 한 떡은 시루에 찌는 떡보다 노화가 덜
진행된다. 찰밥을 안반에 치는 동안 찹쌀 전분의 주성분인
아밀로펙틴이 세포 밖으로 나와 호화된 후 많은 가지를 가
지고 있던 아밀로펙틴끼리 서로 완전히 엉키게 되면서 점성

치기(punching)

이 강한 특성을 지닌다. 따라서 점성이 강하고 오랫동안 노화되지 않는 인절미를 만들기 위
해서는 전분을 완전히 호화시켜야 하고, 쪄 낸 찰밥을 오랫동안 절구나 펀칭기에 쳐 주어 아
밀로펙틴끼리 서로 완전히 엉키게 해야 한다.

# Chapter 2

# 한 과

## 한과의 역사

### 삼국 및 통일신라시대

한과의 기원은 우연히 먹다 남겨 둔 과일이 상하지 않고 건조된 것을 발견했을 때 먹어 보니 오히려 단맛이 더 풍부해졌음을 알고 그 이후로 남은 과일을 잘 말려서 두고 조금씩 꺼내 먹었을 것이라는 추측이다. 그러다 인공적으로 단맛을 가미한 꿀이나 설탕에 조린 과일이 등장했고, 농경문화의 발달로 곡물의 생산이 가능해지면서부터는 과일이 귀한 계절에도 달콤한 것을 먹을 수 있게 과일이 아닌 곡물에 여러 가지 단맛을 첨가해 만든 한과류가 다양하게 선보이게 된 것으로 보인다.

우리 식생활에 기름과 꿀을 사용하기 시작한 것은 이미 삼국시대부터인 것으로 추정되지만, 이 재료들을 응용하여 한과류가 만들어진 것은 통일신라시대 이후로 보이지만 한과에 관한 구체적인 문헌 기록을 확인할 수 있는 것은 고려시대 때부터이다.

삼국시대 이전의 문헌에 한과에 대한 구체적인 기록이 없다고 해서 그 당시 한과류가 없었다고 볼 수는 없다. 이웃인 중국과 일본의 문헌을 통해 당시의 한과를 어느 정도 짐작할 수 있는데 오늘날까지도 전해지고 있는 대표적인 한과인 약과, 매작과, 타래과, 산자 등의 원형으로 짐작되는 것들이 중국의 6세기 때 문헌인 『제민요술(齊民要術)』에서 찾아볼 수 있고, 또 우리 음식을 원류로 하고 있는 일본 나라시대(710~784) 음식에도 여러 가지 형태의 한과가 등장하고 있는 것으로 미루어 이 연대와 비슷한 삼국시대에도 이미 한과류가 있었음을 추측할 수 있다.

『삼국유사』 가락국기 수로왕조에 과(果)가 제수로서 처음 나오고, 신문왕 3년(683) 왕비를 맞이할 때 폐백 품목으로 쌀, 술, 장, 꿀, 기름, 메주 등이 기록되어 있는데 쌀, 꿀, 기름 등

한과에 필요한 재료가 있었던 것으로 미루어 이 시기에도 이미 한과류를 만들었다고 추정할 수 있다. 뿐만 아니라 차 마시는 풍습이 성행했던 것은 불교가 융성했던 통일신라시대부터 였고, 한과가 흔히 차에 곁들이는 음식이었다는 사실도 고려시대 이전에 이미 한과가 만들 어졌음을 짐작케 한다.

## 고려시대

고려시대로 오면 불교를 숭상하는 의식이 한층 더 고조되어 마침내 불교가 호국신앙이 되었 다. 따라서 살생이 금지되고 육식이 절제됨에 따라 차를 마시는 풍속과 함께 한과류가 좀 더 발달하게 되었다.

이익(李瀷)의 『성호사설』(星湖僿說, 1763년)에 의하면 "처음에는 밀가루와 꿀로 만든 과 품(果品, 유밀과 등 한과류)의 모양이 조과 또는 가과(假果)라는 이름과 같이 과일의 모양으 로 만든 것이었으나 후대 사람들이 높게 '굄새'를 하는데 불편하므로 모나게 썰었다"고 하 여 유밀과는 본디 밀가루와 꿀을 반죽하여 제사의 과실을 대신하기 위하여 대추, 밤, 배, 감 과 같은 과실의 모양으로 만들어 기름에 익힌 조과 또는 가과(假果)이지만, 이것이 둥글어 서 제상에 쌓아 올리기 불편하여 방형(方形)이 되었다고 한다. 한편 성현(成俔)의 『용재총 화』(傭齋叢話, 1400년대 말)에는 유밀과는 모두 새나 짐승 모양으로도 만든다고 한 것으로 미루어 본디 과실의 모양뿐 아니라 새나 짐승의 모양으로 만들었던 것 같다. 정약용(丁若 鏞)의 『아언각비』(雅言覺非, 1819년)에 의하면 유밀과는 중국의 거여(粔籹)나 한구(寒具)에 서 출발하여 고려에서 따로 개발한 오늘날의 약과와 같은 것이라고 한다. 그리하여 몽고에 서는 유밀과를 특히 고려병(高麗餅)이라고 하였다. 『사류박해』(事類博解, 1885년)에서도 고 려병을 약과라고 풀이하였다.

유밀과는 불교행사인 연등회, 팔관회 등 크고 작은 행사에 반드시 고임음식으로 올려졌으 며, 특히 왕공(王公), 귀족(貴族)들의 집안이나 사원(寺院)에서 성행하였다. 또한 왕의 행차 시에 고을이나 사원에서 유밀과를 진상하기도 하였으며, 납폐음식의 하나이기도 했다. 그 런가 하면 유밀과는 국외에까지 전파되어 충렬왕 22년(1296)에는 원나라 세자의 결혼식에 참석하기 위하여 원나라에 간 왕이 결혼식 연회에 본국에서 가져간 유밀과를 차려 그곳 사 람들로부터 절찬을 받았다는 기록도 보인다.

이처럼 유밀과는 연등·팔관회의 연회, 공사 연회와 재연(齋宴), 왕의 행차 등에 널리 쓰이게 되었다. 그리고 왕공귀족들 간이나 사원에서 유밀과를 만들기 위하여 곡물, 꿀, 기름 등을 허실함으로써 물가가 오르고 민생이 어려워지게 되자 금지령까지 내려지기도 했다.

예로, 『고려사』(高麗史) 형법 강령에 의하면 명종 22년에는 유밀과의 사용을 금지하고 유밀과 대신 나무열매를 쓰라고 하였고, 『고려사』 공민왕 2년(1353)에도 유밀과의 사용 금지령이 내렸다는 기록이 보인다. 이로 미루어 이 시기에 유밀과가 얼마나 성행했는가를 미루어 짐작할 수 있다.

고려시대에는 유밀과와 함께 다식도 만들어졌던 것으로 보인다. 다식은 고려 이전부터 전래하는 전통한과로 이런 사실은 고려 말의 문신 이목은 이 팔관회 잔치가 끝나고 보내 준 다식을 받고 다음과 같이 읊은 시문에서 알 수 있다.

"좋은 음식은 역시 오늘날에도 옛 풍습 그대로를 따른 것이다. 의관은 구습의 것에 중국풍이 겹쳐져 있으나 잘 씹어 먹어보니 그 달고 좋은 맛이 잇몸과 혀에 스며 든다."

위의 시문은 고려가 원에 복속되었을 때 의관은 많이 중국풍으로 바뀌었으나 다식은 옛맛이 그대로 이어져 있어 좋은 맛이라는 내용이다. 다식이 그 당시에도 옛날 음식이었다면 다식의 역사는 오래되었음을 알 수 있으며, 곡식가루를 꿀로 반죽하여 다식판에 박아내어 만든 오늘날의 다식 맛과 크게 다름이 없음을 말해 주는 것이기도 하다.


## 조선시대

조선시대는 한과가 고도로 발달되었던 시대로 확정지을 수 있다. 궁중에서는 왕손의 가례, 왕·왕비·왕대비의 사순(40세), 오순(50세), 망오(41세), 망육(51세), 회갑 등을 축하하거나 존호를 받을 때, 기로소(耆老所 : 일흔 살이 넘은 문관 정이품 이상 되는 노인이 들어가서 대우받는 곳) 입소 축하, 외국 사신 영접에 왕의 윤허를 얻어 잔치를 크게 열었다.

잔치는 그 규모에 따라 진연(進宴), 진찬(進饌), 진작(進爵), 수작(受爵)으로 나뉘는데 이 것에 관한 시행절차 내용들은 『의궤』라는 문헌으로 남아 있다. 연회의 음식은 「찬품조」에 수록되어 있으며 왕대비, 왕, 왕비, 종친, 대신, 신하들에게 올렸던 음식 품목과 재료와 분량이 자세히 기록되어 있다.

잔치는 하루 한 번에 끝나는 것이 아니라 여러 날 계속되었는데, 정일날의 잔치 음식은 수십 가지를 만들어 화려하게 고임새를 하여 줄지어 올리고 상화(고임한 음식에 꽂는 가화)를 음식에 꽂아 장식했다. 그런데 장만한 음식 수의 2/3는 대부분이 조과와 생과, 음료로 조선

고종 중화전 『진연의궤』(1902년)
대전진어대탁찬안을 재현한 상차림

시대 문헌에 기록된 한과류만 해도 유밀과류 37종, 유과류 68종, 다식류 28종, 정과류 51종, 과편류 11종, 엿류 6종, 당류 53종 등 무려 254 종에 달한다. 실로 조선왕조 500년 역사에서 왕실을 중심으로 한 음식차림은 우리나라 역사상 가장 화려한 음식문화의 한 전형으로 보아야 한다.

고종 24년(1887)에 신정왕후(神貞王后) 조대비(趙大妃)의 팔순(八旬)을 경하하는 뜻에서 거행되었던 만경전(萬慶殿) 진찬(進饌)에서의 한과를 보면 대약과, 다식과, 만두과, 각색다식, 조란, 율란, 강란, 전약, 백자병, 숙실과, 각색정과, 각색당, 삼색매화강정, 삼색세건반강정, 오색강정, 사색빙사과, 삼색매화연사과, 양색세건반연사과, 사색감사과, 삼색한과, 양색세건반요화 등을 높이 고였음을 볼 수 있다. 큰상에 차려졌던 한과나 떡 등의 음식들은 많은 음식을 나르는 데 쓰이는 도구의 하나인 갸자(架子)에 실어 각 집에 하사된다.

조선시대 『의궤』에 의하면 태조 때부터 중국의 사신을 영접하는 일은 국가의 큰 행사여서 영접도감(迎接都監)을 따로이 설치하여 수 차례에 걸쳐 연회(宴會)를 베풀었다고 되어 있다.

영접은 분담하여 임무를 행하였는데 차와 한과를 담당하던 기관은 연향색(宴香色), 잡물색(雜物色), 내자시(內資寺), 내섬시(內贍寺), 예빈시(禮賓寺), 사옹원(司饔院)이다. 중국 사신을 위한 상차림은 삼시에 올리는 반상 말고 진연시에 올렸던 반과상

음식을 나르는 갸자, 민속박물관 소장

영조의 기로소 입소 기념 화첩 일부, 국립중앙박물관 소장

(盤果床)과 같은 형식의 다담상(茶啖床)이 있었는데 그 내용은 약과, 은정과, 미자, 다식, 매엽과, 수정과, 강정, 건실과, 생실과, 연사과, 당 등이었다.

이처럼 조선시대에 오면 한과류는 임금이 받는 어상은 물론, 한 개인의 통과의례를 위한 상차림의 필수품이 되었고, 민간의 식생활을 발전시키는 데 큰 역할을 하였다. 음식을 정성들여 바치는 어른에 대한 깍듯한 예절과 그 음식을 감사히 받아 나누어 먹는 풍습은 다른 나라에서는 볼 수 없는 우리만의 좋은 식문화로 이는 한국의 식문화를 향상시키는 계기가 되었으며 한과기술을 발전시키는 데도 한몫을 했다. 또한 일반 평민들에게도 한과가 의례상의 진설품으로서뿐만 아니라 평상시의 기호식품으로도 각광을 받게 되었다.

그중에도 특히 유밀과나 강정과 같은 한과는 민가에까지도 널리 유행하였으며, 주로 설날 음식이나 혼례, 회갑, 제사음식으로 반드시 만들어야 하는 한과가 되었다. 이처럼 강정이 성행하자, 이 시대에도 강정 금지령이 내려졌다고 한다. 조선왕조 법전의 종합체로 일컬어지는 『대전회통』(大典會通)에 이르기를 "헌수, 혼인, 제향 이외에 조과를 사용하는 사람은 곤장을 맞도록 규정한다"고 하였다.


## 근·현대

의례음식, 또는 기호식품으로 각광을 받던 한과는 근대로 넘어오면서 차츰 쇠퇴하기 시작했다.

1900년경, 일본의 식생활 유입과 서구의 문화가 들어오게 되면서 전통한과는 인기를 잃고 양과를 비롯한 사탕, 젤리 등을 만들어 판매하기 시작했다. 또 1945년 이후에는 밀가루, 유제품, 설탕 등을 재료로 해서 만든 새로운 맛의 한과류가 더욱 다양해지고 풍성해짐에 따라 전통한과는 차츰 대중의 기호에서 멀어지게 되었다. 한과의 맛이란 대부분 단맛에 있는데, 즉석에서 빨리 느껴지는 강도 높은 설탕이 수입되자 사람들의 입맛은 엿처럼 은은한 단맛은 멀리하게 되고 차츰 설탕의 단맛에 빠져들게 되었다. 또한 엿은 만드는 과정이 복잡하고 시간이 오래 걸리므로 자연히 간편한 설탕을 쓸 수밖에 없게 되었다.

현대에 와서는 의례가 간소화되면서 예전 같지는 않지만 제사 때나 혼인 이바지 음식 등 전통의례음식으로, 또는 명절처럼 특별한 날의 음식으로 한과는 여전히 쓰이고 있다.

최근에는 젊은 층에 이르기까지 우리 것을 찾자는 의지가 생활 전반에 걸쳐 폭넓게 확산되면서 먹거리에서도 전통한과에 대한 관심이 다시금 고개를 들기 시작했다. 더욱이 건강에 대한 관심이 높아지면서 기호식품도 밀가루와 설탕을 주재료로 한 빵이나 케이크보다는 찹쌀이나 꿀, 잣, 호두, 깨 등 종실류를 재료로 만든 전통한과류가 몸에 좋다는 인식이 점차 확산되고 있는 추세다.

# 한과의 종류

## 한과의 종류별 특성

### 유밀과

한과 중 역사상 가장 사치스럽고 최고급으로 꼽히는 유밀과(油蜜菓)는 밀가루를 주재료로 하여 꿀과 기름으로 반죽해 모양을 만들어 기름에 튀긴 다음 다시 즙청한 대표적인 한과이다.

유밀과 고임

원래 불교의 소찬으로 발달한 유밀과는 중요한 제사 음식 중 하나였으며 반드시 고임상에 올려졌고, 진상품으로도 올려졌으며 혼례 때의 납폐음식의 하나였다. 또한 그 명성이 국외에까지 자자해서 중국에는 고려의 유밀과가 고려병(高麗餠)으로 널리 알려지기도 했다.

종류로는 약과(藥菓), 모약과, 다식과(茶食菓), 연약과(軟藥菓), 만두과(饅頭菓), 박계, 한과(漢菓), 매작과(梅雀菓), 차수과, 타래과, 요화과 등이 있다.

### 유 과

유과(油菓)는 흔히들 강정이라고도 하는데 엄밀히 따지면 강정은 유과의 한 종류일 뿐이다.

유과 고임

강정 역시 약과와 함께 옛날부터 내려오는 한과 중에 으뜸으로 유과의 매력은 입에 넣으면 바삭하게 부서지면서 사르르 녹는 맛에 있다.

지금도 그렇게 하는 집이 있기는 하나 옛날에는 신부집에서 혼인잔치를 치르고 돌아가는 신랑의 후행 또는 상객에게 이바지 음식으로 강정을 석작이나 버들로 엮은 동구리에 가득 담아 보냈던 풍습이 있으며, 민가에서는 선조께 올리는 제사음식으로 강정을 으뜸으로 삼았고, 또한 정월 세찬에 빠져서는 안될 음식이었다.

유과는 크게 강정류·산자류·빙사과류·연사과류 등으로 나뉘며, 다시 모양에 따라 네모나게 만든 산자·누에고치 모양을 한 손가락강정·동글동글한 모양의 방울강정·잘게 썰어 뭉친 빙사과 등으로 나눈다.

그리고 고물에 따라 여러 가지 이름이 붙게 되는데 고물로는 깨, 찰나락을 튀겨 만든 매화, 찹쌀 찐 것을 말렸다가 튀긴 건반, 건반을 잘게 부순 세건반, 승검초, 잣가루 등이 쓰이며, 또 바탕과 고물에 분홍, 노란색 등의 물을 들이기도 한다.

## 다 식

다식(茶食)은 흰깨, 흑임자, 콩, 쌀 등을 익히거나 송화, 전분 등을 꿀로 반죽한 다음 다식판에 박아 낸 한과로 녹차와 함께 곁들여 먹으면 차 맛을 한층 높여 준다.

다식은 유밀과처럼 일반화되지는 않았으나 국가 대연회에 사용했고 혼례상이나 회갑상, 제사상 등 의례상에는 빠지지 않았다.

다식 고임

다식의 특징은 뭐니뭐니 해도 그 정교한 문양에 있다. 다식을 찍어내는 모양틀(다식판)의 문양은 퍽 다양하다. 수(壽), 복(福), 강(康), 령(寧)의 인간의 복을 비는 글귀를 비롯해서 꽃무늬, 수레바퀴무늬, 완자무늬에 이르기까지 조각의 모양새가 정교하여 그 시기의 예술성을 엿볼 수 있는 도구이기도 하다.

다식은 주재료에 따라 이름을 달리하는데 송홧가루로 만든 것은 송화다식, 승검초가루를 만든 것은 승검초다식, 콩가루로 만든 콩다식, 흑임자로 만든 흑임자다식, 백설기를 말린 가루로 만든 쌀다식,

밀가루를 누릇하게 볶아 만든 진말다식, 황률가루로 만든 밤다식, 녹말가루에 오미자로 색을 들인 오미자다식 등이 있다.

또한 혼례와 축하용에는 노란 송화다식·푸른 승검초다식·분홍색 오미자다식·하얀 쌀다식·까만 흑임자다식 등 오색다식을 화려하게 괴어 놓고, 제례에는 흑임자다식·송화다식·쌀다식만을 쓴다.

## 정과

정과(正果)는 비교적 수분이 적은 식물의 뿌리나 줄기, 또는 열매를 살짝 데쳐 조직을 연하게 한 다음 설탕시럽이나 꿀, 또는 조청에 오랫동안 조린 것으로 전과(煎果)라고도 한다. 달착지근하면서도 쫄깃쫄깃한 맛이 특징으로 섬유조직이 다 보이도록 투명하게 조려진 게 잘된 정과이다. 보통 다과상에도 오르긴 하지만 특히 제수 때는 제기에 괴어 담고 잔치의 큰상에는 평접시에 괴어 담는다. 정과는 보통 한 가지만 만드는 게 아니라 여러 가지 종류를 만들어 완전히 식힌 후 꾸득꾸득해지면 한 접시에 옆옆이 담아내는 예가 많다.

건정과 고임

정과의 종류는 끈적끈적하게 물기가 있게 만드는 진정과와 설탕의 결정이 버석버석거릴 만큼 마르게 만드는 건정과가 있다.

## 엿강정

엿강정은 여러 가지 견과류나 곡식을 볶거나 그대로 하여 조청, 또는 엿물에 버무려 서로 엉기게 한 다음 반대기를 지어서 약간 굳었을 때 썬 한과이다.

엿강정의 재료로는 주로 검정깨·들깨·참깨·파란콩·검정콩·땅콩·호두·잣·쌀 튀긴 것 등을 쓰며, 웃고명으로는 잣이나 호두·대추를 박아 모양도 내고 고소한 맛과 향기를 더한다.

간식거리이면서도 귀한 씨앗을 재료로 쓰므로 단백질과 지방, 무기질이 가득한 영양식품이기도 하다. 특히 추운 겨울에 만들어 항아리에 넣어 두고 조금씩 꺼내 먹곤 했는데, 예전에는 정월 세찬으로

엿강정 고임

빠지지 않는 음식이었고 세배하러 오는 아이들한테 세뱃값으로 주기도 했다고 한다.

엿강정의 엿은 접착제의 구실을 하는 정도이므로 엿보다는 그 양이 적게 쓰인다. 엿강정을 잘 만들려면 엿물을 알맞게 끓이는 일이 중요한데, 물엿이나 엿만으로 하면 잘 굳지 않고 늘어지기 쉬우며 그렇다고 설탕만으로 굳히려면 다시 결정체로 되어 부서지기 쉽다. 그러므로 설탕과 꿀과 물엿을 적절한 양으로 배합하여 엿물을 만드는 것이 실패하지 않는 비결이다.

### 숙실과

숙실과 고임

숙실과(熟實果)는 말 그대로 과수의 열매나 식물의 뿌리를 익혀서 꿀에 조린 것으로 만드는 방법에 따라 '초(炒)'와 '란(卵)'이 있다.

'초'는 과수의 열매를 통째로 익혀서 원래의 형태가 그대로 유지되도록 조린 것으로 밤초와 대추초가 대표적이며, '란'은 열매를 익힌 뒤 으깨어 설탕이나 꿀에 조린 다음 다시 원래 모양과 비슷하게 빚은 것으로 율란, 조란, 강란 등이 있다.

### 과편

과편(果片)은 과일즙 또는 과일을 삶아 거른 물에 녹말과 설탕, 꿀을 넣고 조려 엉기게 한 다음 그릇에 쏟아 식혀서 편으로 썬 것으로 서양의 젤리와 비슷한 한과이다.

새콤달콤한 맛이 일품이며 말랑말랑하고 매끄러워 입 안에 넣었을 때의 느낌도 매우 좋다. 과편에 사용하는 과일은 주로 신맛이 나는 앵두나 살구·산사·모과 등을 쓰며, 복숭아·배·사과처럼 과육의 색깔이 변하는 것은 잘 쓰지 않는다.

과편 역시 어떤 과일로 만드느냐에 따라 이름이 붙여지는데 앵두편, 복분자편, 살구편, 오미자편 등이 대표적이며 최근에 와서는 키위나 오렌지 등으로 과편을 만들기도 한다.

### 엿

엿은 곡식에 엿기름을 섞어 당화시켜 조린 것이고, 당은 설탕을 여러 모양으로 고형화시킨 것이다.

우리가 먹는 엿은 찹쌀, 멥쌀, 좁쌀, 수수 같은 곡식을 밥 짓듯이 한 다음 엿기름으로 당화시킨 후 오랫동안 고은 것으로 엿과 조청이 여기에 속한다.

우리나라에서 엿을 만들기 시작한 것은 고려시대부터이며 이후로 엿을 간식으로 이용하여 왔고, 또 엿을 묽게 고아 꿀처럼 만들어 꿀 대신 여러 가지 음식이나 한과를 만드는 데 이용해 왔다. 엿은 크게 조청, 갱엿, 백당으로 구별된다.


## 한과의 쓰임새

### 시 · 절식

사계절이 뚜렷한 우리나라에는 예로부터 계절마다 명절과 절기가 있었고, 또 그 절기에 맞춰 행해지는 풍속 또한 매우 다양했다. 이들 절기 때면 보통 그 계절에 쉽게 구할 수 있는 재료들로 특별한 음식을 만들어 이웃과 나누어 먹으며 계절을 맞이하곤 했다. 물론 한과는 떡만큼 일 년 열두 달 절기 때마다 두드러진 특징을 가지고 있진 않지만 정월 세찬, 단오, 팔월 한가위, 동지, 섣달 등 계절의 변화를 두드러지게 느낄 수 있는 절기에는 한과를 만들어 즐기곤 하였다.

이러한 시 · 절식은 단순히 별식의 의미를 넘어서 때때마다 영양이 풍부한 제철 재료를 이용한 자연스런 영양 보충은 물론, 액을 물리치고 건강과 복을 비는 마음이 담긴 우리 조상의 지혜를 느낄 수 있는 음식이기도 하다.

### 세 찬

정초에 차례상에 올려지는 음식과 세배 손님들에게 내는 음식을 모두 세찬이라고 하는데 정월 세찬에는 유과(강정), 엿강정, 약과, 다식, 숙실과 등 한과류가 무척 다양하게 차려졌다. 그 중 가장 대표적인 것이 강정인데 홍석모(洪錫謨)의 『동국세시기』에는 "오색강정이 있는데 이것은 설날과 봄철에 일반 가정의 제물로 실과행렬(實果行列)에 들며 세찬으로 손님을 접대할 때 없어서는 안 될 음식이다"라고 하였다.

어린 세배 손님들에게는 세뱃돈 대신 덕담과 함께 한과와 과일을 내어주며 새해 축원을 해주었다. 또 강정에는 속에 벼슬의 품계를 적은 종이를 넣어 운세를 점치기도 하고, 강정을 튀길 때 부풀어 오르는 높이로 좋은 일이 있기를 겨루는 놀이도 하였다. 특히 빛이 희고 튀길 때 확 부풀어 오르는 강정은 또 누에고치처럼 생겼다 하여 일년 내내 운이 번창하고 누에가 실을 뽑듯 장수하라는 뜻을 담고 있기도 하다. 그 외에 밤, 대추, 호두, 곶감, 연시, 감귤도 세찬상에 빠질 수 없는 과품이다.

## 설 다과상

차례를 지낸 후 어른들은 자손으로부터 세배를 받고 일가친척 어르신을 찾아다니며 인사를 드리고 덕담을 듣는다. 이때 세배꾼을 맞은 집에서는 떡국상 또는 다과상을 차려내어 답례를 하는데 설 다과상에는 약과·강정·다식·정과·엿강정·곶감쌈 등의 한과류와 감귤·배·밤 등의 과일, 수정과·식혜 등의 음청류를 가짓수의 제한 없이 차리면 된다. 세배꾼들이 수시로 드나들기 때문에 격식이나 양에 구애받지 않고 준비되어 있는 한과와 음청류를 적당하게 담아내면 되므로 부담이 없다.

## 정월 대보름

이날은 오곡밥과 묵은 나물, 복쌈, 부럼, 귀밝이술과 함께 약식을 만들어 나누어 먹는다. 건강하기를 바라는 마음에서 모든 음식을 골고루 갖추어 먹기를 권하지만, 특히 호두나 밤, 잣 등을 깨어 먹는 풍습은 겨우내 부족했던 지방질을 충분히 섭취함과 동시에 치아가 튼튼하길 바라며 또 실제로 얼마나 튼튼한지를 확인하는 의미로 생겨났다. 또한 깨물어 소리를 내면 나쁜 귀신이 그 소리에 놀라 달아난다고 믿어 크게 소리나는 과일과 한과를 먹었는데 그것이 바로 산자나 엿강정이다. 또 엿을 잡고 서로 쳐서 깨는 엿치기라는 풍습도 있었다.

## 중화절

농사의 시작을 알리는 날로 일꾼들에게 정월 보름 볏가릿대를 거두어 떡을 해서 먹이는 풍습이 있다. 또 농촌에서는 집 안에 쥐와 벌레가 없어지기를 바라는 마음에서 콩을 볶아 먹고 던지기도 하였다. 또한 볶은 콩을 엿에 넣은 콩엿을 만들어 간식으로 만들기도 하였다.

## 삼짇날

만물이 활기를 띠고 강남 갔던 제비가 돌아온다는 삼짇날에는 집안의 우환을 없애고 소원성취를 비는 산제를 올렸다. 선비들은 마음껏 자연을 즐기고 아낙네들은 만발한 진달래꽃을 따다 화전을 지지고 화채를 해먹었다. 또한 봄철의 미각을 돋구는 새콤한 맛의 오미자를 넣어 만든 화채나 매끄러운 녹두묵, 창면을 즐겼다.

녹두묵은 청량감이 들고 입 안에서 매끄럽게 넘어가 봄·여름철의 한과 재료로 이용되었는데, 녹두 녹말에 오미자의 붉은 물로 색을 내고 단맛을 주어 말갛게 묵을 쑤면 달고 새콤한 과편이 된다.

또한 오미자의 새콤하면서도 고운 분홍빛은 봄을 나타내기에 좋은 소재로 쌀강정이나 매작과에 색을 내는 재료로도 쓰인다.

## 초파일

불가의 최대 행사로 민간에서도 다같이 지켰다. 느티나무의 연한 잎을 가지고 떡을 해서 부처님께 공양하고 나누어 먹거나 검정콩을 넣은 콩설기를 해먹었다. 이날 검정콩을 볶아 길에서 만나는 이들과 나누어 먹으면 인연을 맺는다는 불가의 풍속이 있다.

## 단오

음력 5월 5일은 수릿날, 중절, 천중절이라 해서 양기가 가장 왕성한 날로 설, 추석 다음으로 큰 명절로 여겼다. 수리취를 가지고 수레바퀴 모양의 절편을 만들어 먹는 풍습이 전해오는데 수리취가 없으면 쑥으로 대신하기도 한다. 일 년 쓸 쑥을 삶아 냉동실에 보관하거나 말려두고 떡이나 한과에 향과 색, 맛을 낼 때 쓰면 좋다.

쑥

　이때부터는 더위가 본격적으로 시작되는 계절이라 더위를 타지 않는 음식을 먹었는데, 특히 한방 약재로 만든 음청류인 제호탕이 궁중의 단오절식으로 잘 알려져 있다. 또한 앵두가 나오는 철이라 앵두를 으깨어 화채를 만들기도 하고, 앵두 으깬 것을 삶아 녹두 녹말과 꿀을 넣어 굳힌 과편을 만들어 먹기도 한다.

## 유두

6월 보름인 유두일에는 아침 일찍 밀국수, 떡, 과일 등을 천신(薦新)하고 떡을 만들어 논에 나가 농신(農神)께 풍년을 축원하였으며, 동쪽 개울 물에 나아가 머리를 감고 발을 물에 담가 시원함을 즐겼다. 절식으로는 보리, 밀 등 햇것으로 전병을 부쳐먹고, 더위를 잊기 위한 음청류로는 가래떡을 작고 둥글납작하게 빚어 삶아서 꿀물에 건지로 넣은 수단을 만들어 먹었다. 또한 밀경단을 색색으로 만들어 말려서 문설주에 매달거나 몸에 차고 다녀 액을 막는 풍습이 있었다.

## 삼복

더위가 가장 기승을 부리는 때라 몸을 보신하는 음식을 많이 먹는다. 복날은 음기가 양기에 눌려 엎어져 있다고 해서 이름 붙여진 것으로 배탈이 날 것을 염려하여 끓인 음식을 먹는데, 천렵(川獵)을 가서 물고기를 잡아 매운탕을 끓여 먹기도 하고 또 고기를 푹 끓여 먹기도 하였다. 또한 깨를 넣어 만든 냉국도 별미로 친다. 한여름이라 참외나 수박 등의 과일은 시원하게 생과로 먹고, 한과는 엿이 녹아나와 형태도 좋지 않고 쉽게 상하므로 잘 해먹지 않았다. 한과를 장만하려면 채소에 꿀을 넣어 달게 조린 정과를 말려서 수분이 적게 만든 건정과를 권할 만하다.

### 한가위

일 년 농사를 지어 결실을 얻는 때라 곡식은 물론 밤, 대추 등 과일과 채소 모든 것이 풍성하다. 햅쌀에 햇곡과 햇과일로 소를 넣고 달 모양, 조개 모양으로 빚어 솔잎에 넣어 찐 송편뿐만 아니라 율란, 조란, 밤초, 대추초 같은 숙실과와 정과도 만든다. 또한 모든 한과의 재료는 이때 거의 장만했었다.

처음 추수한 쌀로 술을 빚고 떡을 빚어 조상께 추수의 기쁨을 감사드리는데 추석 차례상은 햇것은 물론, 차릴 수 있는 음식은 모두 갖추어 설 차례처럼 이른 아침 제를 지내고 성묘를 하는데 이는 조상에 대한 공경심과 효심의 표시이기도 하다.

한가위 차례 모습, 민속박물관 소장

제수는 햇과일인 생률·풋대추·감·배·사과·포도 등과 햇곡식으로 만든 다식·엿강정·숙실과가 올려졌다. 설날과 다른 점은 햅쌀로 밥을 짓고 송편을 빚어 차례상에 올리고, 쌀·콩·팥 등의 햇곡과 밤·대추·잣·은행·배 등의 과일로 한과를 만드는 것이다.

### 중구

9월 9일은 중양절, 또는 중구, 중광 등이라고 하는데 양수가 겹친 날이라 하여 명절로 치며, 추석 제사 때 못 잡순 조상께 제사를 지내는 날이기도 하다. 이때는 국화가 한철이라 국화꽃으로 만든 차전병을 부쳐 먹고 국화주를 담갔다. 또한 음력 9월 하순께는 향이 좋은 유자와 모과가 나오므로 이때 일 년 쓸 재료를 한꺼번에 준비해두곤 했는데 유자는 설탕에 재워두고, 모과는 차로 먹을 수 있게 모과청을 만들거나 말려두기도 했다. 절식으로는 유자화채나 정과, 모과편을 만들어 먹었다.

## 상달

10월은 한 해 농사를 마무리하는 때이다. 시루를 여러 개 마련하여 집안 곳곳에 붉은팥으로 고사 시루떡을 해놓고 성주신에게 가문과 가정의 안택을 빌며, 집에서 제사를 받들지 않는 조상들께도 한날 다같이 가문의 번창을 비는 제를 묘제로 지냈다.

또한 주부는 이때가 되면 김장 외에도 일 년 쓸 식재료를 모두 갈무리하고 집안의 큰일이나 경사, 또는 명절에 쓸 유과바탕을 만들어 말려두거나 엿을 고아 단지에 담아 두고 여러 가지로 쓸 궁리를 해두었다.

## 납 월

제석, 세제라 하며 일 년의 마지막날이므로 한해를 잘 마무리하기 위해 집 안팎을 깨끗이 하는 풍습이 있다. 불을 환하게 밝혀 새해를 맞고 잡귀가 들지 않도록 지키기 위해 잠을 자지 않았으며, 바느질거리도 끝내야 하고, 또한 음식도 남김없이 먹어야 했다. 그래서 남은 재료들을 모두 넣고 비벼 먹은 데서 비빔밥의 유래가 생겼다고 전해진다. 특별한 절식이 있었던 것은 아니지만 이날은 설맞이 음식이 장만되는 때라 엿강정, 유과, 엿, 약과, 다식, 식혜, 수정과 등 먹을 것이 그득했다.

## 통과의례

### 혼 례

혼례는 남녀가 부부의 인연을 맺는 일생일대의 가장 중요한 행사 중 하나이다. 혼례에는 사례(四禮)라 하여 의혼(議婚), 납채(納采), 납폐(納幣), 친영(親迎)의 절차가 있는데 문헌에 의하면 고려시대에는 납폐 음식으로 유밀과가 쓰였음을 알 수 있다. 이런 풍습은 지금까지도 이어져 개성의 납폐음식에는 유밀과가 빠지지 않는다.

또한 옛날에는 혼례가 끝나면 신부집에서는 장가온 신랑에게 큰상(큰상은 음식을 높이 고이므로 고배상(高排床)이라 한다)을 차려서 축하해 주었는데, 큰상에는 각색편과 강정·약과·산자·다식·숙실과·생실과·당속류·정과 등의 한과류와 전유어·편육·적·포 등의 찬품을 차린다. 그리고 그 후행(後行), 또는 상객(上客)이 돌아갈 때 각종 음식을 채롱이나 석작에 담아 신랑집으로 가져가는데 이것을 이바지음식이라고 한다.

신행가는 신부, 민속박물관 소장

한편 새색시가 사흘만에 시댁으로 가는 것을 신행(新行)이라고 하는데, 신랑집에서도 역시 신부에게 큰상을 차려 주기도 하며 신부를 데려갔던 후행이 돌아갈 때도 마찬가지로 석작에 음식을 담아 보내는 풍습이 있다.

이바지음식과 신행 때 보내는 석작에는 대개 인절미와 절편 등의 떡과 함께 유과를 푸짐하게 담아 보내곤 했다.

### 회갑연·고희연

부모가 예순한 살이 되는 생일에는 회갑(回甲), 일흔 살되는 생일을 고희 또는 칠순이라 하여 자손들이 모여 연회를 베풀고 축하드리는 풍습이 전해져 온다. 이때는 혼례 때와 마찬가지로 큰상(고배상)을 차리는데 이는 우리의 상차림 중에서 가장 화려하고 성대하다.

큰상에는 떡, 한과, 생과, 숙실과와 편육류, 전유어, 건어물, 육포 등 여러 가지 찬물들을 높이 쌓아 차리는데 고배상에 차리는 음식의 가짓수나 높이, 놓는 위치 등에 대해 정해진 규정은 없다. 다만 일반적으로 한과류와 생과 등을 앞 줄에 놓고 상을 받으시는 분 가까이에 찬물과 떡 등을 차린다.

혼례나 회갑, 칠순 등과 같은 경사스런 날의 큰상에는 약과, 중박계, 요화과, 숙실과, 정과, 다식 등의 한과가 올려지는데 이것들을 상에 올릴 때는 30cm에서 높게는 60cm까지 원통형으로 고이며, 그냥 밋밋하게 쌓아 올리는 것이 아니라 축(祝), 복(福), 수(壽) 등의 길상문자를 넣고, 또 색상을 조화시키면서 고여 올라간다.

고희연 큰상

회갑 큰상의 한과고임

한편 약과를 고일 때는 만두과를 웃기로 얹기도 하고, 쉽게 고이기 위하여 약과와 비슷하나 그 모양이 장방형으로 큼직한 중박계를 이용하기도 한다. 정과류는 식물의 뿌리나 열매를 이용하여 달착지근하게 조린 것인데 대개 한 가지가 아니라 여러 가지를 준비하여 고인다. 이밖에 다식은 분홍, 흰색, 푸른색, 노랑, 검정의 다섯 가지 색을 만들어 한층씩 색을 어긋나게 돌려가며 쌓는 등 장식적인 요소를 충분히 살려서 고이는 것이 특징이다.

## 회혼례

회혼례는 백년가약을 맺은 지 60년이 되는 날을 축하하는 잔치로 자손들이 모두 생존해 있어야만 치를 수 있었다. 부부가 명이 길어 회혼례를 하는 경우는 극히 드문 일로 모두가 부러워하는 잔치였다. 혼례와 똑같이 예를 올리지만 자식들이 일가친척을 초대하여 가무를 하고 헌수를 한다. 또한 교배상도 혼례상처럼 차리고 교배례를 거행한 후에는 고임으로 준비한 수연상(壽宴床)에 부부가 같이 자리잡고 앉아 절을 받는다. 혼례를 기점으로 회갑이 된 것이라 수연상은 회갑고임상과 같다. 마른 과일로 만수무강의 글을 새기고 오래오래 사시기를 기원한다.

「평생도」 중에서 회혼례 장면, 국립중앙박물관 소장

## 제 례

지금까지도 일반인들의 제례 상차림에 빠지지 않는 것이 있다면 그것은 다름아닌 약과와 유과(산자)이다. 제례 상차림에는 특히 유밀과를 많이 진설하는데, 본래 불교의 소찬으로 발달하게 된 유밀과는 특히 불교의 전성기였던 고려시대에는 살생 금지로 생선이나 고기류 대신 올려지던 아주 중요한 제향음식이었기 때문에 지금까지도 이러한 전통이 이어지고 있는 것이다.

제사상

여러 가지 유밀과 중에서도 제례에 가장 많이 쓰이는 것은 약과이며, 그 외에 매작과, 그리고 강정, 산자 등도 많이 쓴다. 또한 다식도 이들 못지 않게 중요한 제례음식 중 하나이다. 그러나 제례에는 축의연 때와는 달리 무채색에 가까운 송화다식, 흑임자다식, 쌀다식만을 올린다.

## 궁중에서의 한과

궁중의 한과류 역시 『의궤』, 『발기』, 『태상지』를 통해서 알 수 있다.

한과는 고임상의 꽃이라고 할 수 있다. 떡을 담는 그릇 수에 비해서 수가 많아지고 훨씬 모양있게 고일 수 있다.

### 『의궤』에서의 한과

- 원행을묘정리의궤 : 「원행을묘정리의궤」(1795년) 진찬 때 자궁께 올리는 찬안과 1887년 익종비 조대비 8순잔치 정일진찬 때 올려진 한과류를 발췌하였다.

| | | | | |
|---|---|---|---|---|
| 대약과 | 다식과 | 만두과 | 각색다식 | 삼색매화강정 |
| 삼색세건반강정 | 오색강정 | 사색빙사과 | 삼색매화연사과 | 양색세건반연사과 |
| 사색감사과 | 삼색한과 | 양색세건반요화과 | 조란·율란·강란·전약·백자병 | 각색정과 |

**『원행을묘정리의궤』 혜경궁 홍씨의 회갑연에 올려진 한과류**

| 종 류 | 높 이 | 재 료 |
| --- | --- | --- |
| 대약과 | 1자 5치<br>225개 | 밀가루 4말 5되, 꿀 1말 8되, 참기름 1말 8되, 깐 잣 1되 5홉, 계핏가루 3돈, 후춧가루 3돈, 말린 생강가루 1돈, 깐 잣 2홉, 사탕 2원 |
| 만두과 | 1자 5치 | 밀가루 3말, 꿀 1말 2되, 참기름 1말 2되, 대추 8되, 말린 밤가루 8되, 곶감 5꼬챙이, 깐 잣 3되, 계핏가루 1냥, 후춧가루 5돈, 말린 생강가루 2돈, 사탕 3원 |
| 다식과 | 1자 5치 | 밀가루 3말, 참기름 1말 2되, 꿀 1말 2되, 말린 생강가루 1돈, 계핏가루 3돈, 깐 잣 5홉, 실깨 7홉, 후춧가루 2돈, 사탕 2원 |
| 흑임자다식 | 1자 5치 | 흑임자 4말, 꿀 8승 |
| 송화다식 | 1자 5치 | 송화 3말 5되, 꿀 9승 |
| 율다식 | 1자 5치 | 말린 밤가루 4말, 꿀 9승 |
| 산약다식 | 1자 5치 | 산약 30단, 꿀 9승 |
| 홍갈분다식 | 1자 5치 | 칡녹말 2말, 녹말 1두 5되, 꿀 8되, 연지 15주발, 오미자 5되 |
| 홍매화강정 | 1자 5치 | 찹쌀 2말, 찰벼 7말, 참기름 1말 3되, 백당 5근, 꿀 1되, 지초 2근, 술 2되 |
| 백매화강정 | 1자 5치 | 찹쌀 2말, 찰벼 7말, 참기름 9되, 백당 5근, 술 2되, 꿀 2되 |
| 황매화강정 | 1자 5치 | 찹쌀 2말, 찰벼 7말, 참기름 9되, 백당 5근, 꿀 1되, 울금 8냥, 술 2되 |
| 홍연사과 | 1자 5치 | 찹쌀 2말, 세건반 1말 2되, 참기름 1말 2되, 백당 4근, 지초 2근, 소주 1복자, 꿀 3되 |
| 백연사과 | 1자 5치 | 찹쌀 2말, 세건반 1말 2되, 참기름 1말, 백당 4근, 소주 1복자, 꿀 3되 |
| 황연사과 | 1자 5치 | 찹쌀 2말, 참기름 1말, 백당 4근, 깐 잣 1말 4되, 소주 1복자, 꿀 3되 |
| 홍감사과 | 1자 5치 | 찹쌀 2말, 참기름 9되, 백당 2근, 지초 1근 8냥, 술 2되, 꿀 2되 |
| 백감사과 | 1자 5치 | 찹쌀 2말, 참기름 6되, 백당 2근, 술 2되, 꿀 2되 |
| 홍요화 | 1자 5치 | 밀가루 2말, 건반 1말 2되, 참기름 1말 3되, 백당 6근, 지초 2근 |
| 백요화 | 1자 5치 | 밀가루 2말, 건반 1말 2되, 참기름 1말, 백당 7근 |
| 황요화 | 1자 5치 | 밀가루 2말, 건반 1말 2되, 참기름 1말, 백당 7근, 송화 3되 |
| 조 란 | 1자 | 대추 2말, 말린 밤 1말 5되, 깐 잣 1말, 꿀 7되, 계핏가루 1냥 |
| 율 란 | 1자 | 말린 밤 2말 5되, 꿀 6되, 계핏가루 1냥, 후춧가루 3돈, 깐 잣 8되, 사탕 3원 |
| 강 란 | 1자 | 생강 5말, 깐 잣 1말, 꿀 7되, 백당 2근 |
| 각색정과 | 7치 | 생강 2말, 모과 15개, 연근 1묶음, 산사 5되, 두충 3되, 동아 1조각, 배 10개, 도라지 2단, 유자 8개, 감귤 8개, 연지 2주발, 치자 4냥, 산사고 3편, 꿀 8되 |

## 조대비 8순잔치에 올려진 한과류

| 종 류 | 높 이 | 재 료 |
|---|---|---|
| 대약과 | 1자 3치<br>(120개) | 밀가루 4말, 꿀 1말 6되, 참기름 1말 6되, 사탕 1원, 간 잣 4홉, 계핏가루 5작, 후춧가루 5작 |
| 다식과 | 1자 3치<br>(120개) | 밀가루 4말, 꿀 1말 6되, 참기름 1말 6되, 사탕 1원, 간 잣 4홉, 계핏가루 5작, 후춧가루 5작 |
| 만두과 | 1자 3치<br>(140개) | 밀가루 3말 5되, 꿀 1말 4되, 참기름 1말 4되, 대추 3되 5홉, 말린 밤 7되, 사탕 1원, 간 잣 4홉, 계핏가루 1홉, 후춧가루 1홉 |
| 각색다식 | 1자 3치<br>(1400개) | 녹말 7되, 송화 7되, 흑임자가루 1말 1되, 푸른 콩가루 1말 1되, 말린 밤가루 9되, 꿀 1말 3되 5홉, 연지 2종지, 오미자 1되 5홉 |
| 삼색매화강정 | 1자 3치<br>(홍·백매화강정 각 450개,<br>백자강정400개) | 찹쌀 2말 2되, 찰벼 4말 4되, 술 6되, 꿀 6되, 참기름 6되, 백당 16근, 지초 2근 10냥, 붉은색을 취한 기름 4되 2홉, 솜 4돈, 간 잣 8되 |
| 삼색<br>세건반강정 | 1자 3치<br>(홍세건반강정 500개. 백·황세건반강정 각 400개) | 찹쌀 2말 1되, 세건반 2말 1되, 술 5되 2홉, 꿀 5되 2홉, 참기름 5되 2홉, 백당 5근 5냥, 지초 1근 5냥, 붉은색을 취한 기름 2되, 솜 3돈 |
| 오색강정 | 1자 3치<br>(오색강정 각 250개) | 찹쌀 2말 1되, 술 5되 2홉, 꿀 5되 2홉, 참기름 5되 2홉, 백당 5근 5냥, 홍세건반 4되 1홉, 백세건반 4되 1홉, 실깨 4되 1홉, 검정깨 4되 1홉, 승검초가루 4되 1홉, 송화 2되 1홉, 지초 8냥 5돈, 붉은색을 취한 기름 8홉 5작, 솜 1돈 1푼 |
| 사색빙사과 | 1자 3치<br>(사색빙사과 각 65개) | 찹쌀 5말 2되, 술 1말 4홉, 꿀 1말 4홉, 참기름 1말 4홉, 백당 26근, 지초 9냥 8전, 갈매 9냥 8돈, 붉은색을 취한 기름 9홉 8작, 솜 1돈 3푼, 치자 130개 |
| 삼색<br>매화연사과 | 1자 3치<br>(홍·백매화연사과·백자연사과 각 150개) | 찹쌀 2말 2되, 찰벼 4말 4되, 술 6되, 꿀 6되, 참기름 6되, 백당 18근, 지초 2근 8냥, 붉은색을 취한 기름 4되, 솜 4돈 5푼, 간 잣 7되 2홉 |
| 양색<br>세건반연사과 | 1자 3치<br>(홍·백연사과 각 400개) | 찹쌀 2말 7되, 세건반 2말 7되, 술 7되, 꿀 7되, 참기름 7되, 백당 8근, 지초 2근, 붉은색을 취한 기름 3되 2홉, 솜 4돈 |
| 사색감사과 | 1자 3치<br>(사색감사과 각 1300개) | 찹쌀 2말 7되, 술 7되, 꿀 7되, 참기름 7되, 백당 13근 8냥, 지초 1근, 갈매 1근, 붉은색을 취한 기름 1되 6홉, 솜 2돈, 울금 2냥 |
| 삼색한과 | 1자 3치<br>(삼색한과 각 880개) | 밀가루 3말 5되, 꿀 1말 5홉, 참기름 1말, 백당 4근, 지초 1근, 갈매 5냥, 붉은색을 취한 기름 1되 6홉, 솜 2돈 2푼 |

(계속)

| 종 류 | 높 이 | 재 료 |
|---|---|---|
| 양색<br>세건반요화 | 1자 3치<br>(홍 · 백요화<br>각 800개) | 밀가루 3말 2되, 세건반 3말, 참기름 8되, 백당 8근, 지초 1근 8냥, 붉은색을 취한 기름<br>2되 4홉, 솜 2돈 6푼, 소금 3되 2홉 |
| 조란, 율란,<br>강란, 전약,<br>백자병 | 1자 | 말린 밤 1말 2되, 대추 8되, 생강 1말 2되, 깐 잣 2말, 꿀 1말 2되, 백당 1근 8냥, 계핏가루<br>1홉, 후춧가루 1홉, 전약 1주발 |
| 각색정과 | 1자 | 연근 1말, 생강 1말, 도라지 1말, 밀감 20개, 모과 10개, 산사 4되, 청매당 1근, 당행인 1근,<br>고현 1근, 이포 1근, 흑포도 1근, 백동아 5편, 숙동아 5편, 꿀 1말 2되 |

## 조선왕조 궁중음식 『건기』에 나오는 한과류

| 분 류 | 종 류 |
|---|---|
| 유밀과류 | 유밀과, 약과, 대약과, 중약과, 소약과, 다식과, 대다식과, 중다식과, 소다식과, 만두과, 대만두과, 중만두과, 방약과, 행인과, 매엽과, 백미자, 홍미자, 홍차수, 백차수, 대박계, 중박계, 소박계, 양면과, 채소과, 소소과, 신소과, 양색한과 |
| 유과류 | 강정, 삼색강정, 각색강정, 세건반강정, 백세건반강정, 홍세건반강정, 백매화강정, 홍매화강정, 양색세강반강정, 홍세강반강정, 백세강반강정, 임자강정, 태말강정, 황말강정, 홍말강정, 계피강정, 당귀말강정(당귀강정), 백자말강정(말백자강정), 백산자, 홍산자, 백온반산자, 홍온반산자, 백온반산자, 홍온강반산자, 백온강반산자, 양색세반산자, 세반연사과, 양색연사과, 삼색연사과, 양색매화연사과, 백매화연사과, 홍매화연사과, 삼색매화연사과, 양색세강반연사과, 백세강반연사과, 홍세강반연사과, 양색세반연사과, 온(은)백자연사과, 백매화사과, 홍매화사과, 빙사과, 양색빙사과, 백빙사과, 홍빙사과, 입모빙사과, 사색입모빙사과, 감사과, 각색감사과, 사색감사과, 세반요화, 홍요화, 백요화, 양색세반요화, 홍세강반요화, 백세강반요화, 삼색건정, 사색건정, 각색건정 |
| 정과류 | 각색정과, 정과, 생강정과, 모과정과 |
| 숙실과류 | 숙실과, 각색숙실과, 율란, 조란, 강란(생강란) |
| 엿강정류 | 백자병 |
| 과편류 | 오미자병(오미자편), 앵도병, 황행병(황병), 산사병, 두충병, 생강병, 서여병, 율병, 조병 |
| 다식류 | 다식, 사색다식, 각색다식, 오미자다식, 강분다식, 당귀다식, 귤병다식, 백임자다식, 흑임자다식, 율다식, 당귀다식, 송화다식, 청태다식 |

**『태상지』에서의 한과 만드는 방법**

| 종 류 | 만드는 법 |
|---|---|
| 중박계 | 밀가루에 참기름과 꿀을 섞어 고르게 반죽하여 방식대로 바르게 잘라 기름에 황색이 될 때까지 지진다. |
| 홍산자 | 밀가루를 물로 반죽하여 균일하게 밀어 모나게 썰어 기름에 지져서 흑당을 바르고 건반을 지초로 붉은색을 낸 기름에 튀겨 고물로 쓴다. |
| 백산자 | 만드는 방법은 홍산자와 같으나 다만 색을 내지는 않는다. |
| 전다식 | 밀가루에 꿀을 넣어 반죽하여 판에 박아 기름에 담황색으로 지진다. |
| 백다식 | 만드는 방법은 전다식과 같으나 다만 기름에 지지지 않고 구워서 익힌다. |
| 약 과 | 밀가루를 기름과 꿀로 반죽하여 균일하게 밀어 모나게 썰어 기름에 자주빛이 나도록 지진다. |
| 소박계 | 만드는 방법은 중박계와 같으나 길이와 폭은 작게 한다. |

다식(茶食)   산자(散子)   소계(小桂)   중계(中桂)   약과(藥果)

『태상지』 한과류 도식

# 한과의 조리원리

## 유밀과(약과)의 원리

### 재료 선택

밀가루는 단백질 함량에 따라 강력분, 중력분, 박력분으로 구분할 수 있다. 강력분은 단백질의 함량이 12~16%이며, 글루텐의 함량이 높을 뿐만 아니라 탄력성과 점성이 강하다. 이에 비해 박력분은 8~11%의 단백질을 함유하고 있으며 탄력성과 점성이 약하고, 중력분은 단백질 함량이나 성질이 강력분과 박력

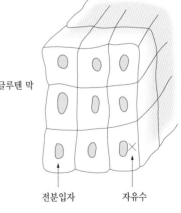

글루텐 막

전분입자   자유수

밀가루 반죽의 구조

글리아딘          글루테닌          글루텐

글루텐의 형성

분의 중간 정도여서 가정에서는 가장 쉽게 다목적으로 사용할 수 있다. 약과는 바삭바삭한 한과로 만들려면 글루텐이 적게 만들어지는 박력분이나 중력분이 좋다.

## 밀가루에 기름 넣기

밀가루에 식물성 기름(참기름이나 샐러드유)을 넣고 골고루 섞는다. 밀가루에 첨가한 기름의 양에 따라 튀겼을 때 부풀어오르는 정도, 즉 켜가 살아나는 정도가 틀리게 된다. 그러나 약과 반죽할 때 참기름의 양을 증가시키면 튀기는 도중 약과가 분리된다.

밀가루에 기름 넣기

특히 반죽을 칼로 잘라 튀기는 모약과보다 한 덩어리로 반죽하여 약과틀에 눌러 찍어 내는 다식과의 경우는 모양이 살아 있어야 하기 때문에 기름의 양을 줄여야 한다.

약과를 만들 때 밀가루에 약간의 소금 간을 하게 되는데, 소금은 다른 재료들의 맛과 향을 더욱 상승시켜 주는 기능이 있다. 소금이 주는 적당한 짠맛은 제품의 향미를 제대로 미각에 전달을 하는 역할을 하며, 설탕을 다량 사용하는 제품에서는 설탕의 단맛을 순화시키는 역할도 한다.

## 반죽하기

기름을 섞어 체에 내린 밀가루에 설탕 시럽과 술을 넣고 반죽한다. 술을 첨가하지 않으면 튀겼을 때 약과가 위로 부풀지 않고 옆으로만 퍼지게 되고, 반대로 술의 양이 너무 많으면 약과가 공같이 부풀며, 균열이 없이 반들반들해져서 약과의 모양을 낼 수 없다. 또한 시럽을 첨가했을 때 시럽의 양을 증가시키면 글루텐 형성이 방해되어 균열이 더 심해져 부스러지기 쉽다. 시럽은 약과의 질, 맛, 기공 상태, 시럽의 흡수 상태에 영향을 준다.

반죽을 할 때는 단시간에 한 덩어리로 만들어 글루텐이 적게 만드는 것이 중요하다. 손이 많이 갈수록 글루텐 생성이 많아져 파삭한 맛이 적어지고 약과가 단단하게 된다. 밀가루에 물을 넣고 반죽을 하면 잘 늘어나고 끈끈하며 탄력성이 강하고 단단해진다. 원인은 글리아딘(gliadin)과 글루테닌(glutenin)이라는 성질이 다른 단백질이 반죽이라는 과

시럽과 술 넣어 섞기

정을 통해 서로 점성과 탄력성이 강한 입체적 글루텐(gluten) 망을 형성하기 때문이다. 이들은 각각 따로 있는데 물을 넣고 반죽을 하면 글리아딘이 글루테닌 사이에 끼어 들어가 더욱 튼튼한 입체적 섬유망이 형성되는 것이다

밀가루의 탄수화물은 약 75~80% 정도로 밀가루의 대부분을 차지하며, 친수성이고 흡수성이기 때문에 글루텐 표면에 가서 잘 흡착하여 분자들끼리 서로 붙어 결국 입체적 망의 글루텐 사이에 끼어 있는 것처럼 보이는 것이다. 즉, 전분은 글루텐 망 사이에서 기체를 둘러싸는 커나 막을 이루어 세포벽을 형성한다. 이때 열을 가하면 전분은 주위 물을 흡수해서 호화되고 전분입자는 팽창하여 서로 밀착해 세포벽이 두꺼워지는데 결국 반죽 안의 공기, 증기, $CO_2$ 가스를 놓치지 않는 세포벽 형성 역할을 한다.

한편 반죽을 밀대로 미는 과정은 밀가루와 참기름이 혼합하여 커를 생기게 하는 쇼트닝화(shortening) 작용이다. 밀가루 반죽에 글루텐(gluten)의 그물눈끼리의 결속을 억제한다. 즉, 밀가루 입자에 지방(참기름)이 골고루 입혀지므로 서로 부착되지 않고 부드러우며, 밀었을 때 얇은 층이 생기는 것이다.

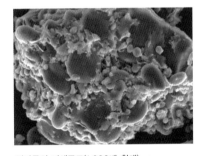

밀가루의 미세구조(1,000배 확대)

## 튀기기

• 저온 110℃에서 튀기기 : 튀김이란 곧 기름과 수분의 교환작용이 일어나는 것이다. 약과는 튀기는 온도에 따라 조직감의 차이가 난다. 약과를 110℃ 기름에 넣으면 바닥에 가라앉으며 약과 표면에서 작은 기포가 올라오며 약과 반죽 속에 있던 기름이 튀김기름 사이로 서서히 빠져 나와 층이 만들어진다. 그러다 차츰 커가 생기면서 약과가

저온에서 튀기기

위로 떠오르게 되는데 그것은 수분이 증발하여 비중이 가벼워지기 때문이다.

- **온도를 140℃로 올려서 튀기기** : 약과를 튀기다가 기름의 온도를 올리는 것은 저온에서 그대로 두면 약과 켜 사이로 튀김기름이 계속 스며들기 때문이다. 이때 기름의 온도를 올려주게 되면 켜를 만들면서 흡수된 기름이 빠지고 색이 나게 된다. 하지만 기름의 온도를 갑자기 올리게 되면 시럽으로 반죽을 하였기 때문에 겉만 타고 속은 익지 않게 되므로 서서히 올려 주어야 한다.

튀김을 할 때 중력분보다 박력분이 흡유량이 많은데, 이는 반죽 시 형성된 글루텐이 흡유량을 감소시키기 때문이다.

한편 전분에 물을 가해서 가열하여 일정 온도에 달하면 전분립이 급격히 물을 흡수하여 팽윤하기 시작한다. 이것은 열에너지에 의해서 전분의 규칙적인 미셀 구조가 느슨해져서 그 틈에 물이 침투해 들어가기 때문이다. 한층 더 가열을 계속하면 전분립은 더욱 크게 팽윤하여 용액은 대단히 점도가 높은 상태가 된다. 이와 같이 분자간의 결합이 절단되어 결정성 구조가 붕괴되므로 전분립이 팽윤해서 액체의 점도가 높게 되는 현상을 호화(糊化, $\alpha-$化)라고 한다.

호화된 전분을 방치하면 원래의 전분구조로 되돌아가면서 딱딱해지게 되는데 이런 과정을 노화라고 한다. 하지만 약과나 강정 등의 한과는 전분을 호화시킨 것을 급격하게 수분함량을 15% 이하로 감소시키므로 노화를 효과적으로 막을 수 있다.

한과 속의 전분은 호화 전분의 상태이지만 장기간 두어도 노화되지 않는 이유는 한과의 수분의 함량이 호화된 후 갑자기 10% 이하로 낮아졌기 때문이다.

또한 약과 반죽에 설탕 시럽을 넣음으로써 설탕, 즉 당분의 함량이 클수록 탈수작용에 의하여 전분의 유효 수분함량은 감소되며, 호화된 전분의 경우에는 노화가 잘 일어나지 않게 되는 것이다.

## 즙청하기

튀긴 약과는 마지막으로 조청이나 꿀 등에 즙청하게 되는데, 이는 단맛을 주는 것 외에 지방을 많이 함유하고 있는 약과의 산화를 지연시키는 역할을 한다. 즉, 설탕이 수분과 친화하여 수분에 용해되는 산소의 양을 감소시켜 지방의 산화를

조청으로 즙청하기

지연시킴으로써 풍미를 보존해 주는 역할을 하는 것이다.

튀긴 약과가 뜨거울 때 즙청꿀에 담그면 '칙칙' 소리가 나면서 조청이 안으로 잘 스며들어 시간이 단축된다. 기름을 더 빼서 식은 후에 즙청을 할 경우에는 뜨거울 때보다 즙청시간을 더 주어야 한다.


## 유과의 원리

### 주재료 : 멥쌀과 찹쌀의 차이와 특징

멥쌀과 찹쌀 차이의 주된 원인은 아밀로오스(amylose)와 아밀로펙틴(amylopectin)의 함량 차이이다. 아밀로펙틴은 물을 넣고 가열을 했을 때 점성이 아밀로오스에 비해 크다. 따라서 아밀로펙틴 함량이 80%인 멥쌀보다 아밀로펙틴이 거의 100%인 찹쌀이 멥쌀을 익혔을 때보다 점성이 크다.

### 삭히기

찹쌀을 1주일 정도 일정시간 그대로 물에 담가 골마지가 끼도록 삭힌다. 이렇게 오래도록 담가두는 것은 미생물의 작용을 쉽게 하기 위해서다. 골마지가 끼도록 삭힌 찹쌀은 뽀얀 물이 없어질 때까지 씻은 후 곱게 빻아 준비하는데, 이것은 가루가 되는 과정에서 찹쌀 입자와 입자 사이에 공기를 더 많이 함유시켜 빠르고 균일하게 호화가 잘 일어나도록 하기 위해서이다.

찹쌀 삭히기

삭힌 찹쌀은 작은 다각형의 입자로 보통의 건식 찹쌀가루에 비하여 미세한 구조로 변형된다. 수침은 찹쌀을 물에 담구는 공정으로, 유과제품의 우수한 조직 및 미세한 구조를 얻기 위해서는 장시간 수침이 요구되며, 삭히는 동안 미생물의 작용에 의한 발효와 유사한 과정을 거치게 된다. 전분의 물성 변화는 유과의 팽화도와 경도에 영향을 미치는데, 미세한 구조의 찹쌀가루를 증자한 후 교반하는 공정은 호화된 미립의 조직을 파괴하여 공기를 지닐 수 있는 막을 형성하면서 포집된 공기를 세분화시키는 과정이라고 할 수 있다. 유탕 유과의 삭힌 찹쌀가루는 수침기간 동안 전분 분해효소인 알파아밀라아제($\alpha$-amylase)의 활성 증가와 수침 중 미생물에 의해 생성되는 산에 의한 pH 변화로 전분이 손상되어 미세한 구조로 변형되

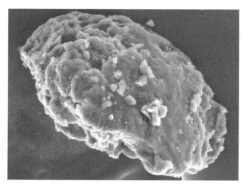

건식 찹쌀가루의 미세구조(1,000배 확대)

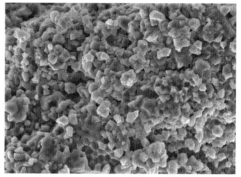

삭힌 찹쌀가루의 미세구조(1,000배 확대)

어 팽화를 증가시킬 수 있다.

## 반죽하기

분쇄된 찹쌀가루에 콩물, 술 등을 넣어 반죽한다. 유과나 강
정을 만들 때는 반죽 시 팽창제로 술이 첨가되는데, 이는 술
에 남아 있는 효모의 가스(gas) 발생으로 인한 팽창의 효과
를 이용하기 위한 것이다.

찹쌀가루에 콩물과 술 넣기

첨가되는 술의 양은 콩물의 첨가량과 관계되는데 콩물을
넣어 제조한 유과가 다른 부원료(팽창제, 청주 등)를 넣은
유과보다 영양가가 높고, 맛도 고소하며 바삭거리는 등 품질이 가장 우수하다는 연구보고가
있다. 콩물의 첨가는 단백질이 강화되고, 콩에는 우수한 기능 단백질과 각종 효소, 특히 아
밀라아제(amylase)가 들어 있기 때문에 반죽 시 콩물을 첨가하면 반죽의 성분 변화와 제품
의 품질 및 영양에 더욱 효과적이다.

## 익히기 : 호화시키는 작용

적당한 수분 수준으로 반죽을 완료한 후 증기로 가열하여 전분을 균일하게 호화시킨다. 전
분에 물을 가해서 가열하여 일정온도에 달하면 전분립이 급격히 물을 흡수하여 팽윤하기 시
작한다. 이것은 열에너지에 의해서 전분의 규칙적인 미셀 구조가 느슨해져서 그 틈에 물이
침투해 들어가기 때문이다. 한층 더 가열을 계속하면 전분립은 더욱 크게 팽윤하여 용액은
대단히 점도가 높은 상태가 된다. 이와 같이 분자간의 결합이 절단되어 결정성 구조가 붕괴
되므로 전분립이 팽윤해서 액체의 점도가 높게 되는 현상을 호화라고 한다.

## 치기 : 공기 유입 작용

호화된 미립의 조직을 파괴시키고, 가스를 지닐 수 있는 막을 형성시켜 포지(抱持)된 가스를 세분화하는 과정이다. 이 과정은 팽화의 정도에 중요한 영향을 주며 꽈리가 일도록 치는 것은 공기의 혼입을 고르게 하면서 조직이 치밀해지도록 하는 것이 목적이고, 공기를 섞으려는 것은 기름에 튀길 때 고르게 팽창되기 위해서이다.

쩌진 찹쌀반죽 치기

## 말리기

말려진 유과 바탕은 수분함량이 10~15% 정도이어야 한다.

전분질의 팽화과정에는 수분함량이 중요한데 일반적으로 팝콘(popcorn) 등에서도 최고 팽화율을 얻으려면 수분함량이 12.5~13.5% 정도가 적당하다. 건조된 유과바탕의 수분함량이 너무 높으면 튀겼을 때 일시적으로 부풀어 올랐다가 푹 꺼지는 현상이 일어나고, 반대로 수분함량이 너무 낮으면 팽화가 잘 일어나지 않는다. 또한 너무 말리면 균열이 생기고 부스러진다.

## 튀기기

이 과정은 제품의 물성에 결정적인 영향을 주는 공정이다.

건조된 바탕을 바로 튀기거나 기름을 발라두면 저장성이 증가한다. 원재료 찹쌀의 아밀로펙틴의 호화 및 고화(固化), 포지된 공기의 팽창 등에 의한 다공화, 기름 침투 및 호정화 그리고 향미성분의 형성 등 물리 · 화학적 변화가 단시간에 일어나게 하기 위하여 건조된 유과바탕을 튀기는 것이다.

유과바탕 튀기기

튀길 때 유과 바탕 중에 있는 공기는 팽창되며, 팽창된 공기를 잘 포지할 수 있으려면 튀김시 호화되는 아밀로펙틴의 포지막(抱持膜)이 좋아야 한다. 만일 유과바탕 중의 수분함량이 많으면 튀김 시 형성되는 포지막이 얇고 취약해서 아밀로펙틴이 고화되기 전에 가스가 달아나고, 너무 수분이 적으면 아밀로펙틴의 호화가 거의 일어나지 않아 부풀지 않는다.

또한, 옛날에는 솥이나 프라이팬에 잘 씻은 굵은 모래를 넣고 가열한 다음 건조된 유과바탕을 모래 속에 넣어 튀기기도 하였는데 이 모래튀김은 모양의 교정이 어렵지만 기름 사용량이 적어 산패에 의한 품질 변화가 늦게 일어나 저장성이 좋다.

### 즙 청

튀긴 유과 바탕에 물엿, 꿀, 조청을 바르는 것을 즙청이라 한다. 유과는 다공성이고 튀길 때 기름이 침투되기 때문에 유지의 함량이 증가되어 공기의 접촉에 의한 산패가 일어나기 쉽다. 유과 표면에 즙청을 하게 되면, 즙청의 막은 단맛을 줄 뿐 아니라 지방의 산패에 관계하는 산소를 차단할 수 있다. 또한 여러 가지 고물에 의하여 맛도 모양도 다양해진다.

## 정과의 원리

### 재료의 전처리

정과의 재료로 사용되는 것들은 다양하다. 각 재료가 가진 특성에 따라 설탕이나 꿀이 조직에 잘 스며들도록 손질해서 조리는 것이 중요하다.

- 데치기 : 주로 조직이 단단한 뿌리채소에 적당한 방법이다. 알맞은 두께로 썰어 팔팔 끓는 물에 데친 후에 조린다. 이렇게 하면 단단한 조직에 쉽게 설탕이나 꿀이 스며들어 조려지게 된다.

물에 데치기

  우엉·연근 등은 갈변효소를 가지고 있어 식초를 약간 넣은 물에 데치면 변색을 막을 수 있다. 생강, 도라지, 당근, 무, 죽순 등은 데치면 채소가 가진 효소의 작용이 멈추게 되고 각 채소가 가진 강한 맛이나 무의 아린맛 등이 없어지게 된다.
- 불리기 : 산사, 맥문동 등은 마른 재료이기 때문에 충분히 불려야 설탕이나 당분이 속까지 잘 들어간다. 먼저 깨끗이 씻어 충분한 물에 담가 마른 정도에 따라 원래의 형태가 되도록 하룻밤 정도 불려서 조린다.
- 찌기 : 배나 사과 등의 과일로 정과를 할 때에는 조직이 연하기 때문에 설탕물에 넣고 조리면 풀어져버릴 수가 있다. 그래서 정과를 할 모양으로 잘라서 찜통에 익을 정도로만 살짝 찐 후 설탕을 묻힌다.
- 설탕시럽에 담그기 : 감자처럼 전분이 많은 재료는 설탕에 조리면 전분이 풀어져버릴 수

가 있다. 따라서 감자를 살짝 데쳐서 뜨거울 때 진한 설탕시럽에 담그면 감자 속에 있던 수분이 빠지면서 투명한 질감의 정과를 만들 수 있다.

## 조리기

먼저 재료의 특성에 알맞게 전처리를 한 재료들을 설탕이나 꿀을 넣고 조린다. 이때 물의 양은 재료들이 잠길 정도로 붓고 약한 불에서 서서히 조린다. 살아 있는 세포가 갖는 가장 큰 특징의 하나는 반투막이라고 부르는 특수한 막으로 둘러싸여 막의 양쪽에 농도가 다른 두 종류의 액체가 있을 때 양쪽의 액체농도가 같아지게 되는 방향, 즉 농도가 낮은 액체에서 농도가 높은 액체 쪽으로 물을 통과시키는 능력을 가지고 있다.

연근정과 조리기

세포의 외부 농도가 높을 때 반투막은 이 농도의 차이를 없애는 방향으로 물을 보내고 외부의 설탕이 조직으로 들어온다. 이때 낮은 농도에서 조릴 경우에는 당분이 서서히 들어가며 물이 빠져 나오면서 조려지지만 설탕의 농도가 진한 경우에는 조직에 설탕이 들어가는 것보다 수분만 급히 빠져나오기 때문에 속까지 당분이 들어가지 못하고 표면만 조려진다.

- 설탕의 특성과 정과의 관계 : 정과나 잼은 수분의 함량에 비하여 잘 상하지 않는다. 이는 정과에 함유되어 있는 수분을 부패균이 이용할 수 없기 때문이다. 식품 중에 함유되어 있는 수분은 결합수와 자유수의 두 종류가 있어서 이들 중 어느 쪽에 속하는 수분이냐에 따라 보존성에 미치는 영향이 달라진다.

  먼저 결합수라는 것은 식품 속의 성분(당질, 단백질)이 강하게 결합되어 있어 움직이기 어려운 물, 즉 갇혀진 물이라고 할 수 있으므로 식품을 부패시키는 균이 이용하기 어렵다.

  한편, 자유수라고 하는 것은 식품 속에 자유롭게 돌아다닐 수 있는 수분으로 부패균이 증식할 때 이용된다. 이 자유수는 식품의 부패에 직접 영향을 미친다고 할 수 있다. 그러므로 식품의 보존성을 높게 하기 위해서는 그 식품 중의 자유수를 줄여서 식품 활성을 가능한 한 낮게 해주는 것이 좋다.

  이런 원리에 비추어볼 때, 설탕은 물에 잘 녹아 물을 끌어당겨 보존할 수 있는 힘, 즉 보수성을 지니고 있으므로 설탕을 가한 만큼 식품 중의 자유수는 결합수로 변하고 보존성은 높아지게 되는 것이다.

## 엿의 원리

엿기름은 보리에 적당한 물기를 주어 싹을 틔운 것으로 전분을 당분으로 만드는 효소인 아밀라아제에 의하여 밥알의 전분이 당화되어 맥아당과 포도당의 생산량이 많아져 단맛이 증가 된다.

### 밥짓기

멥쌀이나 찹쌀로 밥을 되게 짓는다. 쌀 전분입자가 풀어지는 호화현상으로 후의 엿기름에서 나오는 효소의 작용이 쉬워진다.

### 엿기름 거르기

엿기름을 가루로 만든 것을 물에 담가 가라앉혀 당과 효소 등 수용성 성분이 용출되게 하여 맑게 걸러 엿기름물을 만든다.

엿기름 거르기

### 당화작용

이 과정은 엿기름을 물에 풀어서 맑은 웃물에 쌀을 쪄서 혼합하여 60℃에서 10시간가량 두면 엿기름으로부터 추출되어 나오는 맥아효소, 즉 아밀라아제(amylase)에 의하여 당화작용이 일어나 밥알에 있는 전분입자의 일부를 가수분해하여 당화시켜 말토오스(maltose), 글루코오스(glucose), 덱스트린(dextrin) 등이 생성되어 감미와 특유의 풍미가 생성된다. 엿의 독특한 맛은 말토오스(maltose)에 기인한 것이다.

밥알 삭히기

### 거르기

밥알이 3~4알 뜨기 시작하면 다 당화된 것으로 베보에 넣고 당화액을 거른다. 당화가 덜 되면 잘 걸러지지 않는다.

### 조리기

거른 당화액을 은근한 불로 조린다. 처음 4시간은 센불에서 끓이다가 잔거품이 생기고 누르스름해지면 불을 약하게 하

조리기

여 1시간 정도 조린다. 수분의 함량이 많으면 조청, 더 조려지면 갱엿이 된다.

## 시럽의 원리

약과시럽이나 매작과 즙청시럽 제조 시 설탕결정이 생기는 경우가 있다. 이때 물엿이 들어가면 결정화되는 것을 막을 수 있다. 설탕결정이 생성되어 성장하려면 분자의 크기와 설탕이 같은 설탕이라야 제자리에 들어와 결정의 격자를 형성하는데, 이때 물엿을 넣어주면 성질이 다른 물질이 자리잡으면서 그 다음부터는 설탕이 들어맞은 자리에 자리를 잡을 수 없게 된다.

엿강정말이를 할때 시럽에 식초나 레몬즙을 몇 방울 넣으면 설탕의 일부가 포도당 1분자와 과당 1분자로 분해되면서 설탕의 결정을 방해하기 때문에 엿강정이 굳는 시간이 길어지면서 모양 만들기가 좋아진다.

# 병과에 쓰이는 도구

## 재료를 다루는 기구

### 이남박 · 인함박

녹로(轆轤)에 날을 달아 깎아서 안쪽으로 같은 간격의 턱이 시게 한 나무 박으로 쌀 등의 곡물을 씻을 때 쓰는 용구이다. 그릇 안에 턱이 있어서 곡물을 문질러 씻기가 편리하고 곡물을 일 때 돌도 잘 분리가 된다.

### 조리

댓가지를 국자 모양으로 결어서 물에 담근 쌀을 일구면서 조금씩 떠내게 한 그릇이다. 그릇 바닥에 가라앉아 있는 쌀에는 자연 모래가 많이 섞여 있으므로 차근차근 다른 그릇과 이남박에 번갈아 쏟아 일어 이남박 전에 걸러 처진 돌을 가려내는 것이다.

## 맷돌

곡식을 가루로 만들거나 떡 고물의 재료인 거피팥이나 녹두 등 껍질이 붙어 있는 곡류를 타개는 기구다. 돌로 만들고 위짝과 밑짝이 있는데 회전하는 중심에 꽂힌 쇠를 중쇠, 위짝에 있는 것을 싸고 도는 것을 암쇠라고 한다. 손잡이는 맷손이라고 하여 ㄱ자로 만들어 파고 박기도 하고, 칡이나 대로 테를 메우고 거기에 꽂아서 쓰기도 한다.

## 맷방석

맷방석은 멍석보다는 작고 둥글며 전이 있는 방석으로 맷돌에 곡식을 갈 때 밑에 깔아 갈려 나오는 가루를 받거나 곡식을 널 때 쓰인다.

## 매 판

맷돌에 갈 재료가 물에 불은 것이거나 갈려서 나오는 것이 흘러내려 한곳으로 모이게 한 나무그릇이다. 발을 달아 높이가 높고 나오는 아구리는 밑에 딴 그릇을 받혀 쓴다.

## 체

절구나 맷돌에서 낸 가루를 일정한 곱기로 쳐내기 위한 기구로 고운체(깁체), 도드미, 어레미 등 체의 굵기에 따라 여러 가지가 있다. 흔히 얇은 송판을 휘어서 만든 테를 쳇바퀴라 하는데 이것에 쳇불을 끼운다. 쳇불은 말총, 명주실, 철사 등으로 그물처럼 만든 것인데 어떤 재료로 어떻게 짜느냐에 따라 체의 종류가 달라진다. 말총으로 올을 곱게 짜면 고운체가 되고, 올을 약간 성글게 짜면 도드미가 된다. 또 명주실로 짜면 깁체가 되고, 가는 철사로 발이 굵게 나오도록 설피게 만든 것을 어레미라고 한다.

- 어레미 : 굵은 체를 말하며 지방에 따라 얼맹이, 얼레미, 얼금이 등으로 불린다. 원래는 떡고물이나 메밀가루 등을 내릴 때 주로 사용한다.
- 중간체 : 쌀가루를 내리거나 약과용 밀가루, 율란용 밤고물을 내릴 때 적당한 크기다.
- 고운체 : 고운 가루를 만들 때 사용한다. 즉, 강란용 생강을 갈아서 매운맛을 뺄 때, 고운 팥앙금을 만들 때 적당하다.

### 챗다리

체로 받거나 거를 때에 그릇 따위에 걸쳐 그 위에 체를 올려 놓는 데 쓰는 기구이다. 떡을 만들 때 쌀을 빻아서 체를 받치고 쌀가루를 내릴 때 사용한다.

### 나무주걱

곡식을 떠낼 때 이용한다.

## 재료를 익히는 도구

### 번 철

화전이나 주악 등 기름에 지진 떡을 만들 때 쓰이는 철판이다. 번철은 무쇠로 만들었으며, 예전에는 가마솥 뚜껑을 번철대신 쓰기도 하였다. 요즘은 전기 프라이팬을 사용하면 편리하다.

### 시루(甑)

주로 떡 종류를 익히기 위하여 솥 위에 올려 놓고 김을 통하게 한 그릇이다. 김이 통해야 하기 때문에 바닥에는 몇 개의 구멍이 있고 안에 넣는 재료가 쏟아지지 않게 시루밑을 깔며, 뚜껑은 짚으로 두껍게 엮은 것을 덮는데, 이것을 시룻방석이라고 한다. 시루와 솥이 닿는 부분에서 수증기가 새는 것을 막기 위해 밀가루를 뭉쳐서 길게 늘여 바르는 것을 시룻번이라고 한다.

시룻방석

시루밑

### 찜 통

대나무로 만든 찜통은 뚜껑과 찜기로 되어 시루대신 떡가루를 놓아 찔 수 있고, 긴 양철통이나 스테인리스 통에 물을 넣어 끓여 솥 대신 사용한다. 떡을 한 번에 많이 하지 않고 쌀가루 다섯 컵 정도를 고물 깔고 한 켜 찔 수 있다. 양철통이 깊어 물을 많이

부어 찔 수 있으며, 시루처럼 시룻번을 붙이지 않아 도중 물이 부족하면 보충할 수 있고 떡 밑에 물이 차지 않는다.

### 질밥통

밥을 담거나 약식을 할 때 양념을 하여 재웠다가 중탕을 할 때 쓰인다. 또 감자전분 이나 칡전분 등을 가라 앉힐 때 좋다.

### 무스틀

대나무로 만든 찜통에 쌀가루를 안치면 동그란 모양의 떡만 찔 수 있지만 찜통에 시루밑을 깔고 무스틀을 넣은 후 쌀가루를 넣고 안치면 꽃 모양, 하트 모양, 네모 모양 등 다양한 모양 을 쪄 낼 수 있다. 재질이 스테인리스이기 때문에 열전도율이 높아 쪄 낼 때까지 그대로 두 면 떡 주위가 하얗게 되므로 떡을 10분 정도 찌고 형태가 잡히면 무스틀을 빼고 쪄야 한다. 팥앙금떡의 경우 찹쌀가루를 익힌 후 기름 바른 비닐을 깔고 무스틀에 굳히면 다양한 형태의 모양을 만들 수 있다.

## 모양 낼 때 쓰이는 도구

### 안반과 떡메

정초에 시식으로 먹는 흰떡이나 인절미를 치기 위한 기구다. 쌀가루에 물 을 주어 찐 고수레떡을 안반에 놓고 떡메로 장정들이 힘있게 치고, 아낙 네들은 떡이 고루 쳐지도록 손에 소금물을 묻혀가며 섞어 준다. 멥쌀로 떡을 해서 친 것은 가래떡이고, 찹쌀을 익혀 치면 인절미가 되며, 이때 떡을 잘 쳐야만 쫄깃한 떡이 된다.

### 떡 살

떡살은 떡손이라고도 한다. 떡살의 형태는 우선 도장 모양으로 손잡이를 주먹 안에 넣고 꼭 누르게 된 것이 있어 떡을 하나씩 모양을 찍을 수 있다. 연속형 무늬나 단독형 무늬를 찍을 수 있는 장방형의 떡살도 있다. 떡살은 대부분 나무와 사기로 되어 있으 며, 누르는 면에 문양이 있어서 절편에 찍으면 문양이 아름답게 남는다.

### 개피떡 성형틀

쌀가루에 물을 넉넉히 주어 찐 후 쳐 낸 절편 반죽을 얇게 밀어 소를 넣은 후 반으로 접어 찍어서 개피떡을 만들때 사용하는 도구이다. 예전에는 종지나 유리컵을 뒤집어 사용했지만 전용 몰드가 있어 모양을 일정하게 찍어 낼 수 있다.

### 다식판

다식을 박아낼 때 사용하는 틀로, 단단한 나무 재질에 문양을 조각해서 만든 것인데 그 무늬가 무척 정교하며 주로 수

(壽), 복(福), 강(康), 령(寧) 등의 길상문자나 완자무늬, 꽃무늬, 기하학적인 선, 학, 복숭아 무늬가 음각되어 있다. 또한 만들고자 하는 다식의 크기에 맞게 몇 가지 종류가 있으며 옆으로 비껴 빼내는 것, 위로 들어 올려 빼는 것 등 다식판의 종류에 따라 사용 방법에도 약간씩 차이가 있다.

### 약과틀

약과를 만들 때 모양을 박아 내는 틀로 구조는 다식판과 같으나 파인 구멍의 크기가 다식판보다 크다. 나무로 된 재질을 많이 사용하며 쑥개떡을 찍을 때 사용해도 좋다.

### 키터기(쿠키 모양틀)

절편으로 꽃을 만들 때, 개성약과 · 당근정과 · 무정과 등을 만들 때 사용하면 쉽게 예쁘게 모양을 낼 수 있다. 약과 반죽은 약과틀에 찍거나 또는 모약과처럼 칼로 잘라 만들기도 하지만 때로는 여러 가지 모양의 커터기로 찍어 서양의 쿠키나 파이처럼 현대적 감각의 다양한 모양을 낼 수도 있다. 주로 꽃이나 나뭇잎 모양틀이 많이 쓰이고 재질을 스테인리스 제품이 편하다.

### 밀판과 밀방망이(밀대)

밀판은 가루 반죽을 밀어서 얇고 넓게 펴는 데 쓰는 나무로 만든 판이며 밀방망이는 미는 도구다. 즉, 밀판 위에 반죽을 놓고 밀방망이로 밀면 전면이 고르고 얇게 밀어진다. 밀판은 대

개 통나무판으로 두께는 약 8～10cm, 너비는 50cm, 길이는 80～90cm 정도로 만들고 아래 다리를 낮게 붙이기도 한다. 밀판은 나무가 두꺼울수록 뒤틀림이 없어 밀거나 썰때 편리하고 또 오래 두고 쓸 수 있다. 밀방망이는 지름이 4～6cm 정도의 굵기로 하며 길이는 밀판에 맞추어 만든다.

## 국수틀

밀방망이 대신 다용도 롤러나 국수틀을 사용하면 별로 힘들이지 않고 쉽게 일정한 두께로 만들 수 있다. 특히 매작과나 타래과, 차수과처럼 얇은 반죽을 밀 때 효과적으로 쓸 수 있다.

## 엿강정틀

깨엿강정이나 쌀엿강정 재료를 엿물에 버무린 후 쏟아서 굳힐 때 사용하는 도구로 주로 나무로 만들어졌다. 쌀엿강정은 나무틀이 두꺼운 것으로, 깨엿강정은 얇은 것으로 만든다. 기름을 약간 바른 비닐을 깔고 버무린 재료를 틀에 쏟아 붓고 밀대로 민다. 이렇게 하면 네모 반듯한 모양으로 굳힐 수 있어 자를 때 허실이 없게 된다.

## 대나무발

깨찰편말이, 곶감쌈, 엿강정을 둥근 모양으로 만들 때 사용한다. 대나무발(집에 있는 김발을 사용하면 된다) 위에 랩을 펴 놓고 기름을 살짝 바른 다음 버무린 재료를 편평하게 펴 놓고, 식기 전에 김밥 말듯이 말면 된다. 발을 말 때 사각 또는 삼각기둥 모양으로 만들 수도 있다.

## 스크래퍼

인절미나 절편, 유과 바탕을 자를 때 칼을 이용하면 칼에 반죽이 붙어서 어려운데, 이 플라스틱 커팅기를 이용하면 떡 반죽이 붙지 않고 쉽게 자를 수 있다.

## 사각틀

과편이나 양갱을 굳힐 때 사용한다. 틀에 물을 바르고 내용물을 이 틀에 쏟아 굳히면 쉽게 네모 반듯한 모양을 만들 수 있으며, 두께를 일정하게 맞출 수 있다. 재질은

스테인리스 제품이 대부분이며 크기는 다양하다.

### 증편틀

증편을 찔 때 예전에는 판증편으로 면포를 깔고 큼직하게 쪄 냈지만 요즘은 모양틀에 넣어 다양한 모양의 증편을 쪄 낸다. 큰 틀에 쪄 내면 판증편, 작은 틀에 쪄내면 방울증편이라 한다.

### 구름떡틀

흑미영양편이나 쇠머리떡, 구름떡 등 주로 찹쌀떡을 익힌 후에 모양을 굳힐 때 사용한다. 틀에 기름 바른 비닐을 깔고 떡을 넣어 굳히면 떡을 꺼낼 때 쉽고 떡이 붙지 않아 좋다.

### 현대화된 떡모양틀

- 실리콘 용기 : 멥쌀가루로 작은 미니 설기를 쪄 낼 때 사용하면 다양한 모양을 낼 수 있다.
- 초밥틀 : 약식을 쪄 낸 후 예전에는 합에 가득 담아 냈지만 요즘엔 약식을 상품화하기 위해 작게 모양을 만든다. 이때 초밥틀이나 푸딩틀을 이용하면 작고 다양하게 모양을 낼 수 있다.
- 스텐실 : 케익형 떡이나 무지개떡 등을 만들 때 다른 색 쌀가루를 뿌려 쪄 내거나 떡을 쪄 낸 후 고물을 뿌릴 때 사용한다.

## 계량할 때 쓰이는 도구

### 말 · 되

말과 되는 곡식을 계량하는 도구이다. 말은 대두로 5되, 소두 10되를 말하며, 소두 1되는 200mL 계량컵으로 5컵 정도다. 곡물을 계량을 할 때 되나 말에 담아서 위를 편평히 깎아서 측정한다.

말

되

### 계량컵과 계량스푼

예전에는 되와 말을 이용한 반면에 요즘은 계량스푼과 계량컵을 많이 사용한다. 특히 가정에서 만들 때는 옛날처럼 많은 양을 만드는 것이 아니므로 계량도구 역시 적은 양도 쉽게 잴수 있는 것이 필요하다. 계량컵은 파이렉스나 플라스틱, 스테인리스제품 등이 있는데, 물 같은 액체를 계량할 때는 수치를 쉽게 확인할 수 있는 투명한 파이렉스나 플라스틱을 사용하는 게 편하다. 보통 1컵은 200mL 계량컵으로 잰 것이며, 1큰술은 15mL, 1작은술은 5mL를 의미한다.

계량컵

계량스푼

### 저 울

모든 재료의 양을 정확히 잴 때 사용한다. 눈금저울보다는 디지털저울을 이용하는 것이 재료를 정확히 계량할 수 있다. 저울을 다룰 때에는 스프링이 있는 윗판을 번쩍 들지 말고 밑에서 받쳐 들어야 하고, 쓰지 않을 때는 무거운 것을 올려 놓지 말아야 한다.

### 온도계

튀김기름의 온도를 측정할 때 사용하는 것으로 온도에 민감한 유밀과류와 유과류를 튀길 때 사용하면 좋다. 온도계의 종류는 다양하지만 유리온도계로 측정할 때 기름 깊숙이 온도계를 꽂아 그릇에 걸쳐 사용할 수 있어 편하지만 뜨거울 때 찬 곳에 넣으면 깨질 수 있으므로 조심해야 한다. 그릇에 걸친 경우 그릇의 열기가 온도에 영향을 주므로 10℃ 정도 더해 주는 것이 정확하다.

## 다지거나 으깰 때 쓰이는 도구

### 블랜더

재료를 잘게 다지거나 여러 가지 재료를 골고루 섞을 때 효과적으로 쓸 수 있는 현대 도구이다. 마른 재료는 부적당하며 물을 넣고 가는 재료에 사용한다. 생강란 만들 경우, 많은양의 생강을 갈 때 강판 대신 이용하면 편하다.

### 분쇄기(전기맷돌믹서)

현대적 의미의 맷돌이라 할 수 있는 도구로, 블랜더와 마찬가지로 재료를 잘게 다지거나 섞을 수 있다. 분쇄기는 믹서와는 달리 물 없이도 재료를 갈 수 있기 때문에 단단한 재료를 다질 때 효과적으로 쓸 수 있다. 다식의 가루를 만들 때나 대추 다질 때, 껍질 벗겨 냉동한 은행, 냉동 쑥을 다질 때 효과적으로 이용된다.

### 절구와 절굿공이

주로 곡식을 찧거나 빻는 데 사용하는 옛 조리도구이다. 재질에 따라 나무절구, 돌절구, 쇠절구 등이 있으며 크기도 여러 가지다. 나무절구의 바닥에는 효율을 높이기 위해 구멍 바닥에 우툴두툴한 쇠판을 깔기도 한다. 쇠절구는 크기가 작아 주로 양념 다지는 데 사용한다.

유과바탕을 칠 때 많이 사용되지만 다식에서는 특히 흑임자다식을 만들 때 없어서는 안될 도구다. 흑임자는 기름이 많이 나오므로 흑임자가루를 찐 후 기름이 나오도록 반드시 절구에 찧어서 만든다.

### 잣가루갈이(치즈그라인더)

원래는 단단한 치즈를 갈 때 쓰는 도구인데 많은 양의 잣가루를 만들 때도 좋다. 잣이나 견과류는 지방이 많아 절구에 찧거나 분쇄기에 돌리면 덩어리가 지므로 칼로 다져서 써야 하는데 톱니가 있는 롤러에 조금씩 넣고 손잡이를 돌리면 가루가 되어 나온다.

## 채나 대쪽을 엮어서 만든 용기

### 소쿠리

댓가지를 엮어 반구형으로 만든 그릇이다. 물기가 잘 빠지고 공기가 통한다는 장점이 있어, 익혀낸 음식을 넣거나 떡쌀을 씻어 건지기에 알맞다.

### 채 반

채반은 싸리채로 엮었다고 하여 이름 붙여졌으며, 채나 댓가지를 광주리처럼 엮되 전을 받

딱 젖혀서 편평하게 한 그릇이다. 기름에 지진 떡을 놓아 기름이 빠지면서 빨리 식게 하고, 재료를 넣어 말리거나 물기를 뺄 때 쓴다.

### 석작과 동구리

석작은 댓가지를 엮어 만든 것이고, 동구리는 버들로 엮은 상자로 떡이나 강정 등을 담을 때 쓰인다.

# 병과에 쓰이는 재료

## 가루 만들기

- **멥쌀가루와 찹쌀가루** : 쌀을 깨끗이 씻어 일어 여름에는 4~5시간, 겨울에는 7~8시간 정도 불려 소쿠리에 건져 물기를 뺀다. 쌀 5컵을 불려 가루로 빻을 때 소금은 호렴을 쓰며 12g을 넣어 간을 하여 용도에 따라 다르게 빻아 쌀가루를 만든다.
- **찰수숫가루** : 수수는 종피에 탄닌과 색소가 함유되어 있어 소화가 안되므로 이를 제거해야 하므로 찰수수를 데껴 닦은 후 일어 불린다. 이때 붉은 물이 나오면 수시로 물을 갈아주며 불리는데 이렇게 하면 수수의 떫은 맛을 없앨 수 있다.

  수수가 불으면 소쿠리에 건져 물기를 뺀 후 소금을 넣고 빻아 체에 쳐서 사용한다. 수숫가루는 수수팥떡, 수수도가니, 수수경단, 수수부꾸미, 노티 등에 쓰인다.
- **메밀가루** : 메밀은 잘 여문 것을 씻어 불순물을 골라내고 일어 물기를 뺀 후 널어 완전히 말린다.

  말린 메밀을 맷돌에 타서 껍질은 키로 까불러 버리고, 덜 타진 것은 골라 낸 다음 알맹이만 방앗간에서 곱게 간다. 메밀주악, 겸절병, 돌레떡, 빙떡, 총떡, 계강과 등에 쓰인다.
- **보릿가루** : 보리는 글루텐이 없고 끈기가 부족하여 떡가루 내기가 쉽지 않지만 얼른 씻어 건져 말린 후 소금 간을 하여 가루로 만들거나 너무 오래 불리지 않고 떡가루로 빻으면 덩어리지지 않게 빻을 수 있다. 경기도지방에서는 햇보리가 나오면 보리개떡을 만든다.
- **차조(차좁쌀)가루** : 차조는 색이 노란색인 메조보다 모양이 작고 빛깔이 훨씬 누렇고 푸르스름한 빛을 띠며 끈기가 있다. 차조는 제주도에서 많이 쓰는데, 조침떡·차좁쌀떡·오메기떡 등을 만드는 데 쓰인다.

병과에 쓰이는 각종 곡물

- **도토리가루** : 도토리는 먹을 것이 없었던 시절 구황작물로 쓰였으나 지금은 자연건강식품으로 선호도가 높다. 가을에 도토리를 껍질을 벗겨 물에 일주일 가량 담가 떫은맛을 우려낸 뒤 말려서 가루로 낸다. 겨울에서 이른 봄까지 산간지방에서 쌀가루와 도토리가루를 섞어 떡을 많이 해먹는데, 도토리 향과 쫄깃한 맛이 매우 좋다.

- **감자전분** : 감자전분을 만들때에는 감자 껍질을 깐 다음 갈아서 건더기를 베보자기에 꼭 짜 그 물을 가라앉히면 뽀얀 전분이 가라앉는다. 이를 말려 가루로 만들어 쓴다. 이 방법 외에 감자를 겨울에 얼리면서 삭혀 언 감자전분을 만들기도 한다. 순수한 감자전분은 빨리 노화되는 단점이 있으며, 요즘은 시판되는 감자송편가루를 이용해 감자송편을 만들기도 한다. 감자송편, 감자경단, 감자뭉생이 등이 있다.

- **현미가루** : 현미는 나락에서 왕겨층만 제거한 쌀로 영양소와 식이섬유를 많이 함유하고 있다.

  현미는 12시간 이상 불려 가루로 빻으며 현미인절미, 현미가래떡 등에 사용한다.

- **흑미가루** : 흑미는 짙은 적자색을 띠고 향이 있어 떡에 이용하면 맛과 향이 좋다. 흑미는 12시간 이상 불려 쌀가루를 빻고 색이 짙어 흑미만 사용하면 색이 진하므로 찹쌀가루에 섞어서 사용한다. 흑미영양편, 흑미인절미 등에 사용한다.

- **옥수수가루** : 옥수수를 알알이 떼어 바삭 말려 가루로 만들어 두었다가 필요한 때 조금씩 꺼내 쓴다. 또한 찰옥수수를 말렸다가 불려서 가루를 빻아 붉은팥고물을 이용한 찰옥수수시루떡이 있으며 쌀가루와 섞어 옥수수설기떡을 만든다.

## 고물과 소 만들기

- **붉은팥** : 붉은팥고물은 붉은팥시루떡이나 나복병, 수수경단, 해장떡 등에 쓰인다. 붉은팥은 팥을 무르게 삶아 앙금을 내어 붉은팥앙금가루, 경앗가루, 붉은팥앙금소 등으로 사용하는데 인절미, 경단, 팥앙금떡, 구름떡, 개성경단의 고물로 쓰이며 붉은팥앙금소는 개피떡, 산병, 상화병, 찹쌀떡 등의 소로 이용한다.

붉은팥 　 막팥고물 　 팥앙금가루 　 경앗가루 　 팥앙금소

붉은팥고물과 소

- **거피팥** : 검푸른빛이 나는 팥을 맷돌에 타서 불린 후 쪄서 고물로 만든다. 거피팥고물은 상추시루떡이나 물호박떡 등 각종의 고물로 쓰고 송편이나 쑥구리단자 등에 소로 사용한다. 거피

거피팥 　 　 거피팥고물 　 볶은거피팥고물 거피팥앙금소

거피팥고물과 소

팥소는 거피팥고물에 꿀과 계핏가루를 넣어 반죽을 하여 쓴다. 두텁떡에는 거피팥고물 내린 것에 간장, 설탕, 계핏가루, 후춧가루를 넣어 잘 섞어 밑이 두꺼운 큰 팬에 볶는다. 이때 주걱으로 눌러주면서 볶아야 고물을 곱게 할 수 있다. 이 고물은 두텁떡이나 혼돈병, 두텁편, 석이찰편 등에 사용을 한다.

- **동부** : 동부를 맷돌에 타서 거피하여 푹 쪄서 소금 간하여 체에 내려 거피팥 대용으로 인절미고물나 개피떡의 소로 쓰인다. 동부고물 만드는 방법은 거피팥고물 만드는 방법과 같다.

- **녹두** : 푸른 껍질이 있는 녹두를 맷돌에 타서 미지근한 물에 담가 불린 후 거피하여 쪄서 고물로 쓴다. 녹두고물은 녹두찰편, 녹두메편, 단호박편 등에 쓰이거나 송편에 소로 쓰인다.

- **콩** : 콩가루에 사용하는 콩은 흰콩, 푸른콩, 서

녹 두 　 거피녹두 　 통녹두고물 　 녹두고물

녹두와 녹두고물

리태(검정콩) 등을 이용한다. 푸른콩고물은 껍질은 까맣고 속은 파란 서리태로 할 수도 있고, 푸른콩으로 하기도 하는데 서리태로 하는 것이 색이 더 좋다. 푸른콩으로 고물을 만들 때는 반드시 푸른콩을 쪄 주어야 색이 유지되며, 푸른콩과 노란콩을 따로따로 만들어 인절미나 경단 등 각종 떡의 고물로 사용을 한다.

- **깨** : 깨의 섬유소가 단단하여 껍질을 벗겨 실깨를 만든다. 볶을 때는 조금씩 타지 않게 볶

각색콩과 콩고물

흰깨와 실깨가루

검정깨와 검정깨가루

아 낸다. 깨찰편 등의 고물로 쓰일 때에는 깨를 반쯤 으깨 소금 간을 하여 사용한다. 또 송편소로 사용을 할 때에는 설탕과 소금을 넣어 쓴다.

- **검정깨** : 검정깨를 깨끗이 씻어 일어 물기를 빼고 깨알이 통통해질 때까지 볶는다. 이때 타지 않도록 주의를 한다. 고물로 할 경우에는 소금간을 하여 반쯤 으깨서 사용한다. 깨찰편이나 흑임자편, 인절미, 경단의 고물로 이용된다.

잣과 잣가루

- **잣** : 잣은 고깔을 떼어 내 마른 행주로 먼지를 닦은 후 종이를 깔고 칼날로 다진다. 요즘에는 치즈 가는 기계에 잣을 넣고 갈면 쉽게 잣가루가 된다. 잣은 지방이 많아서 절구에 넣어 갈거나 칼등으로 으깨면 덩어리로 뭉쳐진다.
- **밤** : 밤은 깨끗이 씻어 물을 붓고 푹 찐다. 찐 밤을 반 갈라 밤 속을 꺼내 중간체에 내린다. 약간 설익힌 밤을 치즈 가는 기계로 갈면 쉽게 밤고물이 된다. 밤고물은 밤단자나 율고, 각종 떡의 소로 이용된다.

## 색을 내는 재료

### 붉은색

- **백년초가루** : 제주도에서 나는 손바닥선인장의 열매로 항산화 · 항균 · 콜레스테롤을 낮추는 효과가 있는 것으로 알려져 있다. 열에 불안정하여 쌀가루에 섞어 찌면 색이 흐려져 붉은색이 유지되지 못하고 산화된다. 동결건조시켜 만든 제품이 분말상태에서 더 좋은 색을 내며 떡이 익은 후에 색을 내는 절편이나 개피떡, 산병 등에 사용된다.
- **팥앙금가루** : 붉은팥은 팥을 무르게 삶아 앙금을 내어 소금, 설탕을 넣어 볶아 붉은팥앙금가루를 만들어 팥설기, 무지개떡 등의 쌀가루에 섞어 쪄 내면 연 자주색을 낼 수 있다.
- **코치닐색소** : 동물성 천연색소로서 선인장 *Nopalea coccinellifera* 등에 기생하는 연지벌레의 암컷인 *Dactylopius coccus costa*의 건조충체를 물 또는 알코올 용액으로 추출하여 얻어지는 색소이다. 주성분은 카르민산(carminic acid)이다. 식물성 천연색소가 열에 약해 산화되는 단점이 있는데, 코치닐색소는 열에 안정해서 색이 변하지 않는다.
- **경앗가루** : 붉은팥을 무르게 삶아 앙금을 내어 보온밥통에 24시간 정도 넣어 둔 후 햇볕에 바싹 말려 고운체에 친 다음 참기름을 넣어 고루 비벼 준다. 개성경단의 고물로 사용되며 쌀가루에 섞어 색을 낸다.
- **앵두청** : 앵두는 과실 중에서 일찍 나는 것이라 해서 단오 때 종묘의 제물로 귀하게 여겨왔던 과일이었으며 동량의 설탕에 절여서 나온 즙을 색을 내는 데 사용한다.
- **자색 고구마가루** : 자색 고구마는 10월이 제철로 겉은 일반 고구마와 비슷하지만 속은 진

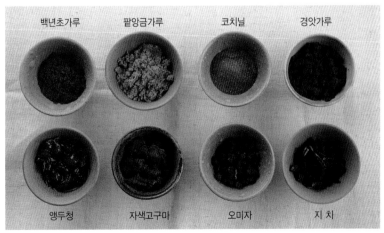

붉은색을 내는 재료

한 자색으로 안토시아닌 색소가 풍부하며 무르게 쪄서 으깨어 냉동시켰다가 쓰거나 말려서 가루로 사용한다. 송편의 색이나 무지개떡, 고구마설기 등에 많이 쓰인다.

- **오미자** : 오미자는 단맛, 신맛, 쓴맛, 짠맛, 매운맛의 다섯 가지의 맛을 내며 물에 담가 두면 붉은색을 낸다. 오미자를 사용하기 전 날 깨끗이 씻어 찬 물에 담가 우린 다음 면포에 걸러 붉은 물을 쓰는데, 끓이거나 더운 물에 우리면 쓴맛과 떫은 맛이 나니 찬 물에 우려야 한다. 각종 편에 색을 낼 때 사용하는데 신맛이 강하여 설탕의 양을 조금 더 늘린다.
- **지치** : 지치는 지초, 자초(紫草), 자근(紫根)라고도 하며 식물의 뿌리로 속껍질에서 색이 난다. 이 색소는 물에는 녹지 않고 알코올과 기름에 녹기 때문에 기름에 지초를 넣어 붉은색의 기름이 나오면 화전을 지지거나 쌀엿강정의 쌀을 튀길 때 사용하면 붉은색을 낼 수 있다.

각종 레진류

- **레진류** : 붉은색을 내는 천연의 식물성 재료가 열에 약해 산화되어 색의 사용에 제한이 있어 시판되는 레진류를 사용하면 다양한 색을 안정적으로 표현할 수 있다. 일반 인공 색소와는 달리 향을 가지고 있다.

### 푸른색

- **파래가루(감태)** : 파래를 잘 말려 조개 껍데기나 검불 등을 골라 내고 분쇄기에 갈아 사용을 한다. 고물로 사용을 할 경우에는 체에 내려 두껍게 고물을 내고, 곱게 쌀가루에 섞어 색을 낼 경우에는 분쇄기에 간다. 굵게 가루를 낸 것은 경단고물로, 고운 가루로 만든 것은 쌀가루에 넣어 반죽을 하여 삼색주악 등 색과 맛을 내는 곳에 쓰인다.
- **승검초가루** : 승검초는 당귀잎으로 신감채라고도 하는데 잎을 따서 그늘에서 말려 분쇄기에 곱게 갈아 체에 친다. 승검초가루를 사용할 때에는 동량의 더운 물에 불려 쌀가루에 섞어 사용한다. 주악, 각색편 등에 사용한다.
- **쑥** : 푸른색을 내는 재료로 가장 많이 사용되며 쑥을 잎만 떼어서 말려 분말로 사용하거나 끓는 물에 삶아 꼭 짜서 쓸 만큼씩 덩어리로 싸서 냉동보관하여 필요할 때 해동하여 사용한다. 쑥구리단자, 쑥굴레, 쑥절편, 콩가루쑥편 등에 쓰인다.
- **녹찻가루** : 녹차잎을 깨끗이 씻어 바짝 말려 분쇄기에 넣고 가루를 내어 사용하며 시판되는 녹찻가루를 사용하면 편리하게 사용할 수 있다.

파래가루　　승검초　　쑥가루

녹찻가루　　치자그린　　데친 쑥

푸른색을 내는 재료

- **치자녹색소(치자그린)** : 치자를 물이나 에틸알코올로 추출 또는 가수분해한 것을 식품용 효소를 이용하여 얻은 색소를 적절히 혼합하여 만든 색소이다.

## 노란색

- **치자** : 치자를 물에 담그면 노란색이 나서 천연 색소로 사용을 하는데 한약방이나 시중에서 말린 치자를 판매한다. 우선 씻어 반을 갈라 따뜻한 물에 담가 두면 노란색의 물이 나오는데 진한 색을 낼 때에는 물을 조금만 넣어 불려 사용하고, 치자를 보관할 때에는 밀봉을 하여 냉동실에 놓고 쓰면 색이 변하거나 마르지 않고 쓸 수 있다.
- **단호박가루** : 단호박 껍질을 벗겨 얇게 썰어 말렸다가 분쇄기에 갈아 고운체에 내려 가루를 만들거나 찜통에 넣어 무르게 쪄 낸 후 으깨어 멥쌀가루에 섞어 체에 내리거나 송편 등의 반죽에 사용한다.
- **홍화** : 잇꽃이라고 하는 잇의 꽃에서 추출하며 수용성인 황색색소와 알칼리에 의해 추출되는 적색색소가 함유되어있는데 황색색소를 safflower, 적색색소를 carthamin으로 부른다. 홍화를 냉수에 담그면 노란물이 나오는데 치자물처럼 사용하면 노란빛의 색을 낼 수 있다.
- **송홧가루** : 송화는 소나무의 꽃가루로 매우 가볍다. 봄철 소나무에 핀 노란 송화를 물에 수비(水飛)하여 말려 가루를 만든다. 삼색무리병, 송화편을 할 때 멥쌀가루에 섞어 노란빛을 낸다.
- **울금** : 카레의 황색을 내는 재료인 울금은 궁중한과의 노란빛을 낼 때 사용한 기록이 있

노란색을 내는 재료

다. 예전에는 수입에 의존하였으나 요즘은 우리나라에서도 재배하며 말린 가루가 시판된다. 울금의 색소는 뿌리에서 얻어지며 산성에서는 선명한 황색, 알칼리에서는 등황색, 철이 함유되어 있으면 갈색으로 착색된다.

## 갈 색

- **송기** : 송기는 소나무의 속껍질로 나무가 마르지 않고 물기가 있을 때 벗겨 말려 두었다가 물에 울궈 절편을 칠 때 섬유질이 풀어지도록 친 후 사용한다. 송기를 울궈서 절편 등에 쓰고, 송기를 쌀가루에 섞어 쓸 때에는 송기를 우려서 말려 가루로 내서 송편이나 각색편을 만들 때 섞어 색과 향을 낸다.
- **대추고** : 대추에 물을 충분히 넣고 푹 삶아 체에 내려 과육만 거른다. 대추앙금을 만들 때는 대추를 돌려 까고 남은 씨와 과육을 고아서 만들면 좋다. 약식이나 각색편 또는 약편에 넣어 색과 맛을 준다.

갈색을 내는 재료

- 도토리가루 : 도토리를 껍질을 벗겨 물에 일 주일 가량 담가 떫은 맛을 우려 낸 뒤 말려서 가루로 낸다. 겨울에서 이른 봄까지 산간지방에서 쌀가루에 도토리가루를 섞어 시루떡을 하거나 색을 내는 재료로 사용한다.
- 감가루 : 생감을 껍질을 벗겨 얇게 저며 썰어 볕에 바싹 말린다. 가정에서 말릴 경우 잘 마르지 않으므로 한약제를 가루로 빻아 주는 제분소에 가면 말려서 가루로 빻아 준다. 쌀가루에 감가루를 섞어 석탄병이나 절편, 각종 떡에 쓰인다.

## 검은색

- 석이가루 : 석이를 뜨거운 물에 담가 불려 손으로 비벼 맑은 물이 나올 때까지 헹군 후 석이의 배꼽을 떼고 물기를 꼭 짜서 채반에 널어 바싹 말린다. 말린 석이를 분쇄기에 넣고 가루로 만들어 체로 친다. 석이단자, 석이병, 석이점증병 등의 각종 떡에 넣어 검은색을 낸다.
- 검정깨가루 : 검정깨를 잘 씻어 일어 타지 않게 볶아 분쇄기에 갈아 가루를 내어 인절미, 경단고물, 흑임자편, 무지개떡 등에 사용한다.
- 흑미가루 : 흑미를 불려 가루 내어 찹쌀가루나 멥쌀가루에 섞어 사용한다.
- 캐러멜소스 : 설탕을 태워 색을 내는데 설탕과 동량의 물을 냄비에 넣고 중불에서 끓이면서 한참 졸이면 가장자리부터 갈색이 나기 시작하는데 이때 불을 약하게 하고 냄비를 움직여 색이 고르게 나도록 한다. 투명한 황갈색이 나면 끓는 물을 넣어 고루 섞은 후 물엿을 넣어 굳지 않도록 한다. 약식이나 꿀편 등에 색을 내는 데 사용을 한다.

캐러멜소스　　검정깨가루　　흑미가루　　석이가루

검은색을 내는 재료

## 고명으로 쓰이는 재료

- **대추채 · 대추꽃** : 대추는 씻어 물기를 뺀 후 얇게 포를 떠서 밀대로 밀어 곱게 채를 썬다. 대추꽃은 대추를 포 떠서 돌돌 말아 얇게 썰거나 대추의 동그란 양끝 부분을 썰어 꽃으로 사용을 한다. 각색편이나 부꾸미, 빙자병 등에 고명으로 쓰인다.

- **밤채 · 밤편** : 밤은 껍질을 까서 도톰하게 편으로 썰거나 얇게 저며 채를 썬다. 이때 채에 설탕을 약간 뿌리면 색이 변하는 것을 막을 수 있다. 편으로 썬 밤과 밤채는 편에 고명으로 쓰이고, 채는 대추와 섞어 대추단자, 또는 잡과단자, 색단자 등에 쓰인다.

- **석이채** : 석이는 깊은 산 속 바위에 붙어사는 버섯으로 까만 가시털이 있는 부분과 뒷면은 회갈색이 난다. 석이를 손질하는 방법은 석이에 뜨거운 물을 부어 불려 손으로 비벼 맑은 물이 나올 때까지 헹구고 중앙에 돌(배꼽)을 떼고 물기를 꼭 짠다. 석이를 여러 장 겹쳐 돌돌 말아 곱게 채로 썬다.

- **비늘잣** : 잣은 고깔을 떼고 얇은 칼로 반을 가른다. 고명으로 쓸 때 잣을 반 잘라 편평한 면을 쌀가루 위로 올려 무늬를 놓아 떡을 찐다.

- **호박씨** : 호박씨도 잣과 마찬가지로 반으로 갈라 각색편에 고명으로 사용한다.

- **해바라기씨** : 잣이나 호박씨처럼 반으로 갈라 사용하지 않고 그대로 사용한다.

떡과 한과에 쓰이는 각종 고명

## 맛을 내는 재료

- **밤** : 밤은 껍질을 까서 채나 편으로 썰어 각색편에 고명으로 사용하거나 굵게 다져 두텁떡의 소로 또는 5~6등분을 하여 약식이나 신과병, 과일설기, 쇠머리찰떡, 석탄병 등 여러 종류의 떡에 넣는다.

- **대추** : 대추는 포를 떠 채로 쳐서 밤채와 섞어 대추단자 등의 고물로 쓰거나 대추를 두껍게 포를 떠서 2~3등분을 하여 쌀가루에 섞어 찐다. 인절미, 단자, 주악 등에는 곱게 다져서 찹쌀가루에 섞어 사용한다. 찹쌀가루에 섞어 찌는 떡으로는 쇠머리찰떡과 멥쌀에 섞어 만드는 과일설기가 있고, 신과병에는 가을철에 나오는 풋대추가 들어간다.

- **곶감** : 곶감은 가을철 떫은 감을 껍질을 벗겨 말린 것으로 단맛이 있다. 씨를 빼고 작게 조각을 내어 쌀가루에 섞어 과일설기를 만들거나 부편 등에 이용한다.

- **유자설탕절임** : 유자를 깨끗이 씻어 물기를 완전히 닦아 4등분을 한다. 유자 속과 껍질을 분리를 하여 껍질과 동량의 설탕에 버무려 재운다. 공기와 접촉이 적은 유리병에 넣고 뚜껑을 꼭 막아 3개월이 지나면 사용이 가능하다. 두텁떡 소나 과일설기, 유자단자 등에 사용하며 향이 매우 좋다.

- **잣** : 잣은 두텁떡의 소나 석이메편, 각색편 등에 사용이 되는데, 반으로 갈라 비늘잣을 만들어 쌀가루 위에 고명으로 올리거나 쌀가루에 섞어 찐다.

- **은행** : 은행은 물에 삶아 껍질을 벗긴 후에 냉동하였다가 냉동상태에서 분쇄기에 갈아 찹쌀가루에 섞어 찐 후 쳐서 잣고물을 묻혀 은행단자를 만든다.

떡과 한과에 섞어 맛을 내는 재료 1

떡과 한과에 섞어 맛을 내는 재료 2

- **호두** : 호두는 단단한 껍데기를 깨서 속알맹이만 사용하는데 껍질에는 쓴맛이 있으므로 껍질을 벗기거나 끓는 물에 불려 쓴맛을 뺀 후 말려 떡에 고물로 만들거나 떡에 섞는다. 구름떡이나 두텁편에 밤과 대추, 잣 등과 함께 사용한다.

- **황률** : 밤을 말려 겉껍데기와 속껍질을 벗긴 것으로 약식 등에 불려서 밤 대신 사용한다.

- **각종 콩** : 초가을부터 나오는 풋콩은 송편 소나 신과병 등에 이용을 하고 강낭콩은 수수 도가니에, 밤콩과 서리태는 불려서 콩찰편에 쓰이고 이런 색색의 콩들을 합쳐 멥쌀가루와 섞어 콩설기를 만들면 맛과 색이 좋다.

- **무** : 늦가을 무가 한참 맛이 있을 때 무를 굵게 채를 썰어 쌀가루와 섞어 붉은팥고물을 얹어가며 시루떡을 한다. 무에는 디아스타아제, 프로테아제와 같은 소화효소가 들어 있어 무떡의 주재료인 멥쌀의 소화를 돕는다.

- **상추** : 여름철 멥쌀가루에 상추를 섞어 거피팥고물을 켜켜로 하여 떡을 만들면 여름철의 별미떡인 상추시루떡이 된다.

- **물호박** : 늦가을에 수확이 되는 물호박은 청둥호박 또는 맷돌호박이라고 하며, 껍질이 단단하고 살은 노랗고 속은 비어 있고 오래 묵힐수록 단맛이 난다. 이 호박의 껍질을 깎고 살을 도톰하게 썰어 멥쌀가루에 섞고 거피팥고물과 켜켜로 하여 시루떡을 만든다.

- **호박고지** : 늦가을에 물호박 껍질을 벗기고 살을 돌려가며 잘라 말려 주로 찰떡에 이용한다. 호박고지찰편에 호박고지를 물에 불려 물기를 꼭 짜서 단맛이 적을 때에는 설탕에 약

간 조려 쓴다.

- **쑥** : 이른 봄날부터 들판에서 파릇파릇하게 나는 쑥을 뜯어 생으로 멥쌀가루에 섞어 쑥설기를 만든다. 쑥설기는 쑥이 세어지면 좋지 못하여 봄철에 나오는 어린쑥을 쓴다. 쑥이 커서 억센 것은 잘라 말려 줄기는 약쑥으로 사용하고, 잎은 뜸쑥으로 쓴다. 어린쑥이 없는 계절에는 봄철 어린쑥이 나올 때 잎만 데쳐 물기를 짜서 냉동을 하여 쓰거나 시판용 쑥가루를 쓰기도 한다. 쑥설기 외에 쑥을 잎만 따서 데쳐 쌀가루와 함께 가루로 만들어 반죽을 하여 찌는 쑥개떡도 있다.

- **살구** : 살구가 제철일 때는 쪄서 체에 내려 쌀가루와 섞어 살구떡에 사용하거나 건살구는 잘라 흑미영양편에 섞어 사용한다.

- **설탕** : 설탕을 만드는 원료는 사탕수수나 사탕무이며, 이들의 즙을 가공을 하여 흰색의 결정을 만든다. 설탕의 주된 감미성분은 자당이라고 하는 이당류로 과당과 포도당이 1개씩 결합된 구조를 가진다. 보통 떡에 단맛을 주는 재료로 쓰이며 설탕을 태워서 캐러멜소스를 만들기도 한다. 설탕은 용도와 색에 따라 입자 크기나 품질에 따라 백설탕·황설탕·흑설탕으로 나뉜다.

- **물엿** : 물엿은 독특한 감미와 점조성을 가지는 감미료지만 설탕이나 꿀과 같은 천연에서 존재하는 감미물질을 채취하는 것이 아니다. 물엿은 곡류나 감자, 고구마 등에 함유되어 있는 전분을 원료로 하여 인공으로 만들어낸 감미료로 전분을 분해하여 맥아당과 포도당으로 변화시킨다. 물엿은 단순한 감미 외에 점조성이 있어 설탕시럽의 재결정 방지 등에 이용하거나 떡을 촉촉하고 굳지 않게 하는 데 이용된다.

- **벌꿀** : 꿀은 설탕 대신 떡에 감미를 주는 재료로 농후한 감미와 풍미를 가진다. 벌꿀은 대부분이 과당과 포도당으로 되어 있으며 미네랄과 비타민 등이 풍부하고 꽃의 종류에 따라 다른 독특한 향과 맛을 가진다. 꿀의 주성분인 당분은 설탕과 달리 칼슘을 빼앗지 않고 흡수가 빠른 것이 특징이다. 꿀편에 꿀을 쌀가루에 섞어 색과 단맛을 내거나 화전이나 주악 등을 만든 후에 즙청을 할 때 쓰인다.

- **조청** : 조청은 곡류 전분을 맥아로 당화시킨 것으로 원료로는 모든 곡류를 사용할 수 있으나 찹쌀, 멥쌀, 수수 및 고구마가 보통 사용된다. 맥아엿은 전분을 가열하여 호화시킨 후 맥아(엿기름)를 섞어 약 60℃의 온도에서 당화시킨 후 농축하며 묽게 조린 엿의 전단계라고 할 수 있다. 조청은 개성주악과 개성경단 등을 즙청을 할 때 쓰인다.

# 음청류

## 음청류의 역사

### 삼국시대

삼국시대로 접어들면서 식생활이 차츰 체계화되어서 주식, 부식, 후식의 형태로 나누어지는데, 전통음료는 과정류와 함께 후식으로 자리매김을 하면서 중요한 기호식품으로 발달하게 되었다. 많은 종류의 음청류가 있었겠지만 문헌상으로는 미시, 감주(식혜), 박하차, 밀수(꿀물), 난액(좋은 음료) 등에 관한 기록이 남아 있을 뿐이다.

삼국시대 이전, 고대의 식생활에서도 여러 종류의 음료가 있었을 것으로 생각되긴 하지만 문헌상으로 우리나라 전통음료에 대한 최초의 기록은 1145년『삼국사기』김유신조에서 찾아볼 수 있다. 김유신이 전쟁 출정 도중 자기집을 지나면서 집에 들를 수 없어 부하에게 집에 가서 장수(漿水)를 떠오게 해서 맛을 보고는 물맛이 변함이 없으니 집안의 무사함을 알고 길을 떠났다는 기록이 있는데, 여기서 장수란 곡물을 발효시킨 음료로 추정을 하나 확언하기는 어렵다. 어쨌든 물맛이란 사람이 사는 데 기본이고 물맛이 달라진다면 집안에 변고가 있다고 여기는 물의 중요함을 덧붙여 생각할 수 있겠다.

『삼국유사』제2권 가락국기에 신라가 가야를 합병한 후 수로와 자손에게 제를 지내게 하였는데 "신라 30대 문무왕 19년(679) 3월 어느날에 가락국 원손의 17대손 갱이 조정의 뜻을 받들어 그 전지를 주관하여 세시(歲時)마다 술, 감주, 떡, 쌀밥, 차, 과(果) 등 여러 가지로써 제한하여 해마다 끊이지 않게 하고"라고 하여 제물의 품목이 였던 것을 보건대, 우리나라의 가장 대표적인 음청류로 손꼽히는 식혜의 역사가 다른 음료보다 더 먼저임을 알 수 있다.

『삼국유사』관동풍악발연수 석기(關東楓岳鉢淵藪 石記)에는 "진표율사(眞表律士)는 전주 백제군 나산촌 대정리 사람인데 12살에 출가의 뜻을 갖고 금산사의 순제법사에게 가는 중이

였다…… 후에 스승의 교를 받들고 사퇴하여 명산을 편력할 때, 나이 27세였는데 상원 원년에(신라 경덕왕 19년, 760) 쌀 20말을 말려 이로써 양식을 삼고 전북 부안에 가서 변산 불사의방(不思議房)에 들어갔다."는 기록이 있는데 이것이 바로 곡물을 쪄서 말려 가루를 내어 여름철에 물에 타 마시는 미수의 시초로 볼 수 있다. 이처럼 미수(米水)는 음청류라는 용도에 덧붙여 갖고 다니며 쉽게 물에다 풀기만 하면 먹을 수 있는 간편식으로까지 발전하였다.

또한 신문왕(681~692)이 왕비를 맞을 때 폐백품목으로 꿀, 쌀, 술, 장, 시, 포, 혜가 있었던 것으로 보아 꿀이 상류층의 상용 필수품이었으며, 양봉도 했으므로 자연히 꿀물을 타서 마시는 찬 음청류도 생겼을 것이라고 짐작할 수 있다.

그리고 선덕여왕(632~647) 때는 중국의 영향을 받아 차잎을 우려마시는 더운 차가 전해졌으며, 42대 흥덕왕 때는 김대겸이 당나라의 사신으로 갔다가 차의 종자를 가지고 와 지리산에 심어 차나무가 퍼지게 되었다고 『삼국사기』 신라본기에 기록되어 있다. 뿐만 아니라 삼국시대 불교문화의 도입과 함께 왕가와 승려, 화랑들 사이에서 음다풍습이 활발히 전파되었다.

한편, 중국 양대(梁代, 502~556)의 『본초학』에 의하면 우리나라의 오미자가 제일 품질이 좋다고 하였으며, 송대(宋代)의 『본초도경』에는 신라는 박하를 말려 차를 마신다 했으니 약재를 다려 마시는 탕차도 이 시기에 보급되었음을 알 수 있다.

이들 기록에 의하면 신라시대에는 이미 밀수와 미수, 식혜 등의 찬 음료와 함께 약용차, 차의 문화가 발달되었음을 알 수 있다.


## 고려시대

고려시대의 음청류문화는 한 마디로 우리 역사상 차 문화가 최고의 전성기를 누리던 시대로 특징지을 수 있다. 숭불정책(崇佛政策)에 힘입어 연등회나 팔관회, 각종 제향, 연회 등 국가적인 행사뿐만 아니라 사신을 맞이할 때도 임금이 차를 하사하였으며 차의 씨앗이 예물로 쓰이기도 했다. 음다풍습은 상류층뿐만 아니라 서민에게까지 급속도로 퍼졌다. 또한 진다의식을 중시하여 궁중에는 직제로서 다방(茶房)을 두고 국가의 행사인 연등회, 팔관회, 각종 제향, 연회 등의 행사가 있을 때마다 진다례(進茶禮)와 다과상에 관한 일을 담당하게 하였으며, 차를 마실 수 있는 다정(茶亭)이 설치되고 차를 재배하는 다촌(茶村)이 있었다. 하지만 좋은 차를 재배하기보다는 중국에서 수입한 차를 썼다고 『고려도경』(高麗圖經)에 기록되어 있는데 이는 조선시대에 이르러 차 문화가 급속히 쇠퇴하는 원인이 되기도 한다. 이처럼 숭불정책에 따라 차 문화는 발달했지만 다른 음청류는 소홀하지 않았던 것으로 볼 수 있다.

그러나 미수와 밀수는 오늘날까지 보편화되고 있는 것으로 보아 이 시기에도 전대로부터 계속 상용한 음료로 이어지고 있다고 보인다. 『고려도경』에 "찌는 듯한 더위에 얼음을 넣어 꿀을 타서 마신다"는 시가 나오니 찬 꿀물은 쉽게 마시는 음청류임을 다시 한 번 짐작할 수 있다.

한 가지, 고려시대에 눈에 띌 만한 음청류로는 『고려도경』에 기록된 '백미장(白米漿)'과 '숙수(熟水 : 향약을 달인 차, 숭늉이란 설도 있다)'를 들 수 있다. 『고려도경』 권23 잡속에 개성에 열흘 간격으로 천막을 쳐 그 안에 큰 독을 놓고 백미장(白米漿)을 준비하여 왕성을 왕래하는 사람에게 누구나 마실 수 있게 하여 피로한 이들에게 보시를 한 것이 백미장, 즉 시수(施水)라 하겠다. 시수는 백미를 푹 끓여 얻은 시큼한 맛의 발효음료이니 갈증을 푸는 데 좋았을 것이다.

또한 이색의 『목은집』에는 "삶은 맛있는 떡을 먹으니 흰 살결처럼 달고 신맛이 섞였더라. 마구 먹으면 이에 묻을까 싶지만 잘 씹으면 맑고 찬맛이 몸을 적신다"라는 글귀가 있는데 맑고 시원하고 새콤한 맛은 오미자국이요, 여기에 넣은 떡을 말하니 이것은 다름아닌 유두날 먹는 수단으로 짐작된다.

한편 고려 후기로 접어들면 송나라 의학이 들어와 향약재에 관한 연구를 하게 되니 약재를 달여 차로 마시는 약용탕차가 생겨나기 시작했다.


## 조선시대

조선시대에 이르면 숭유배불정책(崇儒排佛政策)으로 사찰의 몰락과 함께 차 문화도 점차 쇠퇴하기에 이르렀으며, 유교의 영향으로 집집마다 가향주 만들기에 치중하여 자연 음다(飮茶)의 생활화는 어려워지게 되었다. 하지만 조선시대는 오늘날 우리가 알고 있는 전통음식이 정착되는 시기로 주식과 반찬류, 장과 초, 병과류, 전통음료 같은 기호품의 조리가공 기술이 급속도로 발전된 시기라고 볼 수 있다.

고대로부터 전래된 미시, 밀수, 식혜 등은 더욱 널리 보편화되었으며 차나무의 생산이 줄어들고 차 대신 다른 음료들을 만들어 먹었는데, 예를 들면 모과차, 유자차, 구기자차, 감잎차, 국화차 등 향이 좋은 과일이나 꽃, 나뭇잎, 열매가 재료가 되었다.

한편 조선 중기 무렵은『향약구급방(鄕藥救急方)』,『향약집성방(鄕藥集成方)』 등의 향약서와『동의보감』 등 의서가 많이 편찬되어 병을 예방하고 치료하는 데 바른 식생활이 최우선이라는 사상이 지배적인 때였으므로 보양음식은 물론, 향약을 이용한 여러 가지 음청류가 양생음료(養生飮料)로서 발달하게 되었다.『동의보감』에 나타난 약이성 음료로는 생맥산, 사물탕, 쌍화탕, 제호탕 등 보약을 겸하는 것들이 많이 있다. 이 당시 향약차의 보급은 당시의『증보산림경제』나『고사촬요』,『규합총서』의 고서를 통해서도 많았다는 것을 알 수 있다.

또한 각종 꿀과 설탕을 이용해서 만든 수단, 보리수단, 식혜, 감주, 수정과, 배숙, 장미화채, 두견화채, 배화채, 앵두화채, 복분자화채, 복숭아화채, 난면, 창면 등 각종 화채류가 발달하였는데, 이는 의례문화 중 혼례나 회갑 등 여러 가지 음식을 많이 차려 많은 사람들에게 접대를 할 때는 뜨거운 차는 준비하기가 어려우니 따라서 한 번에 많이 끓어두고 때마다 쉽게 낼 수 있는 음료로 차가운 화채나 수정과, 식혜 등이 발달한 것이 아닌가 싶다. 또한 유교사상이 지배적이었기 때문에 어른을 위한 잔치나 행사가 많아 잔치에 맞춘 음료가 발달한 것은 당연하다.

그러다 조선 말, 고종 19년에는 커피가 처음 우리나라에 들어오게 되는데 구미 각국과 수호조약을 체결한 후 외국 사신에 의해 궁중에 들어간 것으로 추측된다. 이때의 커피는 각설탕 속에 커피가루를 넣은 것이었다고 한다.


## 근·현대

근대에 들어와 조선이 나라를 일본에 빼앗기고부터 조선시대에는 마시기를 꺼리던 녹차를 마시는 습관이 다시 이어지는 아이러니가 생겼다. 1939년 방신영의『조선요리제법』에서는 커피와 티, 그리고 코코아에 대한 기록이 있고, 1943년 이용기의『조선무쌍신식요리제법』에는 청량음료 나무네(소다수)가 보인다.

광복을 하자마자 미 군정이 들어선 남한에는 미군들의 청량음료로 대표적인 콜라가 들어와 전쟁통의 굶주림으로 음료문화는 커다란 위협을 받게 된다. 우리 전통음청류의 맥이 끊기는 듯하였고 살아남기에 급급한 서민들은 우리 것보다 우유를 비롯한 청량음료에 새롭게 길들여지게 되었다. 그리고 그런 음청류를 만드는 공장들이 들어서서 대량생산의 물꼬를 텄다.

이후 커피, 홍차, 주스, 각종 청량음료 등의 홍수 속에서 옛 음료의 풍미와 만들기의 정성스러움은 점차 잊혀져 가고 있었으나 군부 독재를 벗어나 민주화와 다양화를 추구하면서 특화된 음료가 필요해졌다. 수정과, 식혜, 미수, 녹차, 유자차, 모과차, 율무차, 인삼차 등 몇 가지 음청류는 자동화 설비가 갖추어진 공장에서 생산되고 있는데 이런 새로운 추세는 다시금 '전통' 을 살리는 일뿐만 아니라 '건강' 음료 마시기로써 되살아나고 있다.

현대인의 입맛에 맞게, 그리고 어른들의 향수를 겨냥한 전통음청류는 장, 갈수, 숙수와 같은 종류가 거의 잊혀져가고 있는 반면에 계절을 가리지 않고 많은 호응을 얻고 있다. 종류도 점차 다양해지고 있고 주식은 못되나 우리의 일상적인 생활로 서서히 파고 들고 있다. 심지어 제사나 차례 때에도 캔으로 된 식혜와 수정과를 젯상에 올리는 기이한 현상이 일어나고 있는 것이다.

'전통' 쪽에서는 그것을 고수하면서 현대의 문명화된 시설을 이용하여 좀 더 많은 사람들에게 전통음청류를 알리려 하고, '현대' 쪽에서는 거꾸로 '전통' 을 익히고 대중들에게 전통음청류를 맛보이고 있는 이러한 복합적인 추세는 앞으로 어떻게 전개될지 자못 흥미롭다.

# 음청류의 종류

## 찬 음청류

### 화채

화채(花菜)는 여러 종류의 과일과 꽃을 갖가지 모양으로 썰어서 꿀이나 설탕에 새었다가 오미자국이나 꿀물, 과일 과즙, 향약재료 달인 것에 띄우거나 다른 재료를 더하여 맛을 낸다.

오미자를 기본으로 한 진달래화채 · 황장미화채 · 보리수단 · 창면이 있고, 꿀물을 기본으로 한 떡수단 · 송화밀수 · 원소병 · 순채화채 · 가련화채가 있다. 과일즙을 기본으로 하는 것으로 유자화채 · 수박화채 · 여름 밀감화채 · 앵두화채 · 복숭아화채 · 산사화채 · 귤화채 · 복분자화채 · 배화채 · 참외화채 등이 있으며, 향약재를 이용한 화채로 생맥산이 있다.

보리수단

### 수정과(水正果)

정과는 과일이나 채소가 꿀에 달게 조려진 상태인데, 물 '수(水)' 자가 붙은 것으로 미루어 보아 건지와 건지에서 우러난 국물을 같이

수정과

먹게 한 음청류이다.

　곶감수정과, 배수정과, 가련수정과, 잡과수정과 등이 있다.

## 장(漿)

밥이나 미음 등 곡물을 젖산 발효시켜 신맛을 내게 한 장수와 향약재나 곡물가루, 채소류 등을 감미료인 꿀이나 설탕 등에 넣어 숙성시키거나 오래 저장시켜 만든 음청류를 말한다.

　과일을 이용한 모과장, 유자장, 매장과 향약재를 이용한 계장, 여지장, 산장 등이 있다.

## 갈 수

갈수(渴水)는 농축된 과일즙에 한약재를 가루내어 혼합하여 달이거나 향약재에 누룩 등을 넣어 꿀과 함께 달여 마시는 음청류이다.

　과일을 이용한 임금갈수, 포도갈수, 모과갈수와 향약재를 이용한 오미갈수, 어방갈수 등이 있다.

## 식 혜

식혜(食醯)는 엿기름가루를 우려 낸 물에 지에밥을 넣고 따뜻한 온도를 유지하면서 일정시간을 삭혀서 은은한 단맛이 있게 만든 음청류이다.

　식혜, 감주, 석감주, 고구마감주, 연엽식혜, 안동식혜 등이 있다.

식 혜

## 미 수

미수(米食)는 미시라고도 하며, 곡물을 쪄서 볶아 가루로 만들어 꿀물에 타 마시는 음청류이다.

　찹쌀미수, 보리미수, 현미미수, 수수미수, 조미수 등이 있다.


# 더운 음청류

## 탕

탕(湯)은 뜨거운 물을 가리키는데, 국을 탕이라 하기도 하고 과일과 한약의 재료를 섞어 꿀과 함께 조려서 물에 타서 먹는 것도 탕이라 한다.

제호탕, 봉수탕, 회향탕, 건모과탕, 수지탕, 여지탕, 향소탕 등이 있다.

## 차

일반적으로 차(茶)라고 하는 것은 기호음료이다. 차의 원개념은 차나무의 어린 순(잎)을 채취해서 만든 마실거리의 재료로 이 재료를 물에 우려 낸 것을 차라고 한다. 그러나 각종 약재, 과일 등을 가루내거나 말려서, 또는 얇게 썰어 꿀이나 설탕에 재었다가 끓는 물에 타거나 직접 물에 끓여 마시는 것도 차라 한다.

차는 제조 시기, 발효 정도, 차 잎의 모양과 크기, 재배 방법, 생산지에 따라 분류하므로 그 종류가 헤일 수 없을 정도로 많다.

- 우려 마시는 차 : 차의 성분 중 떫은 맛을 내는 폴리페놀 성분이 차 잎에 존재하는 산화효소의 작용으로 황색이나 홍색을 띠면서 맛과 향이 변화되는 과정을 발효라고 하며, 발효 정도에 따라 불발효차(不醱酵茶), 반발효차(半醱酵茶), 발효차(醱酵茶), 후발효차(後醱酵茶)로 나눈다.

  전혀 발효시키지 않은 불발효차는 우리가 가장 잘 아는 증제차인 옥로차, 말차(末茶)가 있고, 덖음차는 세작(細作), 중작(中作), 대작(大作)이 있다.

  10~65% 정도 발효시킨 차는 반발효차라 하며 백차(白茶), 재스민차, 장미꽃차, 계화차, 포종차, 철관음차, 수선, 동종우롱차, 우롱차(烏龍茶) 등이 있다. 85% 정도의 발효차는 홍차이고, 후발효차로는 황차와 보이차, 육보차 같은 흑차가 있다.

- 달여 마시는 차 : 향약재를 사용한 것은 인삼차, 두충차, 기국차, 구기자차, 계피차, 오매차, 당귀차, 박하차, 영지차, 칡차, 쌍화차 등이 있다. 과일을 이용한 차는 유자차, 모과차, 오과차, 대추생강차 등이 있으며 곡물을 볶아 끓여 마시는 차는 녹두차, 곡차, 율무차, 옥수수차 등이 있다.

모과차

## 숙수

숙수(熟水)는 향약초를 달여 만든 음료를 말한다. 꽃이나 잎 등을 끓는 물에 넣고 그 향기를 우려 마시는 것과 한약재 가루에 꿀과 물을 섞어 끓여 마시는 것이 있다. 또는 누룽지에 물을 부어 끓여 마시는 것을 말하기도 한다. 자소숙수(紫蘇熟水), 정향숙수(丁香熟水), 침향숙수(沈香熟水), 율추숙수(栗皺熟水), 숭늉 등이 있다.

# 음청류의 쓰임새

## 시 · 절식

### 찬 음청류

우리의 전통음청류 한 가지만 보아도 음식이란 맛만으로 먹는 것이 아닐 것이다. 멋을 더한 음식이란 삶에 여유를 가져다 주는 중요한 매개체가 된다.

정월에는 한 해의 복을 비는 뜻으로 차리는 차례와 대보름이 있는데 수정과와 식혜를 많이 마시며 정월 대보름에는 원소병을 만들어 마신다.

봄은 꽃피는 계절이라 산뜻하면서도 화사한 빛을 찾는다. 강남 갔던 제비가 돌아오는 삼월 삼짇날에는 여인네들은 진달래꽃이 만개한 산으로 화전놀이를 가는데, 찰떡 반죽을 동글납작하게 지져 그 위에 진달래꽃을 붙여 먹는 이 화전에는 붉은 빛과 산뜻하면서 새콤한 맛이 나는 오미자국물이 곁들여진다. 오미자화채와 진달래화채 등은 그 빛이 곱고 맛이 새콤하다. 오미자는 늦가을에 수확한 오미자나무의 열매로서 과육이 많이 붙고 붉은빛이 많이 도는 것이 화채용으로 좋다. 화채말고도 녹두녹말로 만든 매끄러운 국수를 오미자국에 넣어 차갑게 마시는 창면도 있다.

4월 초파일에는 시 · 절식으로 가련수정과와 순채화채 등 특별히 연꽃 종류의 화채를 마신다.

초여름에는 황장미 꽃잎을 가지고 화전을 만들기도 하는데 이때 황장미화채를 곁들인다. 5월 단오에는 앵두의 과육을 오미자국에 띄우는 화채가 별미이고, 단오절부터 여름 내내 시원한 냉수에 타서 마시면 더위를 타지 않고 건강하게 지낼 수 있는 제호탕이 있는데 '탕'이라 이름 붙은 다른 것들과는 달리 찬 음료이다.

6월 유두에는 유두연(流頭宴)이라 하여 산골짜기나 경치 좋은 물가를 찾아 풍류놀이를 하는데 복분자(산딸기)화채, 떡수단, 보리수단 등을 만들어 마신다.

한여름인 삼복 중에는 주로 과일즙에 과일을 띄운 화채를 많이 만들어 먹는데, 수분이 많은 수박화채가 대표적인 음료로 손꼽히고 참외로 만든 외화채나 여름밀감화채, 매실냉차를 즐긴다. 특히 잡곡미수를 꿀물에 타마시거나 인삼, 오미자, 맥문동을 함께 달여 차게 식힌 생맥산을 마신다. 7월 칠석에는 제철 과일인 복숭아화채를 마시며 여름을 보낸다.

햇곡식과 햇과일이 풍성한 8월 한가위에는 독특한 배수정과를 만들기도 하고 과일 자체를 그냥 먹기도 한다.

삼짇날에 돌아온 제비가 다시 강남으로 떠나는 날이라는 9월 중양절에는 절식으로 유자를 썰어 꿀물에 넣고 석류와 잣을 띄운 유자화채가 으뜸이다.

동지의 절식으로는 팥죽과 함께 마시는 식혜와 곶감수정과가 있다. 동지 섣달 추운 겨울밤 뜨끈뜨끈한 온돌방에서 차가운 유자화채나 식혜, 수정과를 마시는 맛은 일품이다.

### 더운 음청류

요즈음은 녹차를 비롯한 여러 가지 차를 시절에 관계없이 마시지만 추운 정월에는 아무래도 찬 음료보다는 더운 음료를 마시게 되기 마련이다. 보통 늦가을에 따서 꿀이나 설탕에 재어두었다가 뜨거운 물에 타서 마시는 꿀물을 기본으로 한 과일차나 한방 약재를 넣어 만든 차나 탕을 주로 마시는데 모과차나 유자차, 그리고 봉수탕 등은 1, 2월에 마시는 대표적인 음료이다.

가을에는 포도차, 아가위차, 기국차, 수삼꿀차 등과 함께 각종 곡차나 다섯 가지 과일을 넣은 오과차, 그리고 감기에 좋은 대추생강차를 달여 마셨다.


## 통과의례

### 찬 음청류

일반적으로 의례란 사람이 태어나서 죽을 때까지 거치는 몇몇 과정을 말하며 출생의례(出生儀禮), 관례(冠禮), 혼례(婚禮), 상례(喪禮), 제례(祭禮) 등을 통과의례라 일컫는다. 사람이 태어나서 죽을 때까지의 커다란 의례에는 주로 수정과와 식혜, 화채 등 찬 음료가 계절에 상관없이 쓰였다. 이는 많은 사람들이 참석한다는 점, 의례에 걸리는 시간 등을 감안한 배려로, 이밖에도 소화가 잘 된다는 점도 더운 음료보다 찬 음료가 상에 많이 올랐던 이유였다.

특히 성인이 되는 의식인 성년례에서는 성인이 되는 주인공에게 축하의 의미로 식혜, 수정과가 놓인 주안상이 차려졌다. 그리고 혼례, 회갑, 칠순, 회혼례(혼인 60주년 잔치) 때는 큰상을 받는 당사자는 잔치가 치러지는 동안에 고임으로 차려진 여러 가지 음식을 먹을 수 없기 때문에 큰상의 고임 뒤에 놓인 당사자가 먹을 수 있는 입맷상에서 주식과 더불어 놓인 화채를 즐길 수 있었다.

제사상에는 지방에 따라 음식이 많이 다르긴 하나 식혜와 수정과를 제물로 올렸다.

회갑 큰상의 수정과

## 더운 음청류

통과의례 때 차리는 상에서 주식을 제외한 음식으로는 더운 음료를 찾아보기 힘드나 눈에 띄는 한 가지는 상례에서 찾아볼 수 있다. 그것은 초상집의 이웃사람들이 미음을 쑤어서 상주에게 권하는 풍속에서 비롯된 것인데 장례를 치를 때까지 상가에서는 음식을 만들지 않았던 옛 관습 때문이었다고 한다.

## 궁중의 음청류

### 찬 음청류

조선시대 『의궤』(義軌)와 『발기』(건기 : 件記)에 게재된 음료의 내용을 알아보도록 한다.

명칭으로만 본다면 『의궤』에는 15종의 음료가, 『발기』에는 20여 종의 음료가 있다. 물론 『의궤』와 『발기』에서의 이름이 같은 것도 있고, 이름은 다르게 썼으나 내용이 일치하는 것도 있다. 또 같은 이름의 음료에도 재료의 내용을 달리한 음료도 있다.

『의궤』의 음료 중 빠짐없이 쓰였던 재료는 꿀과 잣이다. 오미자국, 꿀물, 과일즙을 이용한 모든 음료에 꿀, 특히 빛깔이 희고 품질이 좋은 백청으로 단맛을 내고 다른 건지가 있든 없든 잣을 띄웠다. 『의궤』 중 오미자를 이용한 음료를 살피면 세면(細麵), 화채(花菜), 수정과(水正果), 화면(花麵), 가련수정과(加蓮水正果), 수면(水麵), 청면(淸麵) 등이 있다.

이 중 세면, 화면, 수면, 청면의 재료는 녹말, 꿀, 잣이 공통적으로 들어가고 1795년도 『의궤』의 세면 이외에는 연지가 쓰였다. 화면은 오미자를 바탕으로 하고 연지의 붉은색을 보태어 색을 곱게 한 후에 꿀로 단맛을 내고 녹말을 얇게 익혀 가는 국수를 말갛게 만들어 잣과 함께 띄운 음료다.

화채와 수정과는 같은 이름이면서 오미자를 이용하지 않은 음료의 이름에도 많이 쓰였다. 『의궤』에는 오미자를 이용한 '화채'라고 명명한 음료가 10여 가지가 되는데 건지로 띄운 과일의 사용 빈도를 살피면 석류, 유자, 감자(柑子 : 귤 종류)의 순이다.

오미자국을 이용한 수정과라고 불리웠던 음료는 가련수정과가 2회로 오미자, 연지, 백청, 가련, 잣이 재료로 쓰였다. 황혜성의 『이조궁정요리통고』에서 가련수정과의 조리법을 보면 "오미자국에 단맛을 내고 삼사월에 새싹이 나오는 연꽃의 속잎을 따서 얇은 껍질을 벗기고 녹말가루를 씌워서 끓는 물에 살짝 데쳐 냉수에 담갔다가 실백과 함께 오미자국에 띄운다"고 설명하고 있다. 그 외에 수정과는 5회의 기록이 있는데 연지로 색을 보탠 오미자국에 백청으로 단맛을 내고 잣을 띄운 음료다. 이용된 과일로는 감귤, 배, 복분자, 산사가 각각 1회씩 쓰였고, 한 번은 배, 석류, 유자를 함께 썼는데 건지로 쓰거나 국물에 맛을 보태는 역할을 했으리라 생각된다.

가련수정과

꿀물을 바탕으로 한 음료를 살피면 사용 빈도가 가장 많은 것은 배숙(梨熟)이며 수정과, 수단의 순이다. 배숙의 재료 내용을 보면 이름에 말했듯이 배는 언제나 썼고 백청, 잣, 후추가 쓰였고 15회 중 5회를 제하면 생강을 썼다. 가장 연대가 올라간 1827년의 이숙만은 황률, 대조, 건시, 사탕, 계피말 등 재료가 다양하고, 나머지 10회는 배, 백청, 잣, 후추에 생강이 보태졌다.

배 숙

한편 1892 · 1901 · 1902년의 『의궤』에는 이숙은 보이지 않고 상설고(霜雪膏)라 이름한 음료가 보이는데, 그 재료는 배, 꿀, 잣 외에 용뇌(龍腦)라는 한약재와 귤병을 공히 사용했으며 3회 중 2회는 꿀과 함께 사탕(砂糖)을 사용했다. 재료에서 약간의 차이를 보이나 요즘 우리가 많이 만드는 배숙에 해당된다고 본다

『이조궁정요리통고』의 배숙은 배 등에 후추를 박고 생강물에 넣어 매운맛과 단맛을 알맞게 해 차게 식혀 먹는 음료로 설명하고 있으며, 강인희의 『한국의 맛』(1988년)에서는 배숙과 상설고(향설고로 이름함)를 거의 같은 내용으로 설명하고, 배숙에는 유자즙을 넣기도 하

고 향설고에는 계핏가루를 넣는다고 설명하고 있다.

배숙 다음으로 등장하는 꿀물을 바탕으로 한 음료는 수정과다. 수정과는 앞에서 말했듯이 오미자국을 바탕으로 한 음료에도 사용한 음료명이다. 꿀물에 잣만 띄운 수정과, 유월도(복숭아)와 두충, 배와 유자와 석류, 복분자, 배, 감귤, 두충, 앵두를 각각 사용한 것으로 미루어 생과일을 과즙으로 만들고 꿀을 섞고 잣을 띄우거나 두충의 맛을 우려 꿀과 잣을 띄운 음료로 보인다. 1868년에 와서야 곶감, 생강, 백청, 간 잣을 재료로 한 수정과가 보이며, 1902년에는 생강 없이 준시, 꿀, 간 잣을 재료로 한 수정과가 보인다. 계피를 사용한 적은 없다.

1795년도 『원행을묘정리의궤』에 다양한 수정과가 보이는데 오미자국이나 생강, 계피를 바탕으로 한 것은 보이지 않고 배, 석류, 유자, 감귤, 두충, 건시 등의 재료가 쓰였다.

재료의 내용이 나타나 있지 않은 『발기』(件記)에는 배숙에 해당하는 음료로 생이숙, 적니숙, 이숙 등의 기록이 있고, 수정과에 해당하는 것으로 두견수정과, 생이수정과, 산사수정과, 복분자수정과, 두충수정과, 준시수정과 등의 기록이 있다.

이외에 꿀을 바탕으로 한 음료로 수단, 오색수단, 맥수단 등의 기록을 『의궤』에서 볼 수 있고, 『발기』에는 화채, 원소병, 제호탕, 밀수, 창면, 식혜, 미식(米食), 추모수단, 백미수단 등의 기록이 있다.

1795년에 정조의 모친인 혜경궁 홍씨 회갑을 위한 행행식에서의 일상식과 진찬 때 올려진 음료의 명칭과 재료는 다음 표와 같다.

9일 상차림에 주다소반과가 두 번 기록되어 있으나 음식의 내용은 일치하지 않고 기록의 순서로 보아 뒤에 나오는 주다소반과는 10일의 조다소반과의 오기인 것으로 보인다.

15일 회란시(궁으로 돌아올 때) 동일하다고 하였으나 날짜 순에 따른 기록에 15일 주다소반과가 있어 역시 오기인 것으로 보인다.

혜경궁 홍씨를 위한 회갑잔치가 음력 6월 초 10일에 다시 창덕궁에서 베풀어지는데, 진찬에 올려진 음료는 맥수단과 수면, 수정과, 이숙이며 그 재료와 분량은

『원행을묘정리의궤』 중 「양로연도」

『원행을묘정리의궤』 혜경궁 홍씨 회갑연과 일상식에 올려진 음청류

| 날 짜 | 상 이름 | 음료명 | 재료 및 분량 |
|---|---|---|---|
| 윤 2월 9일 | 조다소반과 | 수정과 | 배 7개, 꿀 5홉, 후추 5작 |
| 윤 2월 9일 | 주다소반과 | 수정과 | 배 7개, 꿀 5홉, 후추 5작 |
| 윤 2월 9일 | 야다소반과 | 화 채 | 배 4개, 석류 1개, 유자 1개, 꿀 3홉, 연지 1바리, 깐 잣 1작 |
| 윤 2월 10일 | 조다소반과 | 수정과 | 배 7개, 꿀 5홉, 후추 5작 |
| 윤 2월 10일 | 주다별반과 | 수정과 | 배 2개, 유자 1개, 석류 1/2개, 꿀 2홉, 깐 잣 3작 |
| 윤 2월 10일 | 야다소반과 | 수정과 | 배 7개, 꿀 5홉, 후추 5작 |
| 윤 2월 11일 | 주다소반과 | 수정과 | 두충 3홉, 꿀 3홉, 깐 잣 5홉 |
| 윤 2월 11일 | 야다소반과 | 수정과 | 곶감 2꼬챙이, 꿀 2홉 |
| 윤 2월 12일 | 주다소반과 | 수정과 | 배 7개, 꿀 5홉, 후추 5작 |
| 윤 2월 12일 | 야다소반과 | 수정과 | 배 2개, 유자 1개, 석류 1/2개, 꿀 2홉, 깐 잣 3작 |
| 윤 2월 13일 | 조다소반과 | 수정과 | 배 7개, 꿀 5홉, 후추 5작 |
| 윤 2월 13일 | 진 찬 | 수정과 | 석류 3개, 감귤 2개, 유자 2개, 배 5개, 연지 1주발, 꿀 5홉, 깐 잣 2홉 |
| | | 생이숙 | 배 15개, 꿀 1되 2홉, 깐 잣 2홉, 후추 3홉 |
| 윤 2월 13일 | 만다소반과 | 수정과 | 배 2개, 유자 1개, 석류 1/2개, 꿀 2홉, 깐 잣 3작 |
| 윤 2월 13일 | 야다소반과 | 수정과 | 배 7개, 꿀 5홉, 후추 5작 |
| 윤 2월 14일 | 주다소반과 | 수정과 | 배 2개, 유자 1개, 석류 1/2개. 꿀 2되, 깐 잣 3작 |
| 윤 2월 14일 | 야다소반과 | 수정과 | 배 7개, 꿀 5홉, 후추 5작 |
| 윤 2월 15일 | 조다소반과 | 수정과 | 배 7개, 꿀 5홉, 후추 5작 |
| 윤 2월 15일 | 주다소반과 | 수정과 | 배 2개, 유자 1개, 석류 1/2개, 꿀 2홉, 깐 잣 3작 |
| 윤 2월 15일 | 야다소반과 | 화 채 | 배 4개, 석류 1개, 유자 1개, 꿀 3홉, 연지 1바리, 깐 잣 1작 |
| 윤 2월 16일 | 주다소반과 | 수정과 | 배 7개, 꿀 5홉, 후추 5작 |

- 맥수단(麥水團) : 보리쌀 2되, 깐 잣 1작, 꿀 3홉, 녹말 2홉, 연지 1주발
- 수면(水麵) : 녹말 1되, 오미자 2홉, 깐 잣 1작, 꿀 3홉, 연지 1주발
- 수정과(水正果) : 6월 복숭아 3개, 두충 2홉, 깐 잣 1작, 꿀 4홉, 연지 1주발
- 배숙(梨熟) : 배 120개, 생강 1말, 깐 잣 1작, 후추 2되, 꿀 4되

이며, 배숙에 고임높이가 6치로 표기된 것은 오기인 것으로 보인다.

조대비 8순 잔치 기록 전체에서 음료의 내용을 살피면 사용 빈도는 배숙, 화채, 수정과의

순이다. 배숙은 양의 차이는 있지만 배, 후추, 생강, 꿀, 잣이 쓰였으며, 근래에까지 전해지는 생강 끓인 물에 후추를 박은 배를 넣어 끓여 꿀로 단맛을 내고 잣을 띄워서 마시는 방법이 그대로 전해지고 있다.

화채라는 이름으로 표기한 음료의 재료는 배, 유자, 석류, 꿀, 연지, 오미자, 간 잣이며, 지금까지 그대로 전해지고 있는 유자화채의 내용이지만 꿀물이 아니고 오미자 우린 물에 연지로 색을 더하고 배, 유자, 석류를 건지로 하고 꿀로 단맛을 내어 잣을 띄워 마시는 것이다.

수정과는 생강 끓인 물에 꿀로 단맛을 내고 곶감을 넣고 잣을 띄운 곶감수정과인데 계피 맛을 내지는 않았다.

수정과는 그 재료를 달리한 여러 종류가 『의궤』와 『발기』에 등장하는데 흔히 말하는 생강, 통계피, 곶감을 이용한 것만을 수정과라고 하지는 않았음을 알 수 있다.

『건기』에서 발췌한 음청류의 종류는 다음과 같다.

- 생니숙, 적니숙, 이숙, 화채, 유자석류화채, 수정과, 생니수정과, 두충수정과, 산사수정과, 각색수정과, 복분자수정과, 온산사수정과, 두견수정과, 준시수정과, 앵두수정과, 사과수정과, 원소병, 창면, 제호탕, 식혜, 수단

## 더운 음청류

궁중에서는 작설차(雀舌茶)와 어차(御茶), 두 가지가 상에 올랐는데 앞서 역사 부분에서 잠시 언급했듯이 고려시대 이후 조선시대의 억불숭유정책으로 말미암아 차 마시는 습관이 점차 사라지고 대용차들이 많이 개발되었기 때문에 작설차에 대한 관심이 다시 나타난 것은 더 연구해 볼만하다.

1719~1902년의 궁중연회 『의궤』에 나오는 더운 음료는 작설차와 어차 두 종류뿐이었다. 작설차는 11회(1828 · 1829 · 1848 · 1868 · 1873 · 1877 · 1887 · 1892 · 1901 · 1902년 2회) 진상되었고, 어차는 1765년 1회의 잔치에 차려졌다.

궁중의 어차는 생삼을 저미며서 귤피와 생강을 한데 넣어 끓인 차인 듯하다.

조선시대는 농업기술과 조리가공법의 발달로 전반적인 식생활 문화가 향상된 시기이다.

이에 따라 떡의 종류와 맛은 더 한층 다양해졌다. 특히 궁중과 반가(班家)를 중심으로 발달한 떡은

사치스럽기까지 하였다. 처음에는 단순히 곡물을 쪄 익혀 만들던 것을 다른 곡물과의 배합 및

과실, 꽃, 야생초, 약재 등의 첨가로 빛깔, 모양, 맛에 변화를 주었다.

조선 후기의 각종 요리 관련서들에는 매우 다양한 떡의 종류가 수록되었는데 그 종류가 250가지에 이른다.

Part **2**

# 전통병과의 실제

# 떡류

떡 만들기의 기초 | 찌는 떡(시루떡) | 치는 떡 | 빚는 떡 | 지지는 떡

# 쌀가루

## 재 료

멥쌀가루 1112g(12컵) **멥쌀 800g(5컵), 소금(호렴) 1큰술, 물 100g(½컵)**

찹쌀가루 1112g(12컵) **찹쌀 800g(5컵), 소금(호렴) 1큰술**

## 만드는 법

### 1. 쌀 불리기

- 쌀을 깨끗이 씻어 일어 여름에는 4~5시간, 겨울에는 7~8시간 정도 불린 후 소쿠리에 건져 30분 정도 물기를 뺀다.
- 충분히 불리면 멥쌀은 무게가 1.2~1.3배 정도가 되고, 찹쌀은 무게가 1.4배 정도 된다.

### 2. 소금 간하기

마른 쌀 1되(5컵)에 소금(호렴) 1큰술 비율로 넣어 가루로 빻는다.

### 3. 가루 내기

- 멥쌀은 롤러(기계)에 두 번 빻는데 처음에는 소금(호렴)을 넣고 굵게 빻고, 두 번째 빻을 때는 불린 쌀 무게 10%의 물을 넣어 곱게 빻는다.
- 찹쌀은 소금(호렴)을 넣고 곱게 한 번 빻는다.

- 쌀 5컵을 불려서 가루를 내면 12컵(부피일 때) 정도가 된다.
- 멥쌀가루로 떡을 할 때는 멥쌀가루 5컵에 물 2~4큰술을 넣고 섞어 중간체에 내리는 물 내리기를 한다.
- 쌀가루의 수분 정도에 따라 쌀가루에 섞는 물의 양을 가감한다.
- 찹쌀가루일 경우는 물 주는 양을 적게 한다.
- 1컵 = 200mL, 1큰술 = 15mL, 작은술 = 5mL

### 소금(NaCl)의 분류

|  | 호 렴 | 재제염 | 한주소금 |
|---|---|---|---|
| 순 도 | 80% | 88~89% | 99% |
| 수 분 | 16% | 10% | · |

쌀 불리기

소금(호렴), 물 계량하기

불린 쌀 물기 빼기

소금(호렴) 넣고 1차 빻기

1차 빻은 쌀가루에 물 넣기

2차 빻기

# 쑥쌀가루 · 현미(흑미)가루

## 재 료

쑥쌀가루 1100g(12컵) 멥쌀 800g(5컵), 소금 1큰술, 데친 쑥 100g, 물 1/4컵

현미(흑미)가루 1100g(12컵) 현미(흑미) 800g(5컵), 소금 1큰술

## 만드는 법

### 1. 쑥쌀가루 만들기
- 멥쌀을 씻어 일어 5시간 이상 불려 건진 후 물기를 빼고 롤러(기계)를 풀어 소금과 데친 쑥을 넣고 내린다.
- 내린 것에 물을 넣어 다시 한 번 내리고, 롤러(기계)를 조여서 또 한 번 곱게 빻는다(총 3번 빻는다).

### 2. 현미(흑미)가루 만들기
- 현미(흑미)는 깨끗이 씻어 일어 하루 정도 충분히 불린 후 30분 정도 물기를 뺀다.
- 롤러(기계)에 불린 쌀과 소금을 넣어 완전히 풀어서 2번, 조여서 1번 곱게 빻는다.

쌀 불리기

불린 쌀에 데친 쑥 넣어 가루내기

쑥쌀가루에 물 주기

# 수숫가루

## 재 료

찰수숫가루 1100g(12컵)  찰수수 800g(5컵), 소금 1큰술

## 만드는 법

### 1. 찰수수 불리기

찰수수를 데껴 씻어 일어 물을 갈아 주며 7~8시간 이상 불린다.

### 2. 가루 내기

불린 찰수수를 씻어 건져 소금을 넣고 곱게 가루로 빻는다.

찰수수 불리기

데껴 씻기

붉은 물 버리기

# 거피팥고물

## 재 료

거피팥고물 3컵  거피팥 120g(¾컵), 소금 ½작은술

## 만드는 법

### 1. 거피팥 불리기
거피팥은 2시간 이상 물에 불려 껍질을 벗긴다.

### 2. 찌 기
찜통에 마른 면포를 깔고 거피한 팥을 안쳐 푹 무르게 찐다.

### 3. 빻 기
찐 팥을 큰 그릇에 쏟아 소금으로 간하여 절굿공이로 빻는다.

### 4. 고물 만들기
어레미나 중간체에 내려 고물을 만들고 고물이 질면 팬에 볶는다.

거피팥 불리기

손으로 비벼 껍질 벗기기

불린 물 다시 받아 제 물에서 껍질
벗기기

면포 깔고 찌기

소금 넣고 빻기

체에 내리기

# 녹두고물

재 료

녹두고물 3컵  깐 녹두 120g(³/₄컵), 소금 ½작은술

## 만드는 법

### 1. 녹두 불리기
깐 녹두는 2시간 이상 물에 불려 껍질을 벗긴다.

### 2. 찌 기
찜통에 면포를 깔고 껍질 벗긴 녹두를 안쳐 푹 무르게 찐다.

### 3. 빻 기
찐 녹두를 큰 그릇에 쏟아 소금으로 간하여 절굿공이로 빻는다.

### 4. 고물 만들기
어레미나 중간체에 내려 고물을 만들고 고물이 질면 팬에 볶는다.

녹두 불리기

손으로 비벼 껍질 벗기기

불린 물 다시 받아 제 물에서 껍질 벗기기

면포 깔고 찌기

소금 넣고 빻기

체에 내리기

# 볶은거피팥고물

## 재 료

볶은거피팥고물 9~10컵  거피팥 480g(3컵), 진간장 1½큰술, 설탕 ½컵, 계핏가루
½작은술, 후춧가루 약간

## 만드는 법

### 1. 거피팥 불려 찌기
- 거피팥을 충분히 불려서 씻은 후 껍질을 벗긴다.
- 껍질 벗긴 팥을 일어 물기를 뺀 후 찜통에 면포를 깔고 푹 무르게
  찐다.

### 2. 중간체에 고물 내리기
- 익은 팥을 큰 그릇에 쏟아서 절굿공이로 찧어 중간체에 내린다.
- 중간체에 내린 팥고물에 진간장, 설탕, 계핏가루, 후춧가루를 넣어
  골고루 섞는다.

### 3. 팬에 고물 볶기
- 팬에 보슬보슬하게 볶아 식혀 어레미에 내린다. 볶을 때는 주걱으
  로 누르면서 뒤집어 주어야 고물이 곱다.
- 남은 팥무거리는 분쇄기에 갈아서 고물에 섞어 쓴다.

거피팥 불리기

불린 물 다시 받아 제 물에서 껍질
벗기기

껍질 벗겨 찜통에 찌기

중간체에 고물 내리기

고물에 진간장, 설탕, 계핏가루,
후춧가루 넣기

팬에 고물 볶기

# 붉은팥고물

## 재 료

붉은팥고물 4컵  붉은팥 240g(1 1/2컵), 소금 1작은술, 물 7~7 1/2컵

## 만드는 법

### 1. 팥 삶은 첫 물 버리기

붉은팥은 씻어 일어 물을 넉넉히 붓고 끓어오르면 물을 쏟아 버린다.

### 2. 질지 않게 팥 삶기

- 팥에 5배 정도의 물을 부어 삶는다(팥의 양이 적으면 물의 배수를 늘이고, 양이 많으면 물의 배수를 줄인다).
- 푹 삶아지면 여분의 물을 따라 내고 타지 않도록 주의하면서 뜸을 들인다.

### 3. 소금 넣고 빻기

한 김 나간 후 절구에 쏟아 소금을 넣고 대강 찧어서 고물을 만든다.

팥 삶기

팥 삶은 첫 물 버리기

타지 않게 팥 삶기

소금 넣고 빻기

# 팥앙금가루 · 팥앙금소

## 재 료

팥앙금가루 3컵  붉은팥 160g(1컵), 소금 ½작은술, 설탕 ¼컵

팥앙금소 320g  붉은팥 160g(1컵), 소금 ½작은술, 설탕 60g(⅓컵), 물엿 3큰술,
　　　　　　　물 3큰술

## 만드는 법

### 1. 팥앙금가루 만들기

팥 무르게 삶기

- 붉은팥은 씻어 일어 물을 넉넉히 붓고 끓어오르면 첫 물을 쏟아 버린다.
- 다시 물을 넉넉히 부어(팥 1컵＋물 10컵 이상) 푹 무르게 삶는다.
- 고운체에 팥을 내리고, 체에 남은 팥 껍질은 냉수에 씻어 다시 고운체에 내려 껍질에 살이 붙어 나가지 않도록 한다.
- 앙금을 두 겹으로 된 헝겊 주머니에 넣고 물기를 짜 버린다.
- 주머니 속 남은 팥앙금에 소금을 넣고 볶아 거의 수분이 없어지면 설탕을 넣어 맛을 낸다.

고운체에 넣고 주무르기

가라앉은 앙금짜기

　· 볶을 때 앙금 무게 0.2%의 식소다를 넣어 볶으면 팥앙금의 색이 진해진다.
　· 팥 1컵으로 고물을 만들면 팥고물 3컵 정도가 된다.

소금 넣고 볶기

### 2. 팥앙금소 만들기

- 붉은팥은 씻어 일어 물을 넉넉히 붓고 끓어오르면 물을 쏟아 버린 후 팥에 다시 물을 부어(팥 1컵＋물 10컵 이상) 푹 무르게 삶는다.
- 삶은 팥을 고운체에 내린다. 체에 남은 팥 껍질은 냉수에 씻어 다시 고운체에 내려 껍질에 살이 붙어 나가지 않도록 한다.
- 앙금을 두 겹으로 된 헝겊 주머니나 광목 천에 넣어 물기를 짜 버린다.
- 물기를 짜 낸 팥앙금을 냄비에 쏟고 소금과 설탕, 물엿, 물을 넣어 윤기가 날 때까지 조린다.

설탕 넣고 볶기

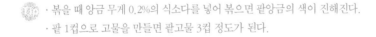

완두앙금은 완두를 푹 삶거나 완두통조림을 푹 삶아서 팥앙금과 같은 방법으로 만든다.

# 노란콩 · 푸른콩고물

## 재 료

노란콩고물 2컵  노란콩 160g(1컵), 소금 ½작은술
푸른콩고물 2컵  푸른콩 160g(1컵), 소금 ½작은술

## 만드는 법

### 1. 노란콩고물 만들기

- 노란콩은 상한 콩을 골라 낸 후 급히 씻어 일어 건져 물기를 닦은 후 타지 않게 볶는다.
- 껍질이 갈라질 때까지 볶아 식혀 소금 간을 하여 분쇄기에 갈아 고운체에 내린다.

콩 볶기

분쇄기에 소금 넣고 갈기

콩고물 체에 내리기

### 2. 푸른콩고물 만들기

- 푸른콩은 상한 콩을 골라 낸 후 급히 씻어 일어 건져 김 오른 찜통에 8~10분간 쪄서 타지 않게 볶아 식혀 소금 간을 하여 분쇄기에 갈아 고운체에 내린다.
- 씻은 콩을 솥에 넣고 소금 간(콩 1컵+물 4큰술+소금 1작은술)을 하여 센 불에 올려 물기가 없어지면 불을 끄고 3~4분 정도 뜸을 들여 식힌 뒤 타지 않게 볶아 식혀 분쇄기에 갈아 고운체에 내린다 (콩 1컵 → 고물 2컵).

# 실깨 · 검정깨고물

## 재 료

실깨고물 1¹/₂컵  흰깨 120g(1컵), 소금 ¹/₃작은술

검정깨고물 1¹/₂컵  검정깨 110g(1컵), 소금 ¹/₃작은술

## 만드는 법

### 1. 실깨고물 만들기

- 흰깨는 씻어 일어 2시간 이상 불린다.
- 불린 깨를 커터기에 넣고 물을 자작하게 부어 껍질이 벗겨질 때까지 돌린다(약 20~30초).
- 많은 양을 할 때는 불린 깨를 면자루에 넣어 뜨거운 물에 잠깐 담갔다가 꺼내어 방망이로 두드려서 껍질을 벗긴다.
- 바가지에 깨를 넣고 물을 부으면 껍질이 위로 떠오른다.
- 껍질은 조리로 건져 버리고, 남은 깨는 물기를 뺀 후 볶는다(센 불로 볶아야 겉물이 돌지 않고 말간 빛이 된다. 점차 하얗게 되면 불을 약하게 하여 깨가 통통하게 될 때까지 볶는).
- 고운체에 쳐서 내려 온 껍질을 버리고 망에 남은 깨를 사용한다.
- 볶은 실깨는 소금 간을 하여 분쇄기에 굵게 간다.

### 2. 검정깨고물 만들기

- 검정깨는 씻어 일어 타지 않게 볶는다.
- 소금 간을 하여 분쇄기에 곱게 간다.

흰깨 불리기

불린 흰깨 껍질 벗기기

불린 깨 껍질 벗기기

깨 볶기

노르스름하게 깨 볶기

분쇄기에 소금 넣고 갈기

# 편콩가루 · 잣가루

## 재 료

편콩가루 10컵  대두(노란콩) 5컵, 설탕 8큰술, 소금 1큰술, 물 ²/₃컵

## 만드는 법

### 1. 편콩가루 만들기

• 콩을 골라 내어 닦아 10~15분간 쪄 준다.

• 찐 콩을 건조하여 절구, 분쇄기, 아세기 등을 이용하여 콩을 타갠다.

• 타갠 콩을 키질하여 껍질을 제거한다.

• 껍질 제거한 콩을 모래알처럼 되게 간다(분쇄기, 롤밀 기계 등 이용).

• 위에 분량의 설탕, 소금, 물을 넣고 잘 섞어 롤러(기계)에 내린다.

### 2. 잣가루 만들기

• 방법 1 : 잣은 고깔을 떼고 마른 면포로 닦은 후 한지에 놓고 칼날로 곱게 다져 가루를 내어 기름을 뺀다

• 방법 2 : 잣은 고깔을 떼고 마른 면포로 닦은 후 치즈 그라인더에 넣고 갈아 기름을 뺀다.

한지 깔고 칼로 다지기(방법 1)

치즈 그라인더로 갈기(방법 2)

# ❀ 백설기

설기란 한 덩어리가 되도록 찐 떡으로 무리병이라고도 한다. 白雪륭, 白雪糕로 표기
하며 흰무리라고 하고 순수무구함의 의미를 가지고 있어 어린이의 백일, 첫돌의 필
수적인 떡으로 써왔다.

재료 멥쌀가루 1112g(12컵)[멥쌀 800g, 소금(호렴) 1큰술, 물 100g(½컵)], 물 5~10큰술,
설탕 85~170g(½~1컵)

 만드는 법

### 1. 쌀가루 만들기

멥쌀을 깨끗이 씻어 일어 5시간 이상 불린 후 건져 30분 정도 물기를
빼고 소금을 넣어 곱게 빻는다(103쪽 참조).

쌀가루에 물 넣기

### 2. 물 내리기

쌀가루에 물을 섞어서 손으로 잘 비벼 중간체에 내린 후 설탕을 넣어
고루 섞는다. 물의 양은 쌀가루의 수분 상태에 따라 조절한다.

체에 내리기

### 3. 안쳐 찌기

• 찜통 아래에 시루밑을 깔고 쌀가루를 고루 퍼서 담고 위를 편평하게
  안친다. 떡을 안치고 솥에 올리기 전에 칼집을 넣어 준다.
• 가루 위로 골고루 김이 오르면 뚜껑을 덮어 약 20분 정도 찐 후 약한
  불에서 5분간 뜸을 들인다.
• 꼬치로 찔러 보아 흰 가루가 묻어나지 않으면 불을 끈다.

설탕 넣기

쌀가루에 물을 주고 체에 내린 후 설탕을 섞은 후에 실온에 방치하면 쌀가루
가 뭉치는 현상이 생기므로 설탕을 섞은 후에는 바로 찜통에 안쳐 찌는 것이
좋다.

쌀가루 안치고 칼집 내기

# 콩설기

고물 없이 쌀가루에 다른 재료를 섞어서 한 덩어리로 찌는 떡을 설기라고 한다. 즉,
쌀가루에 콩을 섞으면 콩설기라고 하는데 풋콩을 쓰기도 하고 마른 콩을 불려서 쓰
기도 한다. 콩의 색에 관계없이 두루 쓰이며 쌀가루에 부재료가 들어가므로 떡이 쉽
게 익는다.

### 재료
멥쌀가루 750g(7 ½컵), 물 3~5큰술, 설탕 7 ½큰술,
풋콩 240g(1 ½컵, 마른 콩일 때 ³/₅컵), 소금 ⅓작은술

 ### 만드는 법

#### 1. 쌀가루 만들기
멥쌀을 깨끗이 씻어 일어 5시간 이상 불린 후 물
기를 빼고 소금(호렴)을 넣어 곱게 빻는다.

#### 2. 콩 손질하기
- 풋콩은 씻어 건져 소금을 뿌려 놓는다. 콩에 소
  금을 뿌리고 오래 두면 물이 생겨서 좋지 않다.
- 마른 콩을 쓸 때는 씻어 2시간 이상 불려 건져
  소금을 뿌려 놓는다.
- 묵은 콩일 경우 삶아서 사용한다. 삶는 시간은
  콩의 묵은 정도에 따라 차이가 있으며 콩이 충
  분히 잠길 정도의 물에서 뚜껑 없이 끓기 시작
  하면 10~15분간 삶는다.

#### 3. 안쳐 찌기
- 쌀가루에 물을 넣고 고루 비벼 중간체에 내려
  설탕을 골고루 섞는다.
- 쌀가루에 콩을 고루 섞는다.
- 찜통에 시루밑을 깔고 콩 섞은 쌀가루를 고르
  게 펴 안친다.
- 가루 위로 김이 오르면 뚜껑을 덮어 20분 정도
  찐 후 약한 불에서 5분간 뜸 들인다.

# 쑥설기

멥쌀가루에 생쑥을 넣고 버무려 고물 없이 찐 떡이다. 삼월 삼짇날 절식으로 만들어
먹는다.

###  재료
멥쌀가루 500g(5컵), 물 1~2큰술, 설탕 5큰술, 생쑥 100g

## 만드는 법

### 1. 쌀가루 만들기
- 멥쌀은 깨끗이 씻어 일어 5시간 이상 불린 후
  건져 30분 정도 물기를 빼고 소금을 넣어 곱게
  빻는다.
- 가루에 물을 주어 손으로 비벼 골고루 섞은 후
  중간체에 내려 설탕을 골고루 섞는다.

### 2. 쑥 손질하기
어리고 연한 쑥을 깨끗이 다듬어 씻어 물기를 뺀다.

### 3. 안쳐 찌기
- 쌀가루에 쑥을 넣어 잘 섞는다.
- 찜통에 시루밑을 깔고 쌀가루를 고루 펴 안친다.
- 가루 위로 김이 오르면 20분 정도 찐 후 불을
  줄여 5분간 뜸 들인다.

쌀가루에 쑥을 섞을 때 불린 콩이나 삶은 콩을 넣어
버무려 찌면 좋다.

# 석이병 (석이메편)

『궁중의궤』에는 석이밀설기라고 기록되어 있으며, 멥쌀가루와 찹쌀가루를 섞어 쓰고
대추, 밤, 깨, 잣 등으로 고명을 얹은 떡으로 여겨진다. 『음식디미방』에는 '셕이편법'
이라고도 하며, 멥쌀 1말에 찹쌀 2되를 섞고 고물은 잣가루를 쓰는 가장 별미의 떡이
라고 기록되어 있다. 다른 여러 옛 음식책에 비슷한 방법의 석이병이 소개되어 있다.

## 재료

멥쌀가루 500g(5컵), 물 1~2큰술, 꿀 2큰술, 잣가루 5큰술,
석이가루 1½큰술[끓는 물 1½큰술, 참기름 1작은술,
꿀 1큰술]

고명 잣 1큰술, 석이 1장

## 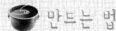 만드는 법

### 1. 쌀가루 만들기

멥쌀을 5시간 이상 불린 후 건져 소금을 넣고 가루
로 곱게 빻는다.

### 2. 석이가루 준비하기

• 석이를 뜨거운 물에 불려 이끼와 돌(배꼽)을
  떼어내고 말려 분쇄기게 곱게 간다.
• 석이가루를 동량의 끓는 물에 불린 후 참기름
  과 꿀을 넣어 쉰는다.

### 3. 고명 준비하기

• 잣은 반으로 갈라 비늘잣을 만든다.
• 석이는 더운 물에 불려서 깨끗이 손질하여 곱
  게 채 썬다.

### 4. 안쳐 찌기

• 쌀가루에 참기름과 꿀을 섞은 석이가루를 넣
  어 고루 섞은 후 물과 꿀을 섞어 넣고 중간체
  에 내려 잣가루를 섞는다.
• 찜통에 시루밑을 깔고 쌀가루를 펴 안치고 석
  이채, 비늘잣을 고명으로 올린다.
• 가루 위로 골고루 김이 오르면 약 20분 정도
  찐 후 약한 불에서 5분간 뜸 들인다.

# 잡과병

잡과병(雜果餅)은 멥쌀가루에 여러 가지 과일이 이용된 떡이라는 의미이며, 잡과설
기가 있고 잡과단자가 있다. 잡과설기는 쌀가루에 여러 가지 과일을 섞은 것이고,
잡과단자는 여러 가지 과일을 고물로 쓴 것이다.

### 재료

멥쌀가루 700g(7컵), 캐러멜소스 1 ½큰술, 꿀 3큰술, 물 1~2큰술,
황설탕 5큰술

부재료  밤 4개, 대추 10개, 곶감 2개, 설탕에 절인 유자 ¼개분

###  만드는 법

1. 쌀가루 만들기

- 멥쌀을 깨끗이 씻어 일어 5시간 이상 불려 건
  져 물기를 뺀 후 소금을 넣어 가루로 빻는다.
- 쌀가루에 캐러멜소스와 꿀, 물을 섞어 넣고 손
  으로 잘 비벼 중간체에 내려 황설탕을 섞는다.

2. 부재료 준비하기

- 밤은 껍질을 벗겨 8등분한다.
- 대추는 씨를 발라 내어 3등분한다.
- 곶감은 씨를 빼고 잘게 썬다.
- 설탕에 재워 둔 유자는 잘게 다진다.

3. 안쳐 찌기

- 쌀가루에 준비된 과일을 넣어 고루 섞는다.
- 찜통에 시루밑을 깔고 쌀가루를 고루 퍼 안친다.
- 가루 위로 골고루 김이 오른 후 20분 정도 찐
  후 약한 불로 5분간 뜸 들인다.

설탕에 유자와 곶감을 채 썰어 떡을 찐 후에 올리
면 예쁜 장식이 된다.

# ✿ 무지개떡 (색편)

층마다 다른 여러 가지 빛깔로 물들인 시루떡이다. 무지개떡은 오방색으로 흰색·
황색·녹색·적색·검은색으로 표현하며, 1900년대 초기까지 조리서에 기록되지
않은 떡으로 비교적 역사가 짧다.

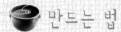 **재료**
흰　색　멥쌀가루 250g(2 $\frac{1}{2}$컵), 물 1~2큰술, 설탕 3큰술

노란색　멥쌀가루 250g(2 $\frac{1}{2}$컵), 치자물 1큰술, 물 0~1큰술, 설탕 3큰술

붉은색　멥쌀가루 250g(2 $\frac{1}{2}$컵), 물 1~2큰술, 코치닐물 1작은술, 설탕 3큰술

녹　색　멥쌀가루 250g(2 $\frac{1}{2}$컵), 승검초가루 $\frac{1}{2}$큰술, 물 1 $\frac{1}{2}$~2 $\frac{1}{2}$큰술, 설탕 3큰술

검은색　멥쌀가루 250g(2 $\frac{1}{2}$컵), 석이가루 1작은술, 따뜻한 물 1작은술, 물 1~2큰술, 설탕 3큰술

## 만드는 법

### 1. 쌀가루 만들기

쌀은 깨끗이 씻어 일어 5시간 이상 불린 후 건져 30분 정도 물기를 빼고 소금을 넣어 가루를 곱게 빻아 5등분한다.

### 2. 색깔 들이기

• 각각의 쌀가루에 분량의 색 내는 재료와 물을 주어 골고루 섞어 중간체에 내린 후 설탕을 섞는다.

• 치자물은 물 $\frac{1}{4}$컵에 치자 1개를 쪼개어 우린 물이다.

• 마른 석이가루는 동량의 물에 불려 쓴다.

　※석이를 불려 곱게 다져 이용할 수도 있다.

• 코치닐물은 물 1컵에 코치닐 1작은술을 섞은 것이다.

### 3. 안쳐 찌기

• 찜통에 시루밑을 깔고 각각의 쌀가루를 색 맞추어 가볍게 펴서 안친다.

　※안친 후 칼집을 넣으면 떡이 그대로 쪄져 보기 좋은 조각이 나온다.

• 가루 위로 김이 오르면 20분간 찐 후 불을 줄여 5분간 뜸을 들인다.

· 코치닐은 선인장과의 식물에 기생하는 연지벌레의 암컷을 건조시켜 얻은 염료이다.
· 찜통이 스테인리스일 경우 그대로 찌면 떡의 둘레가 마르므로 찜통의 안쪽 벽에 기름을 칠한 뒤 물을 뿌려 주면 떡 주위가 마르지 않는다.

# 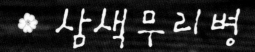 삼색무리병

무리병은 설기떡이라고도 하며 고물 없이 찌는 떡이다. 삼색무리병은 떡가루를 세 가지 색으로 안쳐 찌며, 고명을 예쁘게 얹어 자그마한 찜통에 쪄내어 축하용 떡으로 이용하기에 적당하다.

**재료**  　**흰색(백편)**  멥쌀가루 250g(2 ½컵), 물 ½~1큰술, 꿀 1큰술, 잣가루 2큰술, 설탕 1 ½큰술

　**노란색(송화편)**  멥쌀가루 250g(2 ½컵), 송홧가루 1 ½큰술, 물 1~2큰술, 꿀 1큰술, 잣가루 2큰술, 설탕 1 ½큰술

　**검은색(흑임자편)**  멥쌀가루 250g(2 ½컵), 흑임자가루(볶은 것) 2큰술, 물 ½~1큰술, 꿀 1큰술, 잣가루 2큰술, 설탕 1 ½큰술

　**고명**  대추 2개, 호박씨 2작은술, 잣 2작은술, 해바라기씨 1작은술

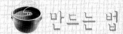 **만드는 법**

### 1. 쌀가루 만들기
멥쌀을 깨끗이 씻어 일어 5시간 이상 불린 후 건져 30분 정도 물기를 빼고 소금을 넣어 가루를 곱게 빻아 3등분한다.

### 2. 잣가루 내기
잣은 고깔을 떼어 내고 한지를 깔고 칼날로 다져서 가루로 만든다. 혹은 잣가루 내는 기계(치즈 그라인더)를 사용한다(113쪽 참조).

### 3. 쌀가루에 색깔 넣고 물 내리기
• **흰색(백편)** : 멥쌀가루에 물과 꿀을 섞어 넣어 잘 비벼서 중간체에 내린 후 잣가루와 설탕을 넣고 잘 섞는다.
• **노란색(송화편)** : 멥쌀가루에 송홧가루를 골고루 섞은 후 물과 꿀을 섞어 넣어 잘 비벼서 중간체에 내린 후 잣가루와 설탕을 넣고 잘 섞는다.
• **검은색(흑임자편)** : 멥쌀가루에 볶은 흑임자가루를 골고루 섞은 후 물과 꿀을 섞어 넣어 잘 비벼서 중간체에 내린 후 잣가루와 설탕을 넣고 잘 섞는다.

### 4. 고명 만들기
• 대추는 얇게 포를 뜬 후 돌돌 말아 썰거나 채로 썬다.
• 호박씨는 반으로 가른다.
• 잣은 반으로 갈라 비늘잣을 만든다.

### 5. 안쳐 찌기
• 찜통에 시루밑을 깔고 쌀가루를 검은색, 노란색, 흰색의 순서로 안치고 고명을 얹는다.
• 가루 위로 김이 골고루 오르면 20분 정도 찐 후 약한 불로 5분간 뜸 들인다.

# 사탕설기

색이 있는 사탕을 잘게 부수어 쌀가루에 섞어 쪄 내는, 비교적 최근에 만들어진 떡
이다. 사탕 대신 색이 있는 초콜릿을 넣어도 되며, 아이들의 생일날 케이크로도 사
용할 수 있다.

## 재료

멥쌀가루 750g(7 ½컵), 물 3~5큰술, 설탕 7 ½큰술,
알사탕 10알

##  만드는 법

**1. 쌀가루 만들기**

멥쌀을 깨끗이 씻어 일어 5시간 이상 불린 후 건
져 30분 정도 물기를 빼고 소금을 넣어 가루를
곱게 빻는다.

**2. 물 내리기**

쌀가루에 물을 섞어서 손으로 잘 비벼 중간체에
내린 후 설탕을 넣어 고루 섞고 알사탕을 잘게
부수어 가루에 섞는다.

**3. 안쳐 찌기**

• 찜통에 시루밑을 깔고 쌀가루를 고루 펴서 담
고 쌀가루 위에 물결 모양을 준 후 안친다.
• 가루 위로 골고루 김이 오르면 약 20분 정도
찐 후 약한 불에서 5분간 뜸 들인다.
• 떡을 꺼낸 후 잘게 부순 사탕을 남겨 두었다가
물결 모양 위에 사탕을 올린다.

# 흑미영양편

흑미는 안토시아닌 색소가 검정콩의 네 배나 들어 있고, 각종 미네랄과 셀레늄이 다량 함유되어 항암, 노화 방지, 간기능 강화, 빈혈 등에 효과적이며, 독특한 향으로 이용이 증가하고 있다. 하지만 지나치게 많이 섭취하면 신장에 무리를 줄 수 있다고 한다.

##  재료

찹쌀가루 400g(4컵), 흑미가루 100g(1컵), 물 3~4큰술, 해바라기씨 2큰술, 호박씨 2큰술, 잣 2큰술, 호두 6개, 건살구 5개, 거피팥고물 1컵, 황설탕 6큰술

## 만드는 법

### 1. 쌀가루 만들기

- 찹쌀은 깨끗이 씻어 일어 5시간 이상 불린 후 건져 30분 정도 물기를 빼고 소금을 넣어 가루를 곱게 빻는다.
- 흑미는 12시간 이상 충분히 불린 후 30분 정도 물기를 빼고 소금을 넣어 기계를 완전히 풀어서 두 번, 조여서 한 번 가루를 곱게 빻는다.

### 2. 부재료 준비하기

해바라기씨·호박씨·잣 등은 마른 행주로 닦아서 준비하고, 호두·건살구는 6등분으로 자른다.

### 3. 안쳐 찌기

- 쌀가루에 물을 주어 손으로 비벼 골고루 섞은 후 중간체에 내린다.
- 쌀가루에 설탕을 골고루 섞은 후 준비한 부재료(견과류, 건살구, 거피팥고물)를 고루 섞는다.
- 찜통에 젖은 면포를 깔고 쌀가루를 안친다.
- 약 30분간 쪄 준 후 틀(예, 구름떡틀)에 기름칠한 비닐을 깔고 눌러 굳혀 썬다.

# 쇠머리떡 1

굳은 다음 썰어 놓은 떡의 모양이 쇠머리편육 같다고 쇠머리떡이라고 하며 충청도에
서 즐겨 먹고, 경상도에서는 '모두배기떡'이라고 한다. 찹쌀가루만으로 만들면 더디
게 익고 늘어지므로 멥쌀가루를 10~20% 정도 섞기도 한다.

 재료  찹쌀가루 500g(5컵), 멥쌀가루 50g(1/2컵), 물 2큰술, 설탕 5큰술, 밤 5개, 대추 10개,
호박고지 30g[황설탕 2큰술], 검정콩(불리기 전) 75g(1/2컵), 붉은팥(삶기 전) 80g(1/2컵)

## 🍲 만드는 법

### 1. 쌀가루 만들기

찹쌀과 멥쌀은 씻어서 5시간 이상 충분히 불려 건져 물기를 빼고 소금을 넣어 곱게 빻는다.

콩 삶기

### 2. 부재료 준비

- 밤은 껍질을 벗겨 6등분하고, 대추는 씨를 발라 내고 4등분한다.
- 호박고지는 미지근한 물에 불려 썰어 황설탕으로 버무린다.
- 검정콩은 씻어 불려서 잠길 정도의 물을 부어 삶아 건진다(끓기 시작하고 10~15분 정도).
- 붉은팥은 씻어서 물을 넉넉히 붓고 끓어오르면 첫 물은 따라 버리고 다시 물을 넉넉히 부어 팥이 무르도록 삶는다.

부재료 손질하기

### 3. 안쳐 찌기

- 쌀가루에 물과 설탕을 고루 섞고 밤, 대추, 불린 호박고지, 검정콩, 팥을 넣어 버무린다.
- 찜통에 젖은 면포를 깔고 부재료를 섞은 쌀가루를 주먹 쥐어 안쳐 흰 가루가 묻어나지 않을 때까지 약 30분 정도 찐다.

찹쌀가루에 부재료 섞기

### 4. 굳혀 썰기

네모난 틀에 식용유 바른 비닐을 깔고 쏟아 굳혀 썬다.

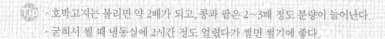 · 호박고지는 불리면 약 2배가 되고, 콩과 팥은 2~3배 정도 분량이 늘어난다.
· 굳혀서 썰 때 냉동실에 2시간 정도 얼렸다가 썰면 썰기에 좋다.

주먹 쥐어 찌기

기름 바른 비닐 깔고 틀에 굳히기

# 쇠머리떡2

굳혀 썰던 쇠머리떡 1을 떡집에서 대량으로 생산하기 편리하게 변화시킨 떡이다.
요즘에는 옛 방식보다 쇠머리떡 2의 방법을 더욱 많이 사용한다. 굳은 뒤에 살짝 지
져 먹으면 더욱 매력적인 맛이다.

## 재료
찹쌀가루 500g(5컵), 물 2큰술, 설탕 5큰술, 밤 5개,
대추 10개, 호박고지 30g[황설탕 2큰술], 검정콩 75g(½컵),
붉은팥 80g(½컵), 황설탕(조청) 적량

## 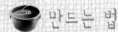 만드는 법

**1. 쌀가루 만들기**

찹쌀은 씻어서 5시간 이상 충분히 불려 건져 물
기를 빼고 소금을 넣어 가루로 곱게 빻는다.

**2. 부재료 준비하기**

- 밤은 껍질을 벗겨 반은 얇게 썰고 나머지는 6등
  분한다.
- 대추는 씨를 발라 내고 4등분한다.
- 호박고지는 미지근한 물에 불려 썰어 황설탕
  으로 버무린다.
- 검정콩은 씻어 불려서 잠길 정도의 물을 부어
  삶아 건진다(끓기 시작하고 10~15분 정도).
- 붉은팥은 씻어서 물을 넉넉히 붓고 끓어오르
  면 첫 물은 따라 버리고 다시 물을 넉넉히 부
  어 팥이 무르도록 삶는다.

**3. 안쳐 찌기**

- 찜통에 시루밑을 깔고 부재료를 보기 좋게 놓
  는다.
- 쌀가루에 물과 설탕을 고루 섞고 남은 밤, 대추,
  불린 호박고지, 검정콩, 팥을 넣어 버무린다.
- 떡을 주먹 쥐어 안쳐 흰 가루가 묻어나지 않을
  때까지 30분 정도 찐다.

**4. 눌러 썰기**

쟁반이나 틀에 식용유 바른 비닐을 깔아 쏟고,
윗면에 황설탕이나 조청을 발라 눌러 썬다.

# 무시루떡

예부터 전해 내려오는 말에 '무를 많이 먹으면 속병이 없다' 는 말이 있다. 무 속에 여러 가지 소화효소가 많기 때문인데, 특히 전분 분해효소인 아밀라아제가 가장 많아 전분 음식인 떡에 무를 섞는 것은 소화에 도움이 되고, 쌀과 고물의 산성을 중화시켜 주는 등 합리적인 배합이다.

## 재료
멥쌀가루 500g(5컵), 설탕 5큰술, 손질한 무 150g, 붉은팥고물 3컵[붉은팥 200g(1 1/5컵), 소금 2/3작은술]

##  만드는 법

### 1. 쌀가루 만들기
• 멥쌀은 깨끗이 씻어 일어 5시간 이상 불려 건져 30분 정도 물기를 빼고 소금을 넣어 가루로 곱게 빻는다.
• 무에 수분이 많으므로 쌀가루에 물의 양을 적게 넣어 가루로 곱게 빻는다.

### 2. 부재료 준비하기
무는 씻어서 껍질을 벗겨 채를 썬다.

### 3. 붉은팥고물 만들기
붉은팥을 무르게 삶아 뜨거울 때 절구에 쏟아 소금을 넣고 대강 찧어 고물을 만든다.

### 4. 안쳐 찌기
• 쌀가루에 물을 주어 중간체에 내린다.
• 체에 내린 쌀가루에 설탕과 무를 넣어 고루 섞는다.
• 찜통에 시루밑을 깔고 팥고물을 고루 편 후 무 섞은 쌀가루를 안치고, 위에 팥고물을 안친다.
• 김 오른 찜통에 올려 가루 위로 김이 골고루 오르면 뚜껑을 덮어 20분 정도 찐 후 불을 줄여 5분간 뜸 들인다.

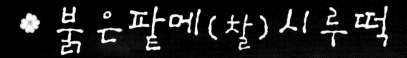

# 붉은팥메(찰)시루떡

붉은색은 양을 대표하는 불의 색이며, 음인 잡귀가 두려워하는 색으로 봉치떡, 고사
떡이나 아이들의 생일에 해먹는 수수팥떡 등은 액을 막아 주는 의미를 지닌다. 찰시
루떡을 여러 켜 안칠 때는 팥고물 사이사이마다 떡가루 김을 올리면서 다시 펴 앉히
는 방법으로 김을 올려야 떡이 설지 않는다.

**재료** 멥쌀가루 500g(5컵), 물 2~4큰술, 설탕 5큰술,

찹쌀가루 500g(5컵), 물 1~2큰술, 설탕 5큰술,

붉은팥고물 4컵[붉은팥 240g(1 ½컵), 소금 1작은술]

시룻번  밀가루 ⅓컵

## 만드는 법

### 1. 쌀가루 만들기

- 찹쌀과 멥쌀은 각각 쌀을 씻어 일어 5시간 이상 불린 후 건져 물기를 빼고 소금을 넣어 가루로 곱게 빻는다.
- 각각의 쌀가루에 물을 주어 비벼서 중간체에 내린 후 설탕을 고루 섞는다.

### 2. 붉은팥고물 만들기

붉은팥은 무르게 삶아 뜨거울 때 절구에 쏟아 소금을 넣고 대강 찧어 고물을 만든다.

### 3. 안쳐 찌기

- 시루에 시루밑을 깔고 팥고물, 멥쌀가루, 팥고물, 찹쌀가루, 팥고물의 순으로 펴 안치고 김이 새지 않도록 시룻번을 붙인다.
- 가루 위로 골고루 김이 오르면 면포를 덮고 뚜껑을 덮어 30분 정도 찐 후 약한 불에서 5분간 뜸 들인다.

시루에 떡을 안칠 때 시루의 밑부분과 윗부분을 쌀가루 양을 달리 해서 안쳐야 떡을 쪄 낸 후 켜가 일정하다.

시루에 고물 뿌리기

고물 위에 쌀가루 안치기

쌀가루 위에 고물 뿌리기

물솥 위에 시루 올리고 시룻번 붙이기

김이 오르면 면포 덮기

# 녹두메(찰)시루떡

녹두는 한자로 綠豆나 菉豆로 표기하는데, 綠豆는 녹색의 두류라는 것이며 菉자는
녹두 녹자다. 『의궤』에는 綠豆로 표기되어 있다.

##  재료

**녹두메시루떡** 멥쌀가루 700g(7컵), 물 4~6큰술, 설탕 7큰술,
밤 7개, 대추 10개, 녹두고물 3컵[거피녹두 120g(3/4컵), 소금
1/2작은술]

**녹두찰시루떡** 찹쌀가루 700g(7컵), 꿀 1 1/2큰술,
물 1~1 1/2큰술, 설탕 3큰술, 밤 7개, 대추 10개, 녹두고물 3컵
[거피녹두 120g(3/4컵), 소금 1/2작은술]

## 만드는 법

### 1. 쌀가루 만들기

- 찹쌀과 멥쌀은 각각 씻어 일어 5시간 이상 불린
  후 건져 물기를 빼고 소금을 넣어 가루로 곱게
  빻는다.
- 각각의 쌀가루에 물을 주어 비벼서 중간체에
  내린 후 설탕을 고루 섞는다.

### 2. 녹두고물 만들기

거피녹두는 불려 껍질을 벗긴 후 찜통에 쪄 소금
간하여 어레미에 내린다.

### 3. 부재료 준비하기

- 밤은 껍질을 까서 작을 경우에는 통으로 쓰고,
  클 경우에는 반으로 자른다.
- 대추는 씨를 뺀 후 대추 모양으로 말아 놓는다.

### 4. 안쳐 찌기

각각의 찜통에 시루밑을 깔고 고물의 반을 퍼 안치
고 쌀가루 반을 편 후에 밤과 대추를 사이사이에
놓고 남은 쌀가루, 고물의 순서로 안쳐 30분 정도
찐 후 약한 불에서 5분간 뜸 들인다.

# 석탄병

『규합총서』에서 '강렬한 맛이 차마 삼키기 아까운 고로 석탄병(惜呑餅)이니라' 라
고 했을 만큼 맛이 좋고 격이 높은 떡 가운데 하나다. 최고의 맛을 칭송하는 이름이
라고 할 수 있다.

### 재료

멥쌀가루 500g(5컵), 감가루 50g(½컵), 계핏가루 1작은술,
편강가루 1½큰술, 꿀 2큰술, 물 3큰술, 설탕 3큰술,
잣가루 3큰술, 설탕에 절인 유자 ¼개분, 밤 5개, 대추 10개,
녹두고물 3컵[거피녹두 120g(¾컵), 소금½작은술]

 ### 만드는 법

**1. 쌀가루 만들기**

멥쌀을 불린 후 건져 소금을 넣어 가루로 곱게
빻는다.

**2. 부재료 준비하기**

- 침감은 껍질을 벗겨 얇게 썰어 말려서 빻아 가
  루로 만든다. 곶감을 말려 빻아 쓰기도 한다.
- 편강가루는 편강을 갈아 고운체에 내린다.
- 유자는 작게 자르고, 밤은 8~10등분하고, 대
  추는 밤과 같은 크기로 썬다.

**3. 녹두고물 만들기**

거피녹두는 불려 껍질을 벗겨 찜통에 찐 후 소금
간하여 어레미에 내린다.

**4. 안쳐 찌기**

- 쌀가루에 감가루, 계핏가루, 편강가루를 넣어
  골고루 섞고 꿀과 물을 넣어 비벼 중간체에 내
  려 잣가루, 유자, 밤, 대추, 설탕를 섞는다.
- 찜통에 시루밑을 깔고 녹두고물을 펴고 쌀가
  루, 녹두고물 순서로 안쳐 20분 정도 찌고 5분
  간 뜸 들인다.

# 단호박편

1980년대 후반부터 우리나라에서 재배하기 시작한 단호박은 비장의 기능을 돕고 식욕을 증진시키는 효과가 있다. 단호박편은 찐 단호박을 쌀가루에 섞어 체에 내려찌는 비교적 최근에 만들어진 떡이다. 고물이 잘 쉬는 여름철에는 고물 없이 찌기도 한다.

 재료 멥쌀가루 700g(7컵), 찐 단호박 120g, 껍질 벗긴 단호박 70g, 설탕 7큰술,
녹두고물 3컵[거피녹두 120g(³/₄컵), 소금 ¹/₂작은술]

## 만드는 법

### 1. 쌀가루 만들기
• 멥쌀을 깨끗이 씻어 일어 5시간 이상 불려 건져 30분 정도 물기를 뺀다.
• 분량의 소금과 찐 단호박을 넣고 쌀가루를 빻는다.

### 2. 단호박 손질하기
단호박은 잘라 껍질을 벗겨 씨를 제거하고 잘게 썬다. 혹은 설탕을 조금 섞어 쓰기도 한다.

### 3. 녹두고물 만들기
거피녹두를 불려 껍질을 벗기고 찜통에 찐 후 소금을 넣어 빻아 어레미에 내린다.

### 4. 안쳐 찌기
• 쌀가루를 중간체에 내려 설탕을 넣어 고루 섞는다.
• 찜통에 시루밑을 깔고 고물을 넉넉히 고르게 편 후 준비된 쌀가루, 단호박, 쌀가루, 고물의 순서로 안친다.
• 가루 위로 김이 골고루 오르면 20분 정도 찐 후 불을 줄여 5분간 뜸을 들인다.

단호박쌀가루 체에 내리기

단호박 썰어 설탕 섞기

단호박 쌀가루 위에 단호박 올리기

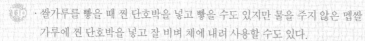 • 쌀가루를 빻을 때 찐 단호박을 넣고 빻을 수도 있지만 물을 주지 않은 멥쌀가루에 찐 단호박을 넣고 잘 비벼 체에 내려 사용할 수도 있다.
• 여름에는 녹두고물을 사용하지 않아도 된다.
• 단호박가루를 넣을 경우는 수분 첨가량을 늘려 준다.

호박 위에 다시 쌀가루 올리기

# 거피팥메(찰)시루떡

거피팥(去皮豆 : 거피두)은 껍질의 빛깔이 검푸른 빛이라 껍질을 벗겨 떡고물로 많이 쓰인다. 고물이 흰 빛이 되므로 백두(白豆)라고 부르기도 하며, 백두경증병(白豆粳甑餠)은 거피팥메시루떡이다.

 **재료**

**거피팥메시루떡** 멥쌀가루 700g(7컵), 찹쌀가루 75g($^3$/$_4$컵), 물 3~6큰술, 설탕 7큰술, 밤 7개, 대추 10개, 거피팥고물 3컵[거피팥 120g($^3$/$_4$컵), 소금 $^1$/$_2$작은술]

**거피팥찰시루떡** 찹쌀가루 700g(7컵), 꿀 1 $^1$/$_2$큰술, 물 1~1 $^1$/$_2$큰술, 설탕 3큰술, 밤 7개, 대추 10개, 거피팥고물 3컵[거피팥 120g($^3$/$_4$컵), 소금 $^1$/$_2$작은술]

## 만드는 법

### 1. 쌀가루 만들기
- 찹쌀과 멥쌀은 각각 씻어 불린 후 건져 소금을 넣어 가루로 빻는다.
- 각각의 쌀가루에 물을 주어 비벼서 중간체에 내린 후 설탕을 고루 섞는다.

### 2. 거피팥고물 만들기
거피팥을 불려 껍질을 벗겨 찜통에 찐 후 소금 간하여 어레미에 내린다.

### 3. 부재료 준비하기
- 밤은 껍질을 까서 작을 경우에는 통으로 쓰고 클 경우에는 반으로 자른다.
- 대추는 씨를 뺀 후 대추 모양으로 말아 놓는다.

### 4. 안쳐 찌기
각각의 찜통에 시루밑을 깔고 고물의 반을 퍼 안치고 쌀가루 반을 편 후에 밤과 대추를 사이사이에 놓고 남은 쌀가루, 고물의 순서로 안쳐 30분 정도 찐 후 약한 불에서 5분간 뜸 들인다.

# 꿀 찰떡

『궁중의궤』에는 밀점증병(蜜粘甑餠)이라 기록되어 있으며, 찹쌀가루에 꿀을 섞어
만든 떡이다. 『의궤』에는 거피팥고물을 이용했으며, 『시의전서』에는 볶은팥고물을
이용했다고 기록되어 있다.

 재료

찹쌀가루 500g(5컵), 꿀 2큰술, 밤 7개, 대추 10개, 잣 1큰술,
거피팥고물 3컵[거피팥 120g($^{3}/_{4}$컵), 소금 $^{1}/_{2}$작은술]

### 만드는 법

**1. 쌀가루 만들기**

쌀은 깨끗이 씻어 일어 5시간 이상 불린 후 건져
30분 정도 물기를 빼고 소금을 넣어 가루를 곱게
빻는다.

**2. 거피팥고물 만들기**

거피팥을 불려 껍질을 벗긴 후 찜통에 쪄 낸 다
음 소금을 넣어 빻아 어레미에 내린다.

**3. 부재료 준비하기**

- 밤은 껍질을 벗겨 굵게 자른다.
- 대추는 씨를 발라 4~6등분한다.
- 잣은 고깔을 떼고 마른 면포로 닦는다.

**4. 안쳐 찌기**

- 가루에 꿀을 넣어 손으로 비벼 골고루 섞은 후
  중간체에 내리고, 부재료(밤·대추·잣)를 섞
  는다.
- 찜통에 시루밑을 깔고 고물의 반을 펴 안치고
  쌀가루, 고물의 순서로 안친다.
- 가루 위로 고루 김이 오르면 뚜껑을 덮어 30분
  정도 찐다.

# 상추시루떡

상추떡은 여름철에 흔한 상추를 멥쌀가루에 섞어 만든 시루떡으로 와거병(萵苣餠),
부루병이라고 하며, 서울 지방에서 만들어 먹던 떡이다.

 재료

멥쌀가루 500g(5컵), 물 1~2큰술, 설탕 5큰술, 상추 100g,
거피팥고물 3컵[거피팥 120g(¾컵), 소금 ½작은술]

### 만드는 법

**1. 쌀가루 만들기**

멥쌀은 깨끗이 씻어 일어 5시간 이상 불려 건져
30분 정도 물기를 빼고 소금을 넣어 가루로 곱게
빻는다.

**2. 상추 손질하기**

상추는 씻어 소쿠리에 건져 물기를 없애고 두세
조각으로 뜯어 놓는다.

**3. 거피팥고물 만들기**

거피팥은 불려 껍질을 벗긴 후 찜통에 쪄 낸 다
음 소금을 넣어 빻아 어레미에 내린다.

**4. 안쳐 찌기**

- 쌀가루에 물을 주어 비벼 골고루 섞은 후 중간
  체에 내려 설탕과 손질한 상추를 고루 섞는다.
- 찜통에 시루밑을 깔고 팥고물을 고루 펴고 쌀
  가루, 팥고물의 순서로 안친다.
- 가루 위로 김이 골고루 오르면 20분 정도 찐
  후 불을 줄여 5분간 뜸 들인다.

# 콩가루쑥편

시중에서 흔히 제사떡, 콩편 등으로 부르는 떡의 고물을 이용한 쑥떡이다. 대두를
쪄서 말려 만드는데 요즘은 거의 시판되는 편콩가루(거친 콩가루)를 이용한다. 고
물이 잘 쉬지 않아 여름철에 만들어 먹기 좋다.

### 🪭 재료

멥쌀가루 500g(5컵), 데친 쑥 50g, 물 1~2큰술, 설탕 3~5큰술,
편콩고물 2컵[대두(노란콩) 1컵, 설탕 1 ½큰술, 소금 ½작은술,
물 2큰술]

###  만드는 법

#### 1. 쑥 데치기
쑥은 잎만 떼어 소금을 넣고 삶아 찬물에 헹궈
물기를 꼭 짠다.

#### 2. 쌀가루 만들기
불린 쌀에 소금과 데쳐 물기를 제거한 쑥을 넣어
가루를 빻는다.

#### 3. 편콩고물 만들기(113쪽 참고)
- 콩을 골라 내어 닦아 10~15분간 찐다.
- 찐 콩을 말려서 절구나 분쇄기, 아세기 등을 이
  용하여 콩을 타갠 후 키질하여 껍질을 제거한다.
- 껍질 제거한 콩을 모래알처럼 되게 갈아 분량
  의 설탕, 소금, 물을 넣고 잘 섞어 롤밀기계에
  내린다.

#### 4. 안쳐 찌기
- 쌀가루에 물을 섞고 어레미에 내려 설탕을 섞
  는다.
- 시루나 찜통에 시루밑을 깐 뒤 편콩고물을 고
  루 펴고 쌀가루, 편콩고물 순으로 안친다.
- 가루 위로 김이 골고루 오르면 20분 정도 찐
  후 불을 줄여 5분간 뜸 들인다.

# 물호박시루떡

흔히 호박떡이라면 말려 두었던 청둥호박의 오가리를 미지근한 물에 불려 찹쌀가루에
섞어 붉은팥고물로 찐 떡이다. 호박고지떡에 비하여 물호박떡은 물기가 있는 그대로
멥쌀가루에 섞어 거피팥고물로 찐 떡이며, 푸짐하고 구수하며 떡의 켜도 두툼하다.

 **재료** 멥쌀가루 700g(7컵), 물 1~3큰술, 설탕 7큰술, 늙은호박 200g[손질 후 160g, 설탕 1 ½큰술,
소금 약간], 거피팥고물 3컵[거피팥 120g(³/₄컵), 소금 ½작은술]

## 만드는 법

### 1. 쌀가루 만들기

멥쌀은 깨끗이 씻어 일어 5시간 이상 불려 물기를 뺀 후 소금을 넣어
곱게 빻는다.

### 2. 호박 손질하기

호박은 폭 5cm 정도로 길게 썰어 씨를 빼고 껍질을 벗겨 낸 후 5mm 두
께로 납작하게 썰어 설탕과 소금을 뿌려 둔다.

호박 껍질 벗기기

### 3. 거피팥고물 만들기

거피팥은 물에 불려 껍질을 벗겨 찜통에 찐 후 소금 간하여 어레미에
내린다.

호박 썰어 설탕 섞기

### 4. 안쳐 찌기

• 쌀가루에 물을 넣어 고루 비벼 중간체에 내려 설탕을 골고루 섞는다.
• 쌀가루 3컵을 덜어 내고 4컵 분량에 호박을 섞는다.
• 찜통에 시루밑을 깔고 팥고물을 넉넉히 고르게 편다.
• 고물 위로 쌀가루를 얇게 펴고 위에 호박 섞은 쌀가루를 안치고 다시
쌀가루, 고물의 순서로 안친다.
• 가루 위로 김이 골고루 오르면 뚜껑을 덮어 20분 정도 찐 후 5분간
뜸 들인다.

쌀가루에 호박 넣어 버무리기

쌀가루 안치고 고물 뿌리기

# 콩찰편

옛 기록에는 콩을 달게 조려 고물로 쓴다고 되어 있지 않고 콩이 마르는 것을 막기
위해 밀을 바른다는 기록만 있다. 요즘에는 콩을 달게 조린 뒤 고물로 사용해 콩을
싫어하는 아이들도 잘 먹을 수 있게 할 수 있다.

##  재료

찹쌀가루 500g(5컵), 물 2큰술, 황설탕 3~5큰술,
불려 조린 콩 3컵[마른 콩 250g(1 ½컵), 흑설탕 3큰술,
소금 1작은술, 물 1컵], 황설탕(조청) 3큰술

## 만드는 법

### 1. 쌀가루 만들기

- 찹쌀은 깨끗이 씻어 일어 5시간 이상 불려 물
  기를 뺀 후 소금을 넣어 가루로 곱게 빻는다.
- 쌀가루에 물을 주어 중간체에 내린다.
- 물 내린 쌀가루에 황설탕을 넣어 고루 섞는다.

### 2. 콩 조리기

- 검정콩은 씻어 일어 5시간 이상 충분히 불린다.
- 불린 콩을 10~15분 정도 삶아 익힌다.
- 삶은 콩에 흑설탕과 소금, 물을 넣어 물기가
  없어질 때까지 조린다.
- 조린 콩을 넓은 그릇에 펴서 식힌다.

### 3. 안쳐 찌기

- 찜통에 시루밑을 깔고 조린 콩 반 분량을 깔고
  쌀가루를 얹은 다음 위에 남은 조린 콩을 올려
  펴 준다.
- 가루 위로 골고루 김이 오른 후 30분 정도 찐다.
- 떡이 다 익으면 쏟아서 뜨거울 때 위에 조청이
  나 황설탕을 뿌려 준다.

### 4. 고명 올리기

박오가리정과를 꽃 모양으로 접어 떡 위에 올려
장식한다.

# 흑임자찰편

흑임자는 『본초강목』에 "성질이 평하고 맛이 달며 독이 없고 기력, 피부, 근육, 장을 튼튼히 한다"고 쓰여 있으며, 탈모와 변비에 효과가 좋다고 한다.

###  재료

찹쌀가루 400g(4컵), 물 2~4큰술, 설탕 4큰술,

흑임자고물 1 ½컵[흑임자 110g(1컵), 소금 ⅓작은술]

### 만드는 법

#### 1. 쌀가루 만들기

찹쌀을 깨끗이 씻어 일어 5시간 이상 불려 30분 정도 물기를 뺀 후 소금을 넣어 가루로 빻는다.

#### 2. 흑임자고물 만들기

흑임자는 씻어 일어 타지 않게 볶아 소금 간을 하여 분쇄기에 곱게 간다.

#### 3. 안쳐 찌기

• 찹쌀가루에 물을 주어 중간체에 내려 설탕을 골고루 섞는다.

• 찜기에 시루밑을 깔고 흑임자고물을 골고루 퍼 안치고 쌀가루를 고르게 편다. 그 위에 다시 흑임자고물을 뿌린다.

• 가루 위로 김이 골고루 오른 후 20분 정도 찐다.

# 깨찰편

『궁중의궤』에는 임자점증병(荏子粘甑餠)이라 되어 있다. 요즘엔 떡 사이에 검정깨
가루가 끼어 있다고 '깨끼떡'이라 부르기도 한다. 깨고물로 쓰던 것을 편콩고물로
많이 사용하고 있다. 깨고물을 쓰기 때문에 잘 쉬지 않지만 수분이 부족해 빨리 굳
는 단점이 있다.

**재료** 찹쌀가루 400g(4컵), 물 2~4큰술, 설탕 4큰술, 실깨고물 1 ½컵[흰깨 120g(1컵), 소금 ⅓작은술], 검정깨고물 1 ½큰술

 만드는 법

### 1. 쌀가루 만들기
- 찹쌀을 깨끗이 씻어 일어 5시간 이상 불려 30분 정도 물기를 뺀다.
- 소금을 넣어 가루로 빻는다.

### 2. 실깨고물 만들기
- 흰깨는 불려 껍질을 벗긴 후 타지 않게 볶아 소금 간을 하여 분쇄기에 굵게 간다(112쪽 참고).
- 검정깨는 씻어 일어 타지 않게 볶아 소금 간을 하여 분쇄기에 곱게 간다.

### 3. 안쳐 찌기
- 물을 주어 중간체에 내려 설탕을 골고루 섞은 후 2등분한다.
- 찜기에 시루밑을 깔고 실깨고물을 골고루 펴 안치고 쌀가루 반 분량을 고르게 편다.
- 검정깨고물을 체로 쳐서 살짝 뿌린 후 나머지 쌀가루, 실깨고물의 순서로 안친다.
- 가루 위로 김이 골고루 오른 후 20분 정도 찐다.

시루에 깨고물 깔기

쌀가루 앉히기

쌀가루 위에 검정깨고물 뿌리기

쌀가루 위에 실깨고물 뿌리기

**깨**

깨는 에너지를 공급하면서 영양 면에서도 우수하며, 각종 기능성 물질도 다량 들어 있다. 고소한 향과 맛을 가진 참깨는 단백질, 지방, 탄수화물, 무기질, 비타민 등 영양 성분이 가득하다. 참깨에 가장 많은 성분은 지방인데, 식품으로 꼭 섭취해야 하는 필수지방산의 함량이 높다. 참깨에는 약 20%의 단백질이 들어 있으며 필수아미노산의 함량이 매우 높다.

비타민 B군과 젊게 만들어주는 비타민 E도 함유하고 있다. 참기름에 비해 지방의 변화가 적고 풍부한 섬유소가 있어 장 건강에도 도움을 준다. 요즘에는 참깨에 들어 있는 리그난 성분이 항산화 물질로 주목받고 있다.

# 깨찰편말이

깨찰편을 응용해 최근에 개발된 떡으로 깨찰편을 얇게 만들어 군기 전에 말아 모양
을 낸 떡이다.

 **재료**

찹쌀가루 200g(2컵), 물 1~2큰술, 설탕 2큰술, 실깨고물 ³/₄컵
[흰깨 60g(¹/₂컵), 소금 ¹/₆작은술], 검정깨고물 1큰술

## 만드는 법

### 1. 쌀가루 만들기

찹쌀을 깨끗이 씻어 일어 5시간 이상 불려 30분
정도 물기를 빼고, 소금을 넣어 가루로 곱게 빻
는다.

### 2. 실깨고물 만들기

• 흰깨는 불려 껍질을 벗겨 타지 않게 볶아 소금
  간을 하여 분쇄기에 굵게 간다.
• 검정깨는 씻어 일어 타지 않게 볶아 소금 간을
  하여 분쇄기에 곱게 간다.

### 3. 안쳐 찌기

• 찹쌀가루에 물을 주어 중간체에 내려 설탕을
  골고루 섞는다.
• 찜기에 시루밑을 깔고 실깨고물을 골고루 퍼
  안치고 쌀가루를 고르게 편다.
• 쌀가루 위에 검정깨고물을 체로 쳐서 살짝 뿌
  린다.
• 가루 위로 김이 골고루 오른 후 20분 정도 찐다.

### 4. 모양 내기

뜨거울 때 돌돌 말아 랩으로 싼 후 칼로 썰어 랩
을 벗긴 후 그릇에 담는다.

# 깨설기

깨고물로 하는 떡은 일반적으로 찰편이 많다. 깨편은 깨찰편과 같은 방법으로 멥쌀
가루에 실깨고물을 얹어 쪄 낸 시루떡이며, 깨설기는 멥쌀가루에 깨가루를 섞어 찌
기도 한다.

###  재료

멥쌀가루 400g(4컵), 물 2~4큰술, 설탕 4큰술,
실깨고물 1 ½컵[흰깨 120g(1컵), 소금 ⅓작은술]
고명 대추 2개

## 만드는 법

### 1. 쌀가루 만들기

멥쌀은 깨끗이 씻어 일어 5시간 이상 불려 30분
정도 물기를 빼고, 소금을 넣어 가루로 곱게 빻
는다.

### 2. 실깨고물 만들기

흰깨는 불려 껍질을 벗긴 후 타지 않게 볶아 소
금 간을 하여 분쇄기에 굵게 간다.

### 3. 안쳐 찌기

• 멥쌀가루에 물을 주어 중간체에 내려 설탕을
골고루 섞는다.
• 찜기에 시루밑을 깔고 실깨고물을 고루 펴 안
치고 쌀가루, 실깨고물 순서로 안친다.
• 가루 위로 김이 골고루 오른 후 20분 정도 찐다.

### 4. 담기

찜통에서 꺼내어 대추꽃을 올려 장식한다.

# 석이찰시루떡

석이를 손질해 말려 가루를 내서 사용하기 때문에 시중에서 쉽게 볼 수 없는 떡이다. 석이를 물에 불려 손질한 후 다져서 사용할 수도 있지만 『규합총서』, 『음식법』, 『이씨음식법』에는 그렇게 하는 것보다 손질 후 말려 가루내어 쓰는 것이 더욱 좋다고 기록되어 있다. 『의궤』의 석이점증병(石耳粘甑餠)은 1회 등장하고, 실깨고물을 썼다.

 재료

찹쌀가루 500g(5컵), 석이가루 1 ½큰술, 끓는 물 1 ½큰술, 꿀 2큰술, 실깨고물 1 ½컵[흰깨 120g(1컵), 소금 ⅓작은술] 부재료 밤 7개, 대추 10개, 잣 2큰술

## 만드는 법

### 1. 쌀가루 만들기
- 찹쌀을 씻어 5시간 이상 충분히 불려 건져 30분 정도 물기를 빼고 소금을 넣어 가루로 곱게 빻는다.
- 석이가루에 끓는 물을 넣고 불린다.
- 찹쌀가루에 불린 석이가루를 잘 섞은 후 꿀을 넣어 중간체에 내린다.

### 2. 실깨고물 만들기
흰깨는 불려 껍질을 벗긴 후 타지 않게 볶아 소금 간을 하여 분쇄기에 굵게 간다.

### 3. 부재료 준비하기
- 밤은 껍질을 벗겨 굵게 자른다.
- 대추는 씨를 발라 내어 4~6등분한다.
- 잣은 고깔을 떼고 마른 면포로 닦는다.

### 4. 안쳐 찌기
- 쌀가루에 밤, 대추, 잣을 넣어 골고루 섞는다.
- 찜기에 시루밑을 깔고 실깨고물을 펴고 쌀가루, 실깨고물을 펴 안친다.
- 가루 위로 김이 골고루 오른 후 30분 정도 찐다.

# 볶은팥석이찰시루떡

석이는 바위에 붙어 있는 모습 때문에 석이(石耳) 혹은 석의(石衣)라고 한다. 주로 해발 1,000m 정도의 암벽에 붙어 살며 강장, 지혈 등에 좋은 약재로 쓰였으며 최근에는 항암효과도 매우 뛰어난 것으로 밝혀졌다. 『의궤』에는 초두석이점증병(炒豆石耳粘甑餠)이라 하며, 대부분의 고물은 거피팥이나 붉은팥을 사용했다는 기록도 1회 있다.

### 재료

찹쌀가루 500g(5컵), 석이가루 1 ½큰술, 끓는 물 1 ½큰술, 꿀 2큰술, 붉은거피팥고물 3컵[거피팥 1컵(160g), 진간장 ½큰술, 설탕 2큰술, 계핏가루 · 후춧가루 약간]

부재료 밤 7개, 대추 10개, 잣 2큰술

###  만드는 법

1. 쌀가루 만들기
   - 찹쌀을 씻어 5시간 이상 충분히 불려 건져 30분 정도 물기를 빼고 소금을 넣어 가루로 곱게 빻는다.
   - 찹쌀가루에 석이가루를 끓는 물에 불린 것과 꿀을 넣어 체에 내린다.

2. 볶은팥고물 만들기
   소금 간을 하지 않은 거피팥고물에 간장, 설탕, 계핏가루, 후춧가루를 넣어 골고루 섞은 후 팬에 보슬보슬하게 볶아 식혀 어레미에 내린다.

3. 부재료 준비하기
   - 밤은 껍질을 벗겨 굵게 자른다.
   - 대추는 씨를 발라 내어 4~6등분한다.
   - 잣은 고깔을 떼고 마른 면포로 닦는다.

4. 안쳐 찌기
   - 쌀가루에 밤, 대추, 잣을 넣어 골고루 섞는다.
   - 찜기에 시루밑을 깔고 팥고물을 펴고 쌀가루, 팥고물을 펴 안친다.
   - 가루 위로 김이 골고루 오른 후 30분 정도 찐다.

# 승검초찰시루떡

찹쌀가루에 승검초가루, 즉 당귀잎가루를 섞어서 찐 떡은 『음식법(찬법)』에 제목 없이 만드는 방법이 쓰여 있다. 『의궤』의 승검초점증병(辛甘粘甑餠)은 여러 번 등장하는 떡이다. 재료에는 찹쌀, 승검초가루, 밤, 대추, 잣, 실깨, 꿀을 두루 사용하였다.

 ## 재료

찹쌀가루 500g(5컵), 승검초가루 1¹/₂큰술, 물 1¹/₂큰술, 꿀 2큰술, 실깨고물 1¹/₂컵[흰깨 120g(1컵), 소금 1/₃작은술] 부재료 밤 7개, 대추 10개, 잣 2큰술

## 만드는 법

### 1. 쌀가루 만들기

• 찹쌀을 씻어 5시간 이상 충분히 불려 건져 30분 정도 물기를 빼고 소금을 넣어 가루로 곱게 빻는다.
• 찹쌀가루에 승검초가루를 잘 섞은 후 물과 꿀을 넣어 중간체에 내린다.

### 2. 실깨고물 만들기

흰깨는 불려 껍질을 벗긴 후 타지 않게 볶아 소금 간을 하여 분쇄기에 굵게 간다.

### 3. 부재료 준비하기

• 밤은 껍질을 벗겨 굵게 자른다.
• 대추는 씨를 발라 내어 4~6등분한다.
• 잣은 고깔을 떼고 마른 면포로 닦는다.

### 4. 안쳐 찌기

• 쌀가루에 밤, 대추, 잣을 넣어 골고루 섞는다.
• 찜기에 시루밑을 깔고 실깨고물을 펴고 쌀가루, 실깨고물을 펴 안친다.
• 가루 위로 김이 골고루 오른 후 30분 정도 찐다.

# 신과병

새롭게 추수하는 과일을 넣어 찐 시루떡이며 『규합총서』에 기록되어 있다. 거피한
햇녹두를 생으로 켜켜로 얹어서 찐다.

###  재료

멥쌀가루 500g(5컵), 물 3~4큰술, 설탕 5큰술,
통녹두고물 3컵[거피녹두 1 ½컵, 소금 ⅔작은술]
부재료 밤 5개, 단감 ½개, 풋대추 10개, 풋콩 ½컵

### 만드는 법

**1. 쌀가루 만들기**

멥쌀은 깨끗이 씻어 일어 5시간 이상 불려 물기
를 뺀 후 소금을 넣어 가루로 빻는다.

**2. 부재료 준비하기**

- 밤은 껍질을 벗겨 4~5등분하고, 대추는 씨를
  빼고 3~4등분한다.
- 단감은 껍질을 벗겨 도톰하게 썰고, 풋콩은 껍
  질을 벗겨 깨끗이 씻어 건져 소금을 약간 뿌려
  둔다.

**3. 통녹두고물 만들기**

거피녹두는 물에 충분히 불려 씻어 껍질을 벗겨
내고 물기를 뺀 후 소금 간한다.

**4. 안쳐 찌기**

- 쌀가루에 물을 넣어 골고루 섞은 후 중간체에
  내려 설탕을 섞고 부재료(밤, 풋대추, 풋콩, 단
  감)를 고루 섞는다.
- 찜통에 젖은 면포를 깔고 통녹두를 펴 안치고
  쌀가루, 통녹두 순서로 안쳐 찐다.
- 가루 위로 골고루 김이 오르면 뚜껑을 덮어 20분
  정도 찐 후 약한 불에서 5분간 뜸 들인다.

# 각색편 (백편·꿀편·승검초편)

한희순·황혜성·이혜경의 『이조궁정요리통고』와 방신영의 『우리나라 음식 만드는 법』에 백편, 꿀편, 승검초편을 갖은편이라 했다. 쌀가루에 섞는 재료에 따라 이름이 붙여지고 고물이 한쪽에만 붙도록 안치므로 떡과 떡 사이에 기름칠한 백지를 넣고 찐다.

승검초편

백편

꿀편

🌸 **재료**   **백편** 멥쌀가루 400g(4컵), 물 1~2큰술, 설탕 4큰술

　　　　**꿀편** 멥쌀가루 400g(4컵), 캐러멜소스 1큰술, 꿀 3큰술, 물 0~1큰술, 간장 1큰술, 설탕 1큰술

　　　　**승검초편** 멥쌀가루 400g(4컵), 승검초가루 1큰술, 물 2~3큰술, 설탕 4큰술

　　　　**고명** 밤 6개, 대추 12개, 석이 3장, 잣 1큰술

 만드는 법

## 백 편

### 1. 쌀가루 만들기

- 멥쌀을 깨끗이 씻어 일어 5시간 이상 불려 건져 물기를 뺀 후 가루로 빻는다.
- 쌀가루에 물을 주어 중간체에 내린 후 설탕을 골고루 섞는다.

### 2. 고명 준비하기

- 밤은 껍질을 벗겨 곱게 채 썬다.
- 대추도 얇게 포를 떠서 곱게 채 썬다.
- 석이는 뜨거운 물에 불려서 깨끗이 손질하여 돌돌 말아 곱게 채 썬다.
- 잣은 반으로 갈라 비늘잣을 만든다.

### 3. 안쳐 찌기

- 찜통에 젖은 면포를 깔고 쌀가루를 안친 다음 고명을 얹는다. 한지를 덮어 살짝 눌러 고명이 떨어지지 않도록 한다.
- 가루 위로 김이 오르면 뚜껑을 덮어 20분간 찐다.

## 꿀 편

### 1. 쌀가루 만들기

- 쌀가루에 캐러멜소스와 꿀을 넣어 비벼 중간체에 내린 후 설탕을 섞는다.
- 쌀가루의 수분과 소금은 다른 편보다 적게 주고 가루를 빻는다(불린 쌀에 대해 7%의 수분, 0.6%의 소금만 주고 가루를 빻는다).

### 2. 안쳐 찌기

백편과 같은 방법으로 안쳐 찐다.

## 승검초편

### 1. 쌀가루 만들기

쌀가루에 승검초가루를 골고루 섞고 물을 주어 중간체에 내린 후 설탕을 섞는다.

### 2. 안쳐 찌기

백편과 같은 방법으로 안쳐 찐다.

쌀가루에 승검초가루 섞기

물 주기

고명 준비하기

찜통에 안치고 고명 뿌리기

# 대추약편

푹 곤 대추를 체에 내려 만든 대추고와 막걸리를 쌀가루에 섞어 찌는 떡으로 대추
편, 약편이라고 부르기도 하며 충청도의 향토음식이다. 대추는 열을 내리며 변비 치
료, 강장, 강정에 효과가 있으며 내장을 튼튼히 해준다.

### 재료
멥쌀가루 500g(5컵), 대추고 ½컵, 막걸리 ¼컵, 설탕 5큰술
고명 밤 2개, 대추 4개, 석이 1장, 잣 1작은술

 ### 만드는 법

#### 1. 쌀가루 만들기
- 불린 멥쌀에 소금만 넣어 곱게 두 번 빻는다.
- 위의 멥쌀가루에 분량의 대추고와 막걸리를 넣
  고 잘 섞어 중간체에 내려 설탕을 섞어 준다.

#### 2. 고명 준비하기
- 밤은 껍질을 벗겨 얇게 썰어 곱게 채 썬다.
- 대추도 얇게 포를 떠서 곱게 채 썬다.
- 석이는 뜨거운 물에 불려서 깨끗이 손질하여
  돌돌 말아 곱게 채 썬다.
- 잣은 반으로 갈라 비늘잣을 만든다.

#### 3. 안쳐 찌기
- 실리콘컵에 쌀가루를 넣고 고명을 올려 쪄 낸다.
- 가루 위로 골고루 김이 오르면 뚜껑을 덮어 20분
  정도 찐 후 불을 줄여 5분간 뜸 들인다.

# 도토리떡

도토리는 저칼로리이므로 비만 체질 개선에 도움이 되는 식품이며, 당뇨와 설사, 중
금속 해독, 건위제로 효능이 있다고 옛 의서(『동의보감』, 『본초강목』)에 나와 있다.
도토리가루는 천연방부제로 이용되어 왔으며, 묵가루는 상온에서도 오래 보관할 수
있다. 상자병(橡子餠)이라고도 한다.

### 재료

멥쌀가루 300g(3컵), 도토리가루 200g(소금 넣어 빻은 것),
물 2~4큰술, 설탕 3~5큰술, 붉은팥고물 3컵[ 붉은팥 200g
(1 $\frac{1}{5}$컵), 소금 $\frac{2}{3}$작은술

 ### 만드는 법

#### 1. 쌀가루 만들기

쌀을 씻어 일어 5시간 이상 불린 후 건져 30분 정
도 물기를 빼고 소금을 넣어 가루로 곱게 빻는다.

#### 2. 도토리가루 만들기

- 도토리는 껍질을 벗겨 물에 7일 정도 담가 놓
  는다.
- 가끔 물을 갈아 주면서 떫은 맛을 우려 낸다.
- 떫은 맛을 우려 낸 도토리를 건져 물기를 빼고
  소금을 넣어 가루로 곱게 빻는다.

#### 3. 붉은팥고물 만들기

붉은팥은 무르게 삶아 뜨거울 때 절구에 쏟아 소
금을 넣고 대강 찧어 고물을 만든다.

#### 4. 안쳐 찌기

- 멥쌀가루에 도토리가루를 합하여 물을 고루
  섞고 체에 내려 설탕을 섞어 준다.
- 찜통에 시루밑을 깔고 팥고물, 떡가루, 팥고물
  의 순서로 퍼 안친다.
- 가루 위로 골고루 김이 오르면 뚜껑을 덮어 20분
  정도 찐 후 불을 줄여 5분간 뜸 들인다.

# 두텁떡

두텁떡은 쌀가루를 간장으로 간을 한 궁중의 대표적인 떡으로 봉우리떡, 합병(盒餠),
후병(厚餠)이라고도 한다. 궁중 잔치 기록에도 여러 번 올려진 기록이 있으며 『윤씨
음식법』, 『정일당잡지』, 『시의전서』, 『조선무쌍신식요리제법』, 『우리음식』 등에 만
드는 법이 나와 있다.

**재료** 찹쌀가루 500g(5컵), 진간장 1¹/₂큰술, 설탕 ¹/₂컵, 볶은팥고물 9~10컵[거피팥 480g(3컵), 진간장 1¹/₂큰술,
설탕 ¹/₂컵, 계핏가루 ¹/₂작은술, 후춧가루 약간]

팥소 볶은팥고물 1컵, 계핏가루 ¹/₄작은술, 유자청 1큰술, 꿀 1큰술, 잣 1큰술, 밤 3개, 대추 6개,
설탕에 절인 유자 ¹/₈개분

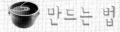 만드는 법

## 1. 쌀가루 만들기

- 찹쌀을 씻어 5시간 이상 충분히 불려 건져 30분 정도 물기를 빼고 간을 하지 않고 가루로 곱게 빻는다.
- 위의 쌀가루에 진간장을 넣어 골고루 비벼 중간체에 내려 설탕을 섞는다.

## 2. 볶은팥고물 만들기

- 거피팥을 충분히 불려 씻어 껍질을 벗겨 찜통에 찐 후 빻아 중간체에 내린다.
- 중간체에 내린 팥고물에 간장, 설탕, 계핏가루, 후춧가루를 넣어 골고루 섞은 후 팬에 보슬보슬 하게 볶는다.

## 3. 팥소 만들기

- 밤은 껍질을 벗겨 잘게 썰고, 대추는 씨를 빼고 밤과 같은 크기로 썬다.
- 유자는 곱게 다지고, 잣은 고깔을 뗀다.
- 볶은팥고물 1컵에 잘게 썬 밤, 대추, 계핏가루, 유자를 고루 섞고 유자청과 꿀을 넣어 반죽한다.
- 반죽을 떼어 잣을 하나씩 넣고 직경 2cm 크기로 동글납작하게 빚는다.

## 4. 안쳐 찌기

- 찜통에 젖은 면포를 깔고 고물을 넉넉히 골고루 편다.
- 쌀가루를 한 숟가락씩 드문드문 놓고, 그 위에 팥소를 하나씩 얹고, 다시 쌀가루를 덮고 팥고물 로 위를 덮는다.
- 우묵하게 들어간 자리에 같은 방법으로 떡을 안친다.
- 가루 위로 김이 골고루 오르면 뚜껑을 덮어 30분 정도 찐다.
- 쪄지면 들어 내어 떡을 숟가락으로 하나씩 떠 낸다.

쌀가루에 간장으로 간하기

쌀가루에 설탕 섞기

볶은팥고물에 부재료와 유자청 섞기

팥소 빚기

고물 깔고 쌀가루 얹은 후 위에 팥소 올리기

팥소 위에 쌀가루 얹기

쌀가루 위에 고물 뿌리기

찐 떡 숟가락으로 꺼내기

# 두텁편

두텁떡과 맛은 같지만 모양이 다른 떡이다. 하나하나 따로 안쳐야 하는 두텁떡을 시루떡 모양으로 간편하게 만든 떡이다.

## 재료

찹쌀가루 500g(5컵), 진간장 1 ¹/₂큰술, 대추내림 1 ¹/₂큰술, 설탕 ¹/₂컵, 볶은 팥고물 3컵[거피팥 160g(1컵), 진간장 ¹/₂큰술, 설탕 2큰술, 계핏가루 · 후춧가루 약간]

부재료 밤 5개, 대추 10개, 설탕에 절인 유자 ¹/₄개분, 호두 3개, 잣 2큰술

고 명 호두강정

 **대추내림 만들기**
· 대추나 대추씨에 충분한 물을 붓고 뭉근한 불에서 푹 고아 중간체에 내린다.
· 수분이 많이 남아 있을 때는 볶아서 되직하게 만들어 쓴다.

## 만드는 법

### 1. 쌀가루 만들기
· 찹쌀을 씻어 불려 건져 물기를 빼고 소금 간을 하지 않고 가루로 곱게 빻는다.
· 쌀가루에 진간장과 대추내림을 넣어 고루 비벼 섞어 중간체에 내려 설탕을 섞는다.

### 2. 볶은팥고물 만들기
거피팥을 충분히 불려 씻어 껍질을 벗겨 찜통에 찐 후 중간체에 내려 간장, 설탕, 계핏가루, 후춧가루를 넣어 골고루 섞은 후 팬에 보슬보슬하게 볶는다.

### 3. 부재료 준비하기
· 밤은 굵게 자르고, 대추는 씨를 발라 내어 4~6등분한다.
· 유자는 곱게 다지고, 호두는 굵게 썬다.

### 4. 안쳐 찌기
· 쌀가루에 밤, 대추, 유자, 호두, 잣을 넣어 골고루 섞는다.
· 찜기에 시루밑을 깔고 고물을 펴고 쌀가루, 고물 순서로 펴 안친다.
· 가루 위로 김이 골고루 오른 후 30분 정도 찐다.

### 5. 장식하기
한 김 나간 후 쏟아 윗면에 호두강정으로 장식한다.

# 복령조화고

『규합총서』에 백복령, 연육, 산약, 검인을 곱게 가루 내어 멥쌀가루에 설탕과 함께
섞어 찌는 떡인데, 바로 먹기도 하고 혹은 말려서 응이를 쑤어 먹기도 한다고 쓰여
있으며, 적복령병, 백복령병을 백설기 같이 만들어 먹으면 몸에 좋다고 하였다.

### 재료

멥쌀가루 300g(3컵), 물 1~2큰술, 황설탕 3~5큰술,
잣 1큰술, 거피팥고물 3컵[거피팥 120g(¾컵),
소금 ½작은술]

**부재료** 백복령가루 · 마가루 · 검인가루 · 연자육가루
각 30g, 물 6큰술

 ### 만드는 법

**1. 쌀가루 만들기**
멥쌀은 깨끗이 씻어 일어 5시간 이상 불린 후 건
져 30분 정도 물기를 빼고 소금을 넣어 가루로 곱
게 빻는다.

**2. 거피팥고물 만들기**
거피팥을 불려 껍질을 벗겨 찜통에 찐 후 소금
간하여 체에 내린다.

**3. 부재료 준비하기**
백복령가루 · 마가루 · 검인가루 · 연자육가루를
섞고 물을 넣어 잘 비빈다.

**4. 떡가루 준비하기**
· 쌀가루에 물을 섞은 백복령가루 · 마가루 · 검
  인가루 · 연자육가루를 골고루 섞는다.
· 수분이 부족할 때는 물을 주어 잘 섞어 체에
  내린 후 황설탕과 잣을 골고루 섞는다.

**5. 안쳐 찌기**
· 찜통에 시루밑을 깔고 팥고물을 넉넉히 펴고
  쌀가루, 팥고물의 순서로 안친다.
· 가루 위로 김이 골고루 오르면 뚜껑을 덮고 20분
  정도 찐 후 불을 줄여 5분간 뜸 들인다.

# 팥앙금떡

붉은팥을 삶아 붉은팥앙금가루를 만들어 찹쌀가루에 넣어 찐 떡으로 떡을 익힌 후
에 틀에 넣어 굳히면 여러 가지 모양의 떡을 만들 수 있다.

 재료

찹쌀가루 400g(4컵), 멥쌀가루 100g(1컵), 물 2~3큰술,

팥앙금가루 1컵, 설탕 5큰술, 잣 2큰술, 호박씨 2큰술,

**팥앙금가루 2컵**[팥 110g(²/₃컵), 소금 1/3작은술, 설탕 4큰술]

고명 연근정과·도라지정과·잣 약간

## 만드는 법

### 1. 쌀가루 만들기

찹쌀과 멥쌀을 씻어 5시간 이상 충분히 불려 건
져 물기를 빼고 소금을 넣어 빻는다.

### 2. 팥앙금가루 만들기

붉은팥을 무르게 삶아 앙금을 내어 소금, 설탕을
넣어 볶는다.

### 3. 팥앙금 섞기

쌀가루에 물과 팥앙금가루를 섞어 중간체에 내린
후 설탕, 잣, 호박씨를 골고루 섞는다(지나치게 마
른 팥앙금가루는 물을 뿌려 섞어 체에 친다).

### 4. 안쳐 찌기

찜통에 젖은 면포를 깔고 쌀가루를 안쳐 30분 정
도 찐다.

### 5. 장식하기

떡이 익으면 쏟아 위, 아래에 팥앙금가루를 뿌리
고 정과를 올려 장식한다.

# 상 화

상화(霜化)는 밀가루를 술로 반죽하여 발효, 다시 반죽한 것을 껍질로 하고 고기나
팥소를 넣고 익힌 만두의 일종이다. 또한 조선 궁중의 빈객을 담당하던 기관에서는
사신을 영접하는 자리에 상화를 만들어 대접하였다. 고려시대부터 조선시대 후기에
이르기까지 상화가 새로운 외래 음식으로서 크게 유행하였다.

### 재료

밀가루 200g(2컵), 소금 1/3작은술, 설탕 2큰술,
생막걸리 1/2컵, 물 2큰술, 설탕 약간, 팥앙금 100g

###  만드는 법

**1. 붉은팥앙금 만들기**

붉은팥을 무르게 삶아 앙금을 내어 소금과 설탕,
물엿을 넣어 조려 앙금을 만든다.

**2. 반죽하기**

• 밀가루는 소금을 넣어 체에 친 후 중탕한 막걸
리와 설탕, 소금을 넣고 반죽한다.
• 윗부분을 매끄럽게 한 후 랩으로 위를 싸서 따
뜻한 곳(약 30℃)에 두어 1시간가량 1차 발효
를 시켜 부풀어오르면 공기를 뺀 후 다시 밀봉
한다.
• 밀봉한 반죽 그릇에 두꺼운 천을 덮어 1시간
더 2차 발효시킨다.

**3. 모양 빚기**

• 처음 정도로 부풀어오르면 다시 공기를 빼준
후에 적당한 크기로 떼어 팥앙금소를 넣는다.
• 속을 넣을 때 밑은 얇고 위는 두툼해야 속이
터지지 않는다.

**4. 찌기**

김이 오른 찜통에 만든 상화를 넣고 뚜껑을 열고
불을 약하게 하여 5분가량 두어 조금 부풀어오
르면 불을 세게 하여 15분 정도 찐다.

# 구름떡·단호박구름떡

익힌 찹쌀가루에 고물을 묻히면서 틀에 넣어 굳힌 후 썬 모양이 마치 구름 모양과
같다 하여 구름떡이라 한다. 비교적 근간에 만들어진 떡이다.

**재료** 구름떡 찹쌀가루 1000g(10컵), 물 4~6큰술, 설탕 10큰술, 부재료[밤 6개, 대추 14개, 잣 1큰술, 호두 6개],

팥앙금가루 2컵[팥 110g(²/₃컵), 소금 ¹/₃작은술, 설탕 3큰술, 계핏가루 1작은술], 설탕물 약간

단호박구름떡 찹쌀가루 1000g(10컵), 찐 단호박 180g, 설탕 10큰술, 부재료[밤 6개, 대추 14개, 잣 1큰술,

호두 6개], 검정깨고물 1¹/₂컵[검정깨 1컵, 소금 ¹/₃작은술], 설탕물 약간

##  만드는 법

### 1. 쌀가루 만들기

- 찹쌀을 씻어 5시간 이상 충분히 불려 건져 물기를 빼고 소금을 넣어 빻는다.
- 단호박구름떡은 찹쌀을 씻어 5시간 이상 충분히 불려 건져 물기를 빼고 소금과 찐 단호박을 넣어 빻는다.

쌀가루에 부재료 섞기

### 2. 부재료 준비하기

- 밤은 껍질을 벗겨 8~10등분한다.
- 대추는 씨를 빼서 4~6등분한다.
- 잣은 고깔을 떼고, 호두는 자잘하게 자른다.

젖은 면포에 설탕 뿌리기

### 3. 안쳐 찌기

- 쌀가루에 분량의 물을 주어 골고루 섞은 후 설탕을 섞는다.
- 위에 밤, 대추, 잣, 호두를 골고루 섞는다.
- 찜통에 젖은 면포를 깔고 떡을 안쳐 20분 정도 찌고 5분간 뜸 들인다.

익은 떡에 고물 묻히기

### 4. 고물 만들기

- 붉은팥을 무르게 삶아 앙금을 내어 소금을 넣어 볶다가 설탕을 넣어 볶는다.
- 검정깨를 씻어 일어 볶아 소금을 넣고 분쇄기에 갈아 준다.

### 5. 모양 만들기

- 떡을 굳힐 각각의 틀에 계핏가루 섞은 팥앙금가루와 검정깨고물을 각각 얇게 편다.
- 익은 떡을 등분하여 고물을 조금씩 묻히면서 눌러 담아 굳혀 썬다 (틀에 담는 도중 중간에 설탕물을 발라 잘 붙게 한다).

틀에 구름떡 굳히기

고물의 색과 쌀가루의 색을 다양하게 바꿀 수 있다.

# 증 편

여름에 만들어 먹는 떡이며, 술로 부풀려서 찐 떡이라 하여 기주, 증병, 술떡 등으로 부른다.

**재료** 멥쌀가루 500g(5컵), 물 ³/₄컵, 생막걸리 ³/₄컵, 설탕 85g(¹/₂컵)

　　　**고명** 대추 2개, 석이 1장, 검정깨 약간

 **색증편으로 할 경우**
- 노란색 : 단호박가루, 호박앙금
- 분홍색 : 딸기시럽
- 녹　색 : 쑥가루

## 만드는 법

### 1. 쌀가루 만들기
쌀을 깨끗이 씻어 5시간 이상 불린 후 물기를 빼고 소금을 넣어 곱게 빻아 고운체에 내린다.

### 2. 반죽하기
- 물을 50℃ 정도로 데워 설탕과 막걸리를 섞는다.
- 물에 쌀가루를 넣어 멍울 없이 고루 섞고 랩을 씌운다.

### 3. 발효하기
- 1차 발효 : 반죽을 따뜻한 곳(30~35℃)에서 4시간 동안 발효시킨다.
- 2차 발효 : 1차 발효된 반죽을 잘 섞어 공기를 빼고 다시 랩을 씌워 2시간 동안 발효시킨다.
- 3차 발효 : 2차 발효된 반죽을 잘 섞어 공기를 빼고 1시간 더 발효시킨다.

　※ 발효 시간은 발효 정도에 따라 달라지며, 여름철에는 실온에서 발효시킨다.

### 4. 고명 준비하기
- 대추 하나는 씨를 빼고 말아 꽃 모양으로 썰고 나머지는 채 썬다.
- 석이는 따뜻한 물에 불려 비벼 씻어 곱게 채 썬다.
- 검정깨는 씻어 일어 볶는다.

### 5. 찌기
- 발효된 반죽을 잘 섞어 공기를 빼고 기름칠한 쟁반이나 방울증편 틀에 7~8부 정도 붓는다.
- 준비한 고명을 올린다.
- 김 오른 찜통에 올려 찌고 꺼낸다.

　※판증편 찌기
　　약한 불에서 5분 → 센 불에서 20분 → 약한 불에서 5분간 뜸 들이기

　※방울증편 찌기
　　약한 불에서 5분 → 센 불에서 10분 → 불 끄고 5분간 뜸 들이기

### 6. 마무리하기
한 김 나간 후 윗면에 식용유를 바른다.

쌀가루 고운체에 내리기

막걸리에 따뜻한 물 섞기

반죽 잘 섞기

1차 발효 후 가스 빼기

틀에 붓고 고명 올리기

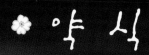

# 약식

약밥, 약반(藥飯), 약식(藥食)으로도 표기하며, 『삼국유사』에 약반의 유래가 기록되어 있는 것으로 보아 신라시대부터 먹어온 음식임을 알 수 있다. 정월 대보름을 오기일(烏忌日)이라 하며 까마귀에게 찰밥을 지어 제를 지내고 보은하는 데서 유래하였다고 한다.

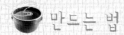 **재료** 찹쌀 800g(5컵), 황설탕 190g(1컵), 양념[참기름 4큰술, 진간장 3큰술, 계핏가루 1작은술, 대추내림 3큰술,

캐러멜소스 3큰술], 부재료[밤 10개, 대추 15개, 잣 1큰술], 꿀 · 계핏가루 · 참기름 약간

**캐러멜소스** 설탕 170g(1컵), 물 ½컵, 끓는 물 ½컵, 물엿 2큰술

## 만드는 법

### 1. 찹쌀 불려 찌기

- 찹쌀은 씻어 일어 5시간 이상 충분히 불려서 건져 물기를 뺀다.
- 찜통에 면포를 깔고 1시간 정도 쌀이 푹 무르게 찐다.

### 2. 대추내림 만들기

대추나 대추씨에 충분한 물을 붓고 뭉근한 불에서 푹 고아 중간체에 내
린다. 수분이 많이 남아 있을 때는 볶아서 되직하게 만들어 쓴다.

### 3. 부재료 준비하기

- 밤은 속껍질까지 벗겨 4~6등분한다.
- 대추는 씨를 발라 내어 3~4조각으로 썬다.
- 잣은 고깔을 뗀다.

### 4. 양념하기

- 찐 찹쌀이 뜨거울 때 큰 그릇에 쏟아 황설탕을 넣어 밥알이 한 알씩
  떨어지도록 주걱으로 자르듯이 고루 섞는다.
- 참기름, 진간장, 계핏가루, 대추내림, 캐러멜소스 순서로 넣어 맛과
  색을 낸다.
- 준비한 밤과 대추를 섞는다.
- 양념한 찰밥을 2시간 이상 상온에 두어 맛이 배도록 한다.

### 5. 찌기

- 찜통에 젖은 면포를 깔고 40분 정도 쪄 내어 그릇에 쏟아 꿀, 계핏가
  루, 참기름, 잣을 섞는다.
- 틀에 참기름을 골고루 바르고 박아 내어 모양을 낸다.

찐 찹쌀에 황설탕 섞기

양념한 찹쌀에 대추내림 넣기

양념한 찹쌀 찌기

두 번 쪄 낸 찹쌀에 계핏가루, 꿀 넣기

### 캐러멜소스 만들기

- 냄비에 설탕과 물을 넣어 중간 불에 올려 젓지 말고 끓인다.
- 가장자리부터 타기 시작해 전체적으로 갈색이 되면 불을 끈다.
- 끓는 물과 물엿을 넣어 섞는다.

# 가래떡

백병이라고 하며 흰쌀가루에 섞는 것 없이 순수하게 만든 것으로, 둥글게 길게 비벼서 만들어 골무떡이나 떡국점을 만든다. 『열양세시기』에는 권모(拳摸)라고 했다. 떡국을 끓일 때는 보통 떡을 엽전 모양으로 써는데, 개성에서는 조랭이떡이라 하여 누에고치 모양의 떡을 만들어 끓인다. 이 모두 순수하고 명이 길고 부를 누리기를 바라는 의미가 있다.

 재료

멥쌀 4kg, 소금 50~60g, 물 3~4컵

## 만드는 법

### 1. 쌀가루 만들기
쌀은 씻어 일어 5시간 이상 불려 30분 이상 물기를 빼고 소금을 넣어 곱게 빻은 다음 물을 섞어 굵게 빻는다.

### 2. 안쳐 찌기
- 시루에 시루밑을 깔고 쌀가루를 고루 담아 시루 주번을 눌러 주어 김이 고루 오르게 한다.
- 김이 오르면 젖은 베 보자기를 덮어 15분간 찌고 5분간 뜸 들인다.

### 3. 성형하기
쪄 낸 떡을 절편기로 내리는데, 한 번 내려온 떡을 그릇에 받았다가 다시 절편기에 넣어 내린다.

### 4. 자르기
두 번째 내려온 떡을 찬물에 담가 모양을 유지시킨 후 건져 군혀 용도에 맞게 자른다.

조랭이떡

# 재증병

재증병은 멥쌀가루를 쪄서 절구나 안반에 쳐서 소를 넣고 송편 모양으로 빚어 다시 한 번 찌는 떡이다. 이와 같이 두 번 찐다고 하여 재증병(再蒸餅)이라고 한다. 『시의 전서』의 어름소편은 재증병의 일종이나 소를 갖추어 넣고 쪄서 기름을 바르고 초장을 찍어 먹었다고 하였다.

 ### 재료

흰색 멥쌀가루 300g(3컵), 물 3큰술

쑥색 멥쌀가루 300g(3컵), 물 3큰술, 데친 쑥 30g

소 거피팥고물 2컵, 꿀 2큰술, 계핏가루 ¼작은술

소금물[물 1컵, 소금 ½작은술] · 솔잎 · 참기름 약간

### 만드는 법

**1. 쌀가루 만들기**

멥쌀을 깨끗이 씻어 일어 5시간 이상 불려 30분 이상 물기를 뺀 후 소금을 넣어 가루를 곱게 빻는다.

**2. 쪄서 치기**

· 가루에 물을 넣어 버무려 김 오른 찜통에 젖은 면포를 깔고 안쳐 투명해질 때까지 찐다.

· 쪄 낸 떡을 절구에 넣어 차지게 될 때까지 친다.

**3. 소 만들기**

거피팥고물에 꿀과 계핏가루를 넣고 반죽하여 소를 만든다.

**4. 모양 만들기**

· 친 떡을 소금물을 묻힌 도마에 놓고 가래떡처럼 길게 만들어 송편 크기로 자른다.

· 자른 떡에 거피팥소를 넣고 오므려 송편 모양으로 빚는다.

**5. 찌기**

· 찜통에 솔잎을 켜켜로 놓고 떡을 찐다.

· 송편이 다 쪄지면 찬물에 씻어 솔잎을 떼어 내고 참기름을 바른다.

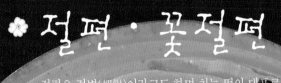
# 절편 · 꽃절편

절편은 절병(切餠)이라고도 하며 치는 떡의 대표로 친 떡덩어리를 길게 만들어 떡살로 모양을 내고, 꽃절편은 친 떡덩어리를 골무떡으로 만들어 색색의 물을 들인 떡 조각을 올린 다음 둥근 떡살로 찍은 떡이다.

 재 료  흰색  멥쌀가루 1200g(12컵), 물 1컵   쑥색  멥쌀가루 600g(6컵), 데친 쑥 60g, 물 ½컵

참기름 · 식용유 · 소금 약간

색 내기 재료  백년초가루 · 치자물 · 감가루 적량

## 🍲 만드는 법

### 1. 쌀가루 만들기

멥쌀을 씻어 일어 5시간 이상 불려 건져 30분 정도 물기를 빼고 소금을
넣어 가루로 곱게 빻는다. 쑥쌀가루는 소금과 데친 쑥을 넣어 가루로
곱게 빻는다.

멥쌀가루, 쑥쌀가루에 물 주어 안치기

### 2. 안쳐 찌기

- 각각의 쌀가루에 물을 섞어 시루에 안쳐 찐다.
- 쌀가루 위로 김이 고루 오르면 10분 정도 찐다.

### 3. 치기

- 익은 떡을 절구나 안반에서 차지게 될 때까지 친다.
- 펀칭기를 이용할 때는 한 덩어리로 뭉쳐지도록 친다.

쩌진 떡에 색 들이기

### 4. 꽃절편 성형하기

- 흰떡을 조금씩 떼어서 치자물과 백년초가루를 조금씩 넣어 색을 들
  여 팥알만큼씩 떼어 놓는다.
- 쳐진 떡을 큰 도마에 놓고 소금물을 바르면서 둥근 막대 모양으로 밀
  어 손으로 잘라 꼬리떡을 만든다.
- 흰절편에는 쑥색 · 노란색 · 붉은색을 얹고, 쑥절편에는 흰색 · 노란
  색 · 붉은색을 얹는다.
- 꼬리떡 중앙에 떼어 놓은 색떡을 붙인 후 떡살에 기름을 묻혀 눌러
  모양을 낸다.

손으로 밀며 떡 자르기

### 5. 절편 성형하기

흰절편, 쑥절편 덩어리를 길게 막대 모양으로 늘인 다음 네모난 떡살로
찍어 낸다.

색떡 올리고 떡살로 찍어 내기

- 치자물은 물 1/4컵에 치자 1개를 쪼개어 우린 물이다.
- 백년초가루는 3배의 물에 개어서 쓴다.

백년초

# 개피떡

흰떡이나 쑥떡을 얇게 밀어 소를 넣고 접어 놋보시기 등으로 떠 내는데, 이때 바람이 들어가므로 바람떡이라고 부르기도 한다. 떡 껍질에 넣는 재료에 따라 쑥개피떡, 송기개피떡이라 하고, 두 개씩 또는 세 개씩 붙인 것을 둘붙이(쌍개피떡), 셋붙이라 한다.

재료  흰색  멥쌀가루 1200g(12컵), 물 1컵   쑥색  멥쌀가루 600g(6컵), 데친 쑥 50g, 물 1/2컵

거피팥소  거피팥고물 1컵, 꿀 1~2큰술, 계핏가루 1/4작은술

붉은팥앙금소  붉은팥앙금 1컵, 계핏가루 1/4작은술

색 내기 재료  백년초가루 · 치자물 · 감가루 적량

참기름 약간

## 만드는 법

### 1. 쌀가루 만들기

쌀을 깨끗이 씻어 일어 5시간 이상 불린 후 30분 이상 물기를 빼고 소금을 넣어 가루로 곱게 빻는다. 쑥쌀가루는 불린 쌀에 소금과 데친 쑥을 넣어 가루를 빻는다.

### 2. 소 만들기

- 거피팥을 불린 뒤 껍질을 벗겨 찜통에 찐 후 소금을 넣고 체에 내린다.
- 거피팥고물에 꿀, 계핏가루를 넣어 반죽하여 밤톨만 하게 소를 빚는다.
- 붉은팥앙금소에 계핏가루를 넣고 밤톨만 하게 소를 빚는다.

### 3. 안쳐 찌기

쌀가루에 물을 섞어 시루에 안쳐 10분 정도 찐다.

### 4. 성형하기

- 쪄진 떡을 펀칭기에 넣어 한 덩어리로 뭉쳐질 정도로 친 후 흰 반죽을 떼어 치자물과 백년초 등 색 내기 재료를 넣어 색을 들인다. 색이 들면 밀대를 이용해 얇게 민다.
- 떡에 소를 놓고 덮어 반달 모양으로 찍어 내어 참기름을 바른다.

소 빚기

펀칭기에 떡 치기

반죽 밀대로 밀기

소 넣어 반으로 접기

개피떡 틀로 찍어 내기

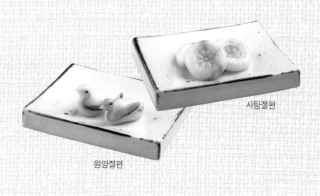

사탕절편

원앙절편

# 산병

개피떡을 새끼손가락만 하게 만들어 등쪽으로 구부려 휘게 한 떡으로 꼽장떡(曲餅 : 곡병)이라 하며, 삼색으로 물을 들여 떡 위에 얹는다.

 재료

흰색 멥쌀가루 600g(6컵), 물 ½컵

쑥색 멥쌀가루 600g(6컵), 데친 쑥 60g, 물 ½컵

소 거피팥고물 1컵, 꿀 1~2큰술, 계핏가루 ¼작은술

　　붉은팥앙금소 1컵, 계핏가루 ¼작은술

참기름 약간

## 만드는 법

### 1. 쌀가루 만들기
개피떡과 동일한 방법으로 쌀가루를 만든다.

### 2. 소 만들기
• 거피팥고물에 꿀, 계핏가루를 넣어 반죽하여 밤톨만 하게 소를 빚는다.
• 붉은팥앙금에 계핏가루를 넣고 밤톨만 하게 소를 빚는다.

### 3. 안쳐 찌기
쌀가루에 물을 섞어 시루에 안쳐 10분 정도 찐다.

### 4. 성형하기
• 쪄진 떡을 펀칭기에 넣어 한 덩어리로 뭉쳐질 정도로 친 후 밀대를 이용해 얇게 민다.
• 둘붙이는 떡에 소를 놓고 덮어 작은 반달 모양으로 찍어 내어 두 개를 마주보게 붙여 기름을 바른다. 세 개씩 붙인 것을 셋붙이라고 한다.
• 산병은 개피떡 모양으로 두 개를 찍어 내는데 한 개는 크게 찍고, 다른 한 개는 작게 찍어 두 개를 포갠 다음 만두 빚듯이 붙여 기름을 바른다.

# 꽃인절미

찹쌀을 가루 내어서 쪄서 찐 후 꿀을 발라 단맛을 주고 카스테라고물을 묻히는 떡으로 간편하게 만들 수 있는 현대적인 인절미이다.

### 🐚 재료

찹쌀가루 200g(2컵), 물 1큰술

고명 대추 1개, 쑥(쑥갓) 약간

고물 꿀 2큰술, 카스테라 ½개

###  만드는 법

**1. 쌀가루 만들기**

찹쌀은 깨끗이 씻어 일어 5시간 이상 불려 물기를 빼고 소금을 넣어 가루로 곱게 빻는다.

**2. 고명 준비하기**

대추는 씨를 빼고 돌돌 말아 썰어 꽃 모양으로 만들고, 쑥(쑥갓)은 한 잎씩 떼어 낸다.

**3. 안쳐 찌기**

쌀가루에 물을 주어 찜통에 면포를 깔고 덩어리지게 안쳐 20분 정도 찐다.

**4. 치기**

충분히 익으면 절구에 꽈리가 일도록 치거나 편칭기에 친다.

**5. 고물 만들기**

카스테라는 누런 부분을 떼어 내고 어레미에 내려 고물을 만든다.

**6. 모양 만들기**

• 인절미를 펴서 꿀을 바르면서 자른다.

• 대추와 쑥(쑥갓)잎을 붙이고 카스테라고물을 묻힌다.

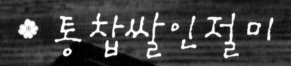

# 통찹쌀인절미

인절미(引絶味)는 인절병(引絶餅)이라고도 하며, 차진 떡이라 잡아 당겨 끊는다는 의미를 가지고 있다. 또한 인절미를 분자(粉養), 자고(餈糕), 타고(打糕)라고도 한다.

 **재료** 찹쌀 800g(5컵), 물 ½컵, 소금 1~1½큰술, 설탕 ⅓컵

　　　**고물** 팥앙금가루 · 거피팥고물 · 검정깨고물 · 노란콩고물 · 푸른콩고물 각 ½컵

## 만드는 법

### 1. 쌀 불리기
찹쌀은 깨끗이 씻어 일어 5시간 이상 불려 물기를 뺀다.

### 2. 안쳐 찌기
찜통에 젖은 면포를 깔고 심까지 무르게 40분~1시간 정도 푹 찐다.
찌는 도중에 주걱으로 섞어 잘 익게 한다.

**통찹쌀 찌기**

### 3. 고물 만들기
- 푸른콩은 쪄서 볶아 식혀 분쇄기에 갈아서 가루로 만든다.
- 거피팥은 불려서 껍질을 벗긴 후 물기를 빼고 쪄서 소금 간을 하여 식혀 둔다.
- 검정깨는 씻어 일어 타지 않게 볶아 소금을 넣고 분쇄기에 갈아서 가루로 만든다.
- 붉은팥은 무르게 삶아 앙금을 내어 소금과 설탕을 넣어 볶는다.
- 노란콩은 볶아 소금을 넣고 분쇄기에 갈아서 가루로 만든다.

**펀칭기에 치기**

### 4. 치기
- 쪄진 쌀을 펀칭기나 절구에 쏟고 소금을 넣어 치다가 뭉쳐지면 설탕을 넣고 친 후 분량의 물을 조금씩 넣어 주며 친다.
- 절구에 칠 때는 절구공이에 소금물(물 1컵+소금 1작은술)을 묻혀 가며 쳐야 떡이 들러붙지 않는다.

**고물 위에 떡 올리기**

### 5. 모양 만들기
기름 바른 비닐을 깔고 떡을 쏟아 모양을 잡는다.

### 6. 고물 묻히기
모양이 잡힌 떡을 잘라 각각의 고물을 묻힌다.

**자른 떡 고물 묻히기**

> **인절미**
> 인절미는 찹쌀을 불려서 시루나 찜통에 쪄서 바로 절구나 안반에 쳐서 적당한 크기로 썰어 콩고물이나 거피팥고물을 묻힌다. 떡을 칠 때에 데친 쑥을 넣으면 쑥인절미가 된다.

# ❀ 인절미말이

인절미를 얇게 밀어 편 후 여러 재료를 넣어 말아 놓은 비교적 최근에 만들어진 떡
이다. 잘라 놓은 단면이 아름답고 누구나 즐기기 좋은 떡이다.

재 료　찹쌀가루 600g(6컵), 물 3~5큰술

　　　소 　땅콩 2큰술, 호두 3개, 대추 5개, 호박씨 2큰술, 유자 껍질 ¼개분, 팥앙금소 100g, 완두앙금소 100g

　　　시럽　물엿 2큰술, 설탕 1큰술, 물 ½컵, 소금 약간, 계핏가루 ¼작은술

　　　고물　실깨 1컵, 소금 ⅓작은술, 카스테라 1개

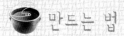 만드는 법

## 1. 쌀가루 만들기

찹쌀은 깨끗이 씻어 일어 5시간 이상 불려 30분 이상 물기를 빼고 소금을 넣어 가루를 곱게 빻는다.

## 2. 쪄서 치기

- 가루에 물을 주어 찜통에 젖은 면포를 깔고 덩어리로 안쳐 30분 정도 찐다.
- 충분히 익으면 절구에 꽈리가 일도록 치거나 펀칭기에 친다.

## 3. 소 만들기

- 땅콩은 껍질을 벗기고, 호두는 속껍질이 있는 채로, 씨를 뺀 대추와 호박씨, 유자 껍질은 각각 잘게 다진다.
- 냄비에 물엿, 설탕, 물, 소금을 넣고 끓여 끓기 시작하면 다진 재료를 넣어 뭉근한 불에서 서로 잘 엉길 때까지 조린 후 계핏가루를 섞는다.

## 4. 앙금 만들기

붉은팥은 푹 무르게 삶아 앙금을 내어 소금, 설탕, 물엿을 넣어 조린다.

※ 완두앙금은 완두를 푹 삶거나 완두통조림을 푹 삶아서 팥앙금과 같은 방법으로 한다.

## 5. 고물 만들기

- 볶은 실깨를 소금 1/3작은술을 넣어 굵게 빻는다.
- 카스테라는 갈색 부분을 떼어 내고 어레미에 내리거나 분쇄기에 잠깐 갈아 고물로 만든다.

## 6. 모양 만들기

- 도마나 쟁반에 기름 바른 비닐을 깔고 따뜻한 인절미 덩어리를 놓아 0.3cm 두께로 펴서 식힌다.
- 인절미 끝을 3cm 정도 남기고 소를 넣어 김밥 싸듯 동그랗게 말아 실깨고물을 묻혀 자른다.
- 인절미에 앙금을 반반씩 펴고 양쪽에서 말아 카스테라고물을 묻혀 자른다.

# ✿ 인절미 (현미 · 호박 · 쑥)

찹쌀가루에 다양한 맛과 색을 내는 호박이나 쑥 등을 섞어 인절미를 만든다. 찰현미
나 찰흑미를 이용하여 현미인절미나 흑미인절미를 만들기도 하며 작게 조각내어 냉
동하면 아침 대용으로 좋다.

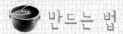 **재료** 현미인절미 찰현미가루 600g(6컵), 물 1~2큰술, 설탕 1/4컵, 호박씨 10g, 대추 5개

　　　　　호박인절미 찹쌀가루 600g(6컵), 호박가루 30g, 치자물 1/4컵, 설탕 1/3컵, 호박씨 10g, 대추 5개

　　　　　쑥인절미　찹쌀가루 600g(6컵), 물 2큰술, 설탕 1/4컵, 데친 쑥 100g, 호박씨 10g, 대추 5개

# 만드는 법

## 1. 쌀가루 만들기

- 찹쌀은 깨끗이 씻어 하룻밤(10~12시간) 정도 불린 후 물기를 빼고 소금 간을 하여 빻아 물을 섞는다.
- 현미는 깨끗이 씻어 일어 하루 이상 충분히 불려 물기를 뺀 후 소금을 넣어 가루로 빻아 물을 섞는다.
- 호박인절미는 쌀가루에 호박가루와 치자물을 섞는다.

## 2. 찌기

- 시루에 젖은 면포를 깔고 쌀가루를 손으로 쥐어 덩어리로 만들어 차곡차곡 안친다. 가루를 편평히 안치는 것보다 덩어리로 잡아서 안치는 것이 증기가 잘 오른다. 약 25~30분 가량 찐다.
- 쑥인절미는 쑥을 데쳐서 물기를 꼭 짜 곱게 다진 것을 뜸 들일 때 넣고 김을 올린 후 펀칭기에 치면 푸른색이 곱게 난다.

## 3. 치기

쪄 낸 떡을 펀칭기에 넣고 치는데, 뜨거울 때 설탕을 넣고 잘 섞이게 한 후 어느 정도 쳐졌을 때 호박씨와 대추를 넣고 잠깐만 친다.

현미인절미

## 4. 모양 만들기

- 기름 바른 비닐을 깔고 떡을 쏟아 모양을 잡는다.
- 크기를 큼직하게 썰어 랩으로 각각 포장한다.

인절미에 넣는 설탕의 양은 기호에 따라 조절할 수 있으며, 대추나 잣·호두 등의 부재료를 넣으면 떡에 부족한 영향도 보충할 수 있고 씹는 맛도 더 좋아진다.

호박인절미

쑥인절미

# 각색단자(쑥구리·대추·석이)

단자는 찹쌀가루를 삶거나 쪄서 꽈리가 일도록 쳐서 밤 또는 깨, 팥고물을 넣어 동글동글하게 빚어 꿀을 바르고 고물을 묻힌 떡이다. 쌀가루에 섞는 재료에 따라 쑥구리단자, 대추단자, 석이단자, 은행단자, 유자단자, 건시단자, 잡과단자 등 다양하게 만들며 주로 웃기떡으로 만든다.

**재료**

**쑥구리단자** 찹쌀가루 200g(2컵), 물 1큰술, 데친 쑥 20g, 거피팥고물 2컵, 꿀 1큰술

소 거피팥고물 1/3컵, 계핏가루 약간, 꿀 1작은술

**대추단자** 찹쌀가루 200g(2컵), 대추 8개(다진 것 3큰술), 물 1큰술, 꿀 1큰술

고물 밤 6개, 대추 12개

**석이단자** 찹쌀가루 200g(2컵), 석이가루 불린 것 1큰술[석이가루 1작은술, 끓는 물 1큰술, 참기름 약간],

물 1큰술, 꿀 1큰술, 잣가루 2/3컵

# 🍵 만드는 법

## 쑥구리단자

🌾 찹쌀가루에 삶은 쑥을 넣어 만든 단자로 쑥굴리, 봉단자(蓬團子), 향애(香艾)
단자, 청애(靑艾)단자라고도 한다.

### 1. 쌀가루 만들기

찹쌀은 깨끗이 씻어 일어 5시간 이상 불려 30분 이상 물기를 뺀 후 소
금을 넣어 가루로 빻는다.

### 2. 쑥 데치기

쑥은 연한 잎을 뜯어 소금 또는 소다를 넣어 끓는 물에 데쳐 내어 찬물
에 헹군다.

### 3. 거피팥고물 만들기

거피팥을 충분히 불려 씻어 껍질을 벗긴 후 일어 물기를 뺀 후 찜통에 면
포를 깔고 푹 무르게 쪄 소금 간을 하여 중간체에 내려 고물을 만든다.

### 4. 거피팥소 만들기

소는 거피팥고물 1/3컵에 계핏가루와 꿀을 넣어 반죽하여 지름 2cm의
막대 모양을 만든다.

### 5. 찌 기

찹쌀가루에 물을 주어 찜통에 젖은 면포를 깔고 찐다.

### 6. 치 기

쪄 낸 떡에 데친 쑥을 넣어 뜸 들이고 절구에 넣어 꽈리가 일도록 친다.

### 7. 성형하기

도마에 소금물을 바르고 떡을 쏟아 두께 1cm로 펴고, 막대 모양의 소를
놓고 꿀을 바르면서 늘여 말아 새알 모양으로 끊어서 고물을 묻힌다.

익은 떡 위에 쑥 넣고 뜸 들이기

치 기

소 넣고 말기

새알 모양으로 끊어 고물 묻히기

만드는 법

## 대추단자

### 1. 찌 기
찹쌀가루에 다진 대추를 섞어 고루 버무린 후 물을 주어 찜통에 젖은 면포를 깔고 찐다.

### 2. 고물 준비하기
밤은 속껍질은 벗겨 곱게 채 썰고, 대추는 씨를 발라 내고 곱게 채 썰어 섞어 고물로 쓴다.

### 3. 성형하기
쪄 낸 떡을 절구에 넣어 꽈리가 일도록 친 후 꿀을 발라가며 대추알만큼씩 떼어 고물을 묻힌다.

## 석이단자

### 1. 찌 기
찹쌀가루에 불린 석이가루를 섞어 고루 버무린 후 물을 주어 찜통에 젖은 면포를 깔고 찐다. 마른 석이가루를 쓸 때는 끓는 물과 참기름을 주어 불려서 쓴다.

### 2. 잣 손질하기
잣은 고깔을 떼고 한지에 놓고 칼날로 곱게 다져 가루를 내어 잣기름을 뺀다.

### 3. 성형하기
쪄 낸 떡을 절구에 넣어 꽈리가 일도록 친 후 도마에 소금물(물 1컵+소금 1작은술)을 발라 1cm 두께로 펴서 꿀을 바른 후 길이 3cm, 폭 2.5cm로 썰어 잣가루를 고루 묻힌다.

석이가루 불리기

석이가루를 쌀가루에 섞기

꿀 바르고 자르기

잣고물 묻히기

# 찹쌀떡

시판되는 대부분의 찹쌀떡은 유통기한을 늘리기 위해 다양한 당류 등을 첨가해서
만드는데, 인절미 반죽에 팥앙금소를 넣어 모양을 동그랗게 만든 후 전분가루를 묻
히면 쉽게 만들수 있다.

 재료

찹쌀가루 500g(5컵), 물 3큰술, 설탕 50g, 녹말가루 1/2컵,
팥앙금 300g

## 만드는 법

### 1. 쌀가루 만들기

찹쌀을 씻어 일어 5시간 이상 불려 30분 이상 물
기를 빼고 소금을 넣어 빻아 물을 섞는다.

### 2. 찌기

• 찜통에 젖은 면포를 깔고 쌀가루를 안친다.
• 가루 위로 김이 고루 오르면 30분 정도 충분히
  찐다.

### 3. 소 만들기

붉은팥을 삶아 앙금을 낸 후 소금, 설탕, 물엿을 넣
어 조려 직경 2cm 정도의 원형으로 소를 만든다
(110쪽 참조).

### 4. 치기

펀칭기에 설탕과 함께 넣고 설탕이 떡 덩어리에
완전히 섞일 때까지 친다.

### 5. 성형하기

면포에 녹말가루를 뿌리고 친 떡을 쏟은 후 크기
대로 잘라 앙금을 넣고 모양을 만들어 녹말가루
를 묻힌다.

# 유자단자 · 잡과단자

『규합총서』에 잡과편은 찹쌀가루를 반죽하여 삶아 꿀물을 넣어 개어서 황률 가루, 꿀 버무려 소를 빚어 대추, 곶감, 밤채와 잣가루를 묻히는 떡인데, 여러 과일의 고물을 섞어 묻히는 잡과단자라고 볼 수 있다.

**재료**

유자단자  찹쌀가루 200g(2컵), 물 1큰술, 유자 $\frac{1}{2}$개, 잣가루 $\frac{2}{3}$컵, 꿀 1큰술

잡과단자  찹쌀가루 200g(2컵), 소금 $\frac{1}{2}$작은술, 물 1큰술, 불린 석이가루 1큰술[석이가루 1작은술,
끓는 물 1큰술], 밤 3개, 대추 7개, 잣가루 3큰술, 꿀 1$\frac{1}{2}$큰술

 만드는 법

## 유자단자

### 1. 쌀가루 만들기
찹쌀은 깨끗이 씻어 일어 5시간 이상 불려 30분 이상 물기를 뺀 후 소금을 넣어 가루로 빻는다.

### 2. 부재료 준비하기
유자 껍질은 곱게 다진다.　※생유자가 없을 때는 당절임한 유자를 다져서 사용한다.

### 3. 찌 기
찹쌀가루에 다진 유자 껍질을 섞어 김이 오른 찜통에 찹쌀가루가 투명해지도록 쪄 낸다.

### 4. 치 기
쪄 낸 떡을 절구에 넣어 꽈리가 일도록 친 후 소금물을 바른 도마에 떡을 쏟는다.

### 5. 성형하기
두께 1cm로 퍼서 길이 3cm, 폭 2.5cm 정도의 크기로 잘라 꿀을 전체적으로 바른 뒤 썰어서 잣가루를 고루 묻혀 그릇에 담는다.

## 잡과단자

### 1. 찌 기
찹쌀가루에 불린 석이가루를 섞어 고루 버무린 후 물을 주어 찜통에 젖은 면포를 깔고 찐다.

### 2. 고물 준비하기
잣은 고깔을 떼어 한지에 놓고 칼날로 다져 가루를 내고, 밤은 속껍질을 벗겨 곱게 채 썰고, 대추는 씨를 발라내고 곱게 채 썰어 섞어 고물로 쓴다.

### 3. 성형하기
쪄 낸 떡을 절구에 넣어 꽈리가 일도록 친 후 소금물을 바른 도마에 1cm 두께로 퍼서 꿀을 발라 길이 3cm, 폭 2.5cm 정도의 대추알만 한 크기로 떼어 꿀을 바르고 고물을 고루 묻힌다.

# ✿ 은행단자 · 밤단자

은행단자는 찹쌀가루에 익힌 은행을 다져 섞어 찐 후 쳐서 작게 모양을 내어 잣고물을 묻힌 떡이다. 은행은 공손수(公孫樹)라고도 하며 청산배당체가 있어 독특한 맛과 향을 내지만 다량 먹을 경우 독성을 나타내기도 한다.

**재료**

은행단자  찹쌀가루 200g(2컵), 물 1큰술, 은행 다진 것 ½컵, 잣가루 ⅔컵, 꿀 1큰술

밤단자  찹쌀가루 200g(2컵), 물 1큰술, 밤고물 130g(1 ½컵), 꿀 1큰술

소 밤고물 ½컵, 계핏가루 약간, 꿀 2작은술

 만드는 법

## 은행단자

**1. 쌀가루 만들기**

찹쌀은 깨끗이 씻어 일어 5시간 이상 불려 물기를 뺀 후 소금을 넣고 가루로 빻는다.

**2. 부재료 준비하기**

은행을 끓는 물에 삶아 껍질을 벗겨 분쇄기에 간다. 이때 껍질 벗긴 은행을 살짝 얼려 갈면 덩어리 지지 않아 좋다.

**3. 찌 기**

찹쌀가루에 다진 은행을 섞어 김이 오른 찜통에 찹쌀가루가 투명해지도록 쪄 낸다.

**4. 치 기**

쪄 낸 떡을 절구에 넣어 꽈리가 일도록 친 후 소금물을 바른 도마에 떡을 쏟는다.

**5. 썰 기**

두께 1cm로 펴서 길이 3cm, 폭 2.5cm 정도의 크기로 만들어 꿀을 전체적으로 발라 썰어서 잣가루 를 고루 묻힌 뒤 그릇에 담는다.

## 밤단자

**1. 쌀가루 만들기**

찹쌀은 깨끗이 씻어 일어 5시간 이상 불려 물기를 뺀 후 소금을 넣어 가루로 빻는다.

**2. 밤고물 만들기**

밤은 씻어 삶거나 찐 후 밤 속을 파서 중간체에 내린다.

**3. 소 만들기**

소는 밤고물 1/2컵에 계핏가루와 꿀을 넣고 반죽하여 지름 2cm의 막대 모양으로 만든다.

**4. 찌 기**

찹쌀가루에 물을 주어 버무려 찜통에 젖은 면포를 깔고 가루가 보이지 않을 때까지 찐다.

**5. 치 기**

쪄 낸 떡을 절구에 넣어 꽈리가 일도록 친 후 도마에 소금물을 바르고 떡을 쏟아서 두께 1cm로 펴고, 막 대 모양의 소를 놓고 말아 꿀을 바르면서 길게 늘여 새알 모양으로 끊어서 고물을 묻힌다.

# ❀ 송편

추석에 절식으로 만드는 송편은 오려송편이라 하여 그 해에 철 이르게 익은 올벼로
작고 예쁘게 만드는 데 반하여, 음력 2월 초하루를 노비일이라 하여 농사일이 시작
되므로 노비에게 나이수대로 큼직하게 만들어 먹이는 송편을 노비송편이라 한다.

**재 료**　흰색　멥쌀가루 200g(2컵), 끓는 물 3~4큰술

쑥색　멥쌀가루 200g(2컵), 쑥 20g, 끓는 물 3~4큰술

노란색　멥쌀가루 200g(2컵), 찐 호박 20g, 끓는 물 2~3큰술

소　거피팥고물 ½컵, 계핏가루 약간, 꿀 약간, 밤 2개, 풋콩 ½컵[마른콩일 때 ⅕컵], 소금 ⅕작은술,

깨소금 ½컵, 설탕 1큰술

솔잎 · 참기름 약간

## 만드는 법

### 1. 쌀가루 만들기

- 쌀을 깨끗이 씻어 일어 5시간 이상 불려 30분 이상 물기를 빼고 소금을 넣어 가루로 곱게 빻아 중간체에 내린다.
- 쌀가루는 불린 쌀에 소금과 데친 쑥을 넣어 빻는다.
- 호박쌀가루는 불린 쌀에 소금과 찐 단호박을 넣어 곱게 가루를 빻는다.

끓는 물을 넣어 익반죽하기

### 2. 소 만들기

- 거피팥고물에 꿀과 계핏가루를 넣어 골고루 섞고 꿀을 넣어 반죽하여 소를 빚는다.
- 밤은 껍질을 벗겨 잘게 썬다.
- 풋콩은 약간의 소금 간을 하고, 마른 콩은 불려서 삶아 소금 간을 한다.
- 깨소금에 설탕(꿀)을 넣어 버무린다.

소 넣어 빚기

### 3. 빚기

쌀가루를 끓는 물로 많이 치대면서 익반죽하여 밤알만한 크기로 떼어 둥글게 빚어 가운데를 파서 소를 넣고 잘 오므려 모양을 낸다. 빚은 송편에 색색으로 꽃 모양을 만들어 장식한다.

모양 내기

### 4. 안쳐 찌기

- 찜통에 솔잎을 깔고 송편이 서로 닿지 않게 놓고 솔잎으로 덮고 나서 다시 송편, 솔잎의 순서로 안친다.
- 송편 위로 골고루 김이 오른 후 20분 정도 찐다.
- 다 쪄지면 냉수에 급히 씻어서 솔잎을 떼고 소쿠리에 건져 물기를 제거하고 참기름을 바른다.

솔잎 깔고 찌기

# 감자송편

감자가 풍부하게 나는 강원도 지역에서 즐겨 먹는 향토떡으로 수확 중 상처난 감자
를 썩혀 추출한 감자전분이 주재료지만, 요즘에는 타피오카전분 등을 섞어서 만들
기도 한다.

## 재료

감자송편가루 300g(시판용), 설탕 1작은술, 끓는 물 1~1½컵,
소금 1작은술, 식용유 1작은술, 참기름 약간
팥고물 붉은팥 80g(½컵), 소금 ⅓작은술, 설탕 1큰술

##  만드는 법

### 1. 반죽하기

시판용 감자송편가루에 설탕을 섞은 후 끓는 물
과 소금을 넣고 송편 반죽하듯이 익반죽한다. 반
죽하는 중간에 식용유를 넣어 반죽한다.

### 2. 고물 만들기

- 팥은 물을 충분히 부어 끓어오르면 물을 따라
  내고 다시 물을 부어 푹 무르도록 삶는다.
- 삶아진 팥에 소금과 설탕을 넣어 팥알이 반쯤
  으깨지도록 방망이로 찧는다.

### 3. 빚기

반죽을 떼어 펴서 팥소를 넣고 손으로 꼭꼭 눌러
강원도식 송편 모양으로 빚는다.

※ 콩을 섞어 찔 수도 있다.

### 4. 찌기

김이 오른 찜통에 시루밑을 깔고 빚은 송편을 넣
어 말갛게 익으면 꺼내어 뜨거울 때 참기름을 바
른다.

# 쑥개떡

멥쌀가루에 데친 쑥을 넣어 만들기도 하고, 메밀속나깨, 보리싸라기 등을 반죽하여
많은 밥을 할 때 밥 위에다 찌는 떡이다.

 재료

쑥멥쌀가루 600g(6컵), 설탕 1큰술, 끓는 물 ¾~1컵,
참기름 1큰술, 식용유 · 소금 약간

## 만드는 법

### 1. 쑥 데치기
쑥은 잎만 떼어 소금이나 소다를 넣고 삶아 찬물
에 헹궈 물기를 꼭 짠다.

### 2. 쌀가루 만들기
불린 쌀에 소금과 데쳐 물기를 제거한 쑥을 넣어
쌀가루를 곱게 빻는다.

### 3. 반죽하기
쌀가루에 설탕을 섞고 끓는 물을 넣어 익반죽한
다(송편 반죽 정도).

### 4. 모양 내기
반죽을 알맞은 크기로 떼어 동글납작하게 모양
을 내거나 떡살에 찍어 낸다.

### 5. 찌기
• 김이 오른 찜통에 10~15분 정도 찐다.
• 꺼내어 참기름과 식용유, 소금을 섞어 바른다.

# ✿ 오색경단

안동 지방에서는 경단 고물로 깨를 묻히면 깨굴리, 콩가루를 묻히면 콩굴리라 한다.

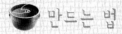 **재료** 찹쌀가루 500g(5컵), 끓는 물 10큰술, 전분 ½컵

**소** 팥앙금소 50g, 완두앙금소 50g

**고물** 푸른콩가루 · 녹두고물 · 볶은 실깨 · 볶은 검정깨 · 붉은팥앙금가루 각 ½컵

## 만드는 법

### 1. 쌀가루 만들기
찹쌀은 씻어 일어 5시간 이상 불린 후 건져 물기를 빼고 소금을 넣어 곱게 빻는다.

### 2. 소 준비하기
팥앙금소나 완두앙금소는 0.7cm 정도의 구형으로 빚는다.

### 3. 고물 만들기
- 푸른콩은 쪄서 볶아 식혀 분쇄기에 갈아서 가루로 만든다.
- 거피녹두는 불려서 껍질을 벗긴 후 물기를 빼고 쪄서 소금 간을 하여 중간체에 내린다.
- 흰깨는 불려서 껍질을 벗겨 실깨를 만들어 타지 않게 볶는다.
- 검정깨는 씻어 일어 타지 않게 볶는다.
- 붉은팥은 무르게 삶아 앙금을 내어 소금과 설탕, 물엿을 넣어 볶는다.

### 4. 빚어 삶기
- 찹쌀가루는 끓는 물로 익반죽하여 팥앙금소나 완두앙금소를 넣어 고물에 따라 직경 1.5~2cm 크기로 빚는다.

  고물 알갱이가 작은 것은 경단의 크기를 크게, 고물 알갱이가 큰 것은 경단의 크기를 작게 하면 완성된 떡의 크기가 균일해진다.

- 전분을 묻혀 여분의 가루를 털어 내고 끓는 물에 넣어 삶아 떠오르면 뜸을 들여 찬물에 헹궈 식힌 후 건져서 물기를 뺀다.

### 5. 고물 묻히기
각각의 고물에 굴린다.

찹쌀 반죽에 소 넣어 빚기

전분 묻히기

찬물에 헹구기

고물 묻히기

# 수수경단(수수팥단지)

찰수숫가루를 익반죽하여 둥글게 빚어 삶아 내어 붉은팥고물을 묻힌 떡이다. 9살까
지 생일에 이 떡을 해주면 액을 면할 수 있다는 풍속이 있다.

### 재료
찰수숫가루 200g(2컵), 찹쌀가루 50g(¹/₂컵), 끓는 물 4~5큰술
붉은팥고물 2 ¹/₂컵  붉은팥 160g(1컵), 물 7컵, 소금 ¹/₂작은술

 ### 만드는 법

#### 1. 가루 만들기
• 찰수수를 씻어 일어 물을 갈아 주며 7~8 시간
  이상 불린 뒤 씻어 건져 소금을 넣고 곱게 가루
  를 빻는다.
• 찹쌀은 깨끗이 씻어 일어 5시간 이상 불려 건
  져 30분 정도 물기를 뺀 후 소금을 넣어 가루로
  빻는다.

#### 2. 팥고물 만들기
붉은팥을 삶아 뜨거울 때 절구에 쏟아 소금을 넣
고 대강 찧어서 보슬보슬한 고물을 만든다.

#### 3. 반죽하여 모양 만들기
• 찰수숫가루와 찹쌀가루를 섞어 준 후 끓는 물
  로 익반죽한다.
• 오래 치대어 잘라 직경 2cm 구형으로 빚는다.
  ※ 반죽할 때 설탕을 약간 넣을 수도 있다.

#### 4. 삶아 고물 묻히기
• 끓는 소금물에 경단을 넣고 익어서 위에 뜨면
  불을 줄여 뜸을 들인다.
• 뜸 들여 익으면 건져 냉수에 급히 헹구어 물기
  를 빼고 팥고물을 묻힌다.

# 개성경단

끓는 물에 삶아 낸 찹쌀 새알심(경단)을 즙청시럽에 넣었다가 경앗가루에 굴리는 떡이다.

 ## 재료

찹쌀가루 300g(3컵), 끓는 물 5~6큰술, 붉은팥 100g(²/₃컵),
참기름 2작은술
즙청시럽 설탕 42g(¼컵), 물 1큰술, 물엿 70g(¼컵)

## 만드는 법

### 1. 경앗가루 만들기

붉은팥을 무르게 삶아 앙금을 내어 물기를 꼭 짜
고 앙금을 보온밥통에 24시간 정도 넣어 둔 후
햇볕에 바싹 말려 고운체에 친 다음 참기름을 넣
어 고루 비벼 준다.

　※예전에는 팥앙금을 말렸다 찌기를 7번 반복하여
　　만들었다고 한다.

### 2. 즙청시럽 만들기

설탕, 물, 물엿을 함께 끓여 설탕이 녹으면 식혀
준다.

### 3. 경단 만들기

찹쌀가루에 끓는 물을 넣어 익반죽하여 지름 1.5
~2cm 정도로 동그랗게 빚어 끓는 물에 삶아 익
혀 낸 후 찬 물에 두 번 씻어 식힌다.

### 4. 완성하기

• 익혀 낸 경단을 즙청시럽에 담갔다가 고물에
  굴린다.
• 다시 한 번 시럽에 담갔다가 고물에 굴린다.
• 그릇에 경단을 담고 즙청시럽과 팥고물을 뿌
  리고 다시 경단 올리기를 반복한다.

# ❀ 별미경단

별미경단은 인절미를 이용한 경단으로 여름철에는 더 달게, 기울철에는 덜 달게 하
며, 경단의 속은 개피떡 소를 이용하여 만든다.

**재료**  찹쌀가루 600g(6컵), 물 3큰술, 설탕 55g, 밀가루 5g

소  거피팥 2 ½컵, 소금 ½큰술, 설탕 ½컵, 대추 10개, 호두 5개, 잣 1½큰술

고물  검정깨 볶은 것 · 실깨 볶은 것 · 카스테라고물 · 거피팥고물(흰색, 분홍색) · 호박씨 갈은 것 각 ½컵

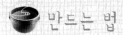
## 만드는 법

### 1. 경단 껍질 만들기

- 찹쌀을 씻어 일어 5시간 이상 불려 30분 이상 물기를 뺀 후 소금을 넣고 빻는다.
- 찹쌀가루에 물을 넣고 잘 섞은 뒤 찜통에 젖은 면포를 깔고 넣어 충분히 익힌다.
- 펀칭기에 설탕과 함께 넣고 설탕이 인절미와 완전히 섞일 때까지 돌린 후 밀가루를 넣어 뽀얗게 될 때까지 돌린다.

  ※밀가루에 들어 있는 $\beta$-아밀라아제가 전분사슬을 끊어 주어 떡의 노화를 지연시켜 주는 효과가 있다.

### 2. 소 만들기

- 거피팥은 충분히 불려서 씻어 껍질을 벗긴 후 물기를 제거하여 찜통에 면포를 깔고 푹 무르게 쪄 뜨거울 때 소금과 설탕을 넣고 절구로 빻아 준다.
- 대추는 씨를 빼서 굵게 다지고, 호두와 잣도 굵게 다진다.
- 거피팥고물에 다진 대추, 호두와 잣을 넣어 잘 버무려 직경 2cm 정도의 크기로 빚는다.

### 3. 고물 만들기

- 호박씨는 마른 팬에 볶아 분쇄기에 갈아서 고물로 쓴다.
- 흰깨는 물에 불려 껍질을 벗겨 볶고, 검정깨는 씻어 일어 볶는다.
- 시판되는 카스테라는 진한 갈색 부분을 도려 내고 체에 내린다.
- 거피팥은 불려 거피하여 찜통에 찐 후 소금 간하여 빻아 2등분하여 하나는 그대로 체에 내리고, 하나는 코치닐 색소를 섞어 체에 내려 분홍색의 고물을 만든다.

### 4. 빚기

- 식용유를 얇게 바른 비닐에 인절미를 놓고, 1회용 비닐장갑을 끼고 장갑에도 식용유를 얇게 바른다.
- 인절미를 대추알만큼씩 떼어서 넓게 늘여 펴 소를 넣고 싸서 각각의 고물을 묻힌다.

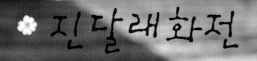

# 진달래화전

『증보산림경제』(1766년)에 화전은 꿀과 밤으로 떡소를 넣어 지진다고 했으며, 『규합총서』(1815년)의 여러 조리서에는 진달래와 장미를 많이 넣어야 좋다고 했고 국화를 많이 넣으면 쓰다고 했다. 다른 떡 위에 놓는 웃기떡으로 쓰인다.

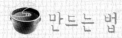 **재료** 찹쌀가루 200g(2컵), 끓는 물 3~4큰술, 진달래꽃 · 쑥잎 · 지짐기름 적량, 설탕(꿀) 약간

## 만드는 법

### 1. 반죽하기

찹쌀가루에 끓는 물을 넣어 익반죽하여 치대어 직경 4cm 크기로 둥글 납작하게 빚어 기름 바른 쟁반에 놓는다.

찹쌀반죽 치대기

### 2. 진달래꽃 손질하기

· 진달래꽃은 꽃 수술을 떼어 버리고 씻은 후 수분을 제거한다.

· 쑥잎은 작은 잎만 떼어 낸다.

둥글납작하게 빚기

### 3. 지지기

· 팬에 기름을 두르고 달궈지면 불을 약하게 하여 화전 반죽을 올려 서 로 붙지 않게 떼어 놓고 아래쪽이 익어 말갛게 되면 뒤집는다.

· 익은 쪽에 진달래꽃을 붙여 모양을 낸다.

### 4. 마무리하기

양면이 다 익으면 꺼내어 설탕 또는 꿀을 고루 묻힌다.

기름에 지지기

『증보산림경제』(1766년), 『규합총서』(1815년)에는 꿀과 밤으로 떡 소를 만들 어 넣고 지진다고 했으며, 옛 음식책에는 냉수에 반죽하면 빛이 누르고 기름 이 많이 드니 소금물을 끓여서 더운 김에 반죽하라고 했다. 또한 진달래 · 장 미는 많이 넣고, 국화는 많이 넣으면 쓰다고 했다. 요즘 같이 찹쌀떡 위에 꽃 을 얹어서 지지기보다는 가루에 섞어서 지지는 것이 일반적이었던 것 같다.

진달래 붙이고 쑥잎 올리기

# 찹쌀부꾸미

부꾸미는 찹쌀가루나 수숫가루를 반죽하여 팥소나 녹두소를 넣고 반을 덮어 반달
모양으로 지지는 떡이다. 찹쌀부꾸미는 순수한 흰색으로만 하기도 하고, 색을 내고
지져 고명을 얹은 후 웃기떡으로 쓰기도 한다.

## 재료

흰색   찹쌀가루 100g(1컵), 끓는 물 2큰술
노란색  찹쌀가루 100g(1컵), 치자물 1/2큰술, 끓는 물 1 1/2큰술
푸른색  찹쌀가루 100g(1컵), 파래가루 1/2큰술, 끓는 물 2 1/2큰술
소    거피팥고물 · 꿀 · 붉은팥앙금 각 1/2컵, 계핏가루 약간
지짐기름 적량, 설탕(꿀) 약간
고명   대추 3개, 쑥(쑥갓) 10g, 잣 약간

## 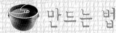 만드는 법

### 1. 반죽하기

찹쌀가루에 끓는 물을 부어 치대어 매끄러운 반
죽을 만든다.

### 2. 소 만들기

• 거피팥소 : 거피팥을 씻어 일어 거피하여 푹
  무르게 쪄서 소금을 넣고 중간체에 내려 꿀,
  계핏가루를 섞어 작게 빚는다.
• 붉은팥앙금소 : 붉은팥을 무르게 삶아 앙금을
  만들어 소금, 설탕, 물엿을 넣고 조려 계핏가
  루를 넣어 작게 빚는다.

### 3. 고명 준비하기

• 대추는 씨를 발라 돌돌 말아 꽃 모양으로 썬다.
• 쑥(쑥갓)은 작은 잎만 따서 씻어 물기를 제거
  한다.

### 4. 모양 만들기

반죽을 막대 모양으로 길게 밀어 원하는 크기로
잘라 동글납작한 모양으로 만든다.

### 5. 지져 고명 얹기

• 팬을 달구어 기름을 두르고 지져 말갛게 익힌
  후 뒤집어서 가운데에 소를 놓고 반으로 접어
  익힌다.
• 윗면에 고명을 올리고 설탕 또는 꿀을 묻힌다.

# 수수부꾸미

수수전병, 수수지짐이라고도 부르며, 찰수숫가루만으로 지져서 만들기도 하나 찹쌀
가루를 조금 섞어 끈기를 주어 지지기도 한다. 참쌀부꾸미에 비해 크기가 크다. 『조
선무쌍신식요리제법』에는 메수수로 만들면 딱딱하고 굳으면 돌과 같으니 메수수로
만들지 말라고 하였다.

### 재료

찰수숫가루 200g(2컵), 찹쌀가루 50g(½컵), 끓는 물 3큰술,
지짐기름 적량

소 붉은팥 80g(½컵), 소금 ¼작은술, 계핏가루 약간,
　　설탕 2큰술, 꿀 1큰술

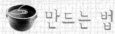 만드는 법

**1. 수숫가루 만들기**

찰수수를 씻어 일어 물을 갈아 주며 7~8시간 이
상 불려 씻어 건져 소금을 넣고 곱게 가루를 빻
는다.

**2. 소 만들기**

붉은팥을 무르게 삶아 절구에 넣고 대충 빻아 소
금으로 간을 하여 계핏가루와 설탕, 꿀을 넣어
반죽하여 밤톨만 하게 소를 만든다.

**3. 반죽하기**

- 수숫가루와 찹쌀가루를 합하여 끓는 물로 익
  반죽한다.
- 오래 치대어 둥글납작(타원형)하게 빚는다.

**4. 지지기**

- 팬에 기름을 두르고 지진다.
- 익으면 뒤집어서 가운데에 빚은 팥소를 놓고
  반으로 접어 반달 모양으로 만들어 가장자리
  를 꼭꼭 눌러서 붙인다.

**5. 마무리하기**

지져 낸 부꾸미에 바로 설탕을 조금씩 뿌려 그릇
에 담는다.

# 웃지지

전라도 지방에서 웃기떡으로 쓰이는 떡이다. 소로 팥앙금을 쓰기도 하고, 밤소를 넣기도 한다. 완성된 웃지지에 조청이나 꿀을 바르기도 한다.

## 재료

흰색 찹쌀가루 100g(1컵), 끓는 물 2큰술

노란색 찹쌀가루 100g(1컵), 치자물 ½큰술, 끓는 물 1 ½큰술

푸른색 찹쌀가루 100g(1컵), 파래가루 ½큰술, 끓는 물 2 ½큰술

지짐기름 약간, 설탕 3큰술  소 팥앙금 100g(⅓컵), 계핏가루

약간 고명 대추 3개, 쑥갓 약간, 석이 1장, 해바라기씨

## 만드는 법

### 1. 반죽하기

• 찹쌀가루를 익반죽하여 고루 치대어 매끄러운 반죽을 만든다.

• 찹쌀가루에 치자물과 파래가루를 각각 섞어 끓는 물로 익반죽하여 고루 치대어 매끄러운 반죽을 만든다.

### 2. 소 만들기

붉은팥을 무르게 삶아 앙금을 내어 소금, 설탕, 물엿을 넣고 조려 팥앙금을 만들어 계핏가루를 넣어 작게 빚는다.

### 3. 모양 만들기

• 찹쌀 반죽을 동글납작(타원형)하게 빚는다.

• 지질 때 늘어지므로 완성 크기보다 약간 작게 만든다.

### 4. 지지기

• 팬을 달구어 기름을 두르고 불을 줄여 서로 붙지 않게 반죽을 떼어 놓고 아래쪽이 투명하게 익으면 뒤집는다.

• 익은 면에 대추와 쑥갓잎, 석이채, 해바라기씨 등 고명을 얹어 모양을 낸다.

### 5. 마무리하기

설탕을 뿌려 놓은 쟁반에 꺼내어 고명이 없는 쪽에 팥앙금을 놓고 말아 끝을 눌러 준다.

# 개성주악

개성주악은 다른 주악에 비해 막걸리로 반죽하는 특징이 있으며, 개성에서는 약과,
모약과, 우메기 등과 함께 폐백이나 이바지음식으로 쓴다.

## 재료

찹쌀가루 500g(5컵), 밀가루 50g(½컵), 설탕 85g(½컵),
막걸리 ½컵, 끓는 물 2~3큰술, 대추 1개, 튀김기름 적량
즙청시럽 조청 290g(1컵), 물 ½컵, 껍질 벗긴 생강 10g
고명 대추 3개, 무정과 약간

##  만드는 법

### 1. 쌀가루 만들기

찹쌀을 씻어 일어 5시간 이상 불려 30분 이상 물
기를 빼고 소금을 넣어 가루로 곱게 빻는다.

### 2. 반죽하기

• 찹쌀가루와 밀가루를 골고루 섞어 중간체에
  내려 설탕을 섞는다.
• 가루에 막걸리를 넣어 버물버물 섞은 후 끓는 물
  을 넣어 끈기가 나도록 오래 치대어 반죽한다.

### 3. 모양 만들기

반죽을 떼어 내어 직경 3cm, 두께 1cm로 빚어
가운데 부분의 위아래를 눌러 기름 바른 쟁반에
놓아 붙지 않게 한다.

### 4. 튀기기

• 180℃ 기름에 서로 붙지 않도록 넣어 노릇하
  게 색을 내고 모양을 잡은 다음 150℃ 기름에
  옮겨 속까지 익도록 튀긴다.
• 튀겨진 주악을 건져 기름을 뺀다.

### 5. 즙청시럽 만들기

조청에 물과 저민 생강을 넣고 거품이 날 때까지
끓여 식힌다.

### 6. 즙청하기

기름 뺀 주악을 즙청시럽에 담갔다가 건진다.

### 7. 장식하기

주악 위에 작게 자른 대추나 무정과로 장식한다.

# 각색주악

주악은 참쌀가루에 대추·파래·치자 등을 섞어서 익반죽한 껍질에 달게 반죽한 팥소, 깨소, 밤소, 대추소 등을 넣고 송편처럼 빚어 기름에 지진 웃기떡이다. 지질 때 배가 부풀어오르고 양끝이 뾰족하게 나오므로 조각(糙角), 각서(角黍)라고 하기도 한다. 『음식방문』(1800년대 중엽)에서는 대추주악을 약주악이라 했다. 주악은 편웃기로 많이 쓰였다. 웃기떡이란 그릇에 떡을 담거나 괴고 그 위에 모양을 내려고 얹어 장식하는 떡을 말한다.

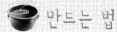

재료　대추주악　찹쌀가루 100g(1컵), 밀가루 2큰술, 다진 대추 1큰술, 끓는 물 2 ¹/₂큰술

　　　　파래주악　찹쌀가루 100g(1컵), 밀가루 2큰술, 파래가루 1큰술, 끓는 물 2 ¹/₂큰술

　　　　치자주악　찹쌀가루 100g(1컵), 밀가루 2큰술, 치자물 ¹/₂큰술, 끓는 물 2큰술

　　　　소　다진 대추 5큰술, 계핏가루 ¹/₂작은술, 꿀 1~2작은술

　　　　튀김기름 적량

## 만드는 법

### 1. 쌀가루 만들기

찹쌀을 씻어 일어 5시간 이상 불려 30분 이상 물기를 빼고 소금을 넣어
가루로 빻는다.

### 2. 반죽하기

- 찹쌀가루에 밀가루를 섞어 체에 내린다.
- 찹쌀가루에 각각의 색을 내는 재료를 섞는다.
- 각각 끓는 물을 넣어 반죽한다.

쌀가루에 밀가루 섞기

### 3. 소 만들기

대추씨를 발라 내어 곱게 다져서 꿀과 계핏가루를 넣고 섞어서 콩알만
큼씩 빚는다.

대추 다진 것 섞기

### 4. 모양 만들기

찹쌀 반죽을 새알만큼씩 떼어 동글동글하게 만들어 송편 빚듯이 우물
을 파서 소를 넣고 꼭꼭 오므려 빚는다.

### 5. 지지기

팬에 주악이 잠길 정도의 튀김기름을 붓고 140℃ 기름에서 튀겨 기름
망에 건져 낸다.

소 넣고 빚기

### 6. 즙청하기

- 뜨거울 때 계핏가루를 섞은 시럽에 담갔다가 망으로 건져 여분의 시럽
을 뺀다.
- 뜨거울 때 설탕을 뿌리거나 꿀에 즙청할 수도 있다.

기름에 튀기기

### 치자물 만들기

물 1컵에 치자 4개를 쪼개어 10분 정도 우려서 고운체에 걸러서 쓴다.

# 사증병 (산승)

『시의전서』에 의하면 잔치에 쓰는 산승은 잘게 만들라 하고, 『조선요리법』에는 찹
쌀가루에 꿀을 섞어 끓는 물로 익반죽하여 세 뿔이 나오게 모양을 만들어 참기름에
지져 잣가루와 계핏가루를 얹으라고 했다. 웃기로 쓰는 떡으로 『명물기략』, 『언문
후생록』 등에 의하면 사증병이 산승이다.

 ## 재료

흰색  찹쌀가루 100g(1컵), 끓는 물 2큰술

푸른색  찹쌀가루 100g(1컵), 파래가루 1큰술, 끓는 물 2 $1/2$큰술

노란색  찹쌀가루 100g(1컵), 치자물 $1/2$큰술, 끓는 물 1 $1/2$큰술

지짐기름 · 설탕 적량

## 만드는 법

### 1. 쌀가루 만들기

찹쌀을 씻어 일어 5시간 이상 불려 30분 이상 물
기를 빼고 소금을 넣어 가루로 빻는다.

### 2. 반죽하기

- 찹쌀가루에 각각의 색을 내는 재료를 섞는다.
- 각각을 익반죽하여 고루 치대어 매끄러운 반
  죽을 만든다.

### 3. 모양 만들기

반죽을 동그랗게 빚어 세 발 또는 네 발을 만든
다. 이것을 다시 각 끝의 위를 잡아 뾰족하게 만
든다.

### 4. 지지기

팬에 지짐기름을 두르고 투명하게 될 때까지 익
힌 후 설탕을 뿌린다.

# 산삼병

산삼병(山蔘餅)은 인삼을 섞은 설기떡으로 보기도 하나, 『음식디미방』의 섭산삼법
에 더덕을 산삼이라 했고, 『산가요록』의 산삼병에 결따라 찢는다고 표현한 것을 보
면 더덕으로 만든 떡으로 생각된다. 『오주연문장전산고』(1850년)에 산삼은 더덕(山
蔘)이라고 명기되어 있다.

 재료

더덕 100g, 찹쌀가루 ½컵, 꿀 : 튀김기름 적량

## 🍚 만드는 법

### 1. 더덕 손질하기

· 더덕은 껍질을 벗기고 길이로 갈라 두들겨 편다.
· 두들겨 편 더덕을 연한 소금물에 담가 쓴맛을
  우려 낸 뒤 물기를 제거한다.

### 2. 찹쌀가루 묻히기

더덕에 찹쌀가루를 묻힌다.
※찹쌀가루가 말랐을 경우에는 수분을 주어 체에 내려 묻
힌다.

### 3. 튀기기

찹쌀가루 묻힌 더덕을 160℃ 정도의 기름에 바
삭하게 튀긴다.

### 4. 마무리하기

더덕 튀긴 것에 꿀을 발라 잰다.

# 토란병

토란병은 우병(芋餠)이라고도 하며, 『임원십육지』, 『규합총서』, 『주방』 등 옛 음식
책에 두루 쓰여 있는 떡이다. 삶은 토란으로 하기도 하고 생토란을 찧어서 찹쌀가루
와 섞어 만들기도 하며 소를 넣어서 만들기도 한다.

 **재료**

토란 300g, 소금 $^2/_3$작은술, 찹쌀가루 200g(2컵),
참기름 2큰술, 지짐기름 2큰술, 실깨 1큰술, 꿀(설탕) 4큰술

## 만드는 법

### 1. 토란 손질하기
- 토란은 깨끗이 씻어 푹 무르게 삶아 껍질을 벗
  긴다.
- 삶은 토란에 소금 간을 하여 절구에 찧는다.

### 2. 반죽하여 빚기
- 찧은 토란에 찹쌀가루를 섞어 반죽한다.
- 반죽을 직경 4~5cm로 납작하게 빚는다.

### 3. 지지기
- 달궈진 팬에 참기름과 기름을 같은 양으로 섞
  어 두른다.
- 빚은 반죽을 팬에 얹고, 그 위에 실깨를 뿌려
  모양을 낸다.
- 앞뒤를 노릇하게 지진다.

### 4. 마무리하기
지져 낸 후에 뜨거울 때 꿀이나 설탕을 뿌린다.

# 계강과

계강과(桂薑菓)는 계피와 생강을 넣어 맛과 향을 돋운 떡이며, 『시의전서』에 의하면
찹쌀가루와 메밀가루 섞은 것을 반죽하여 쪄서 생강즙을 넣고 치댄 후 꿀과 생강,
잣을 넣어 만든 소를 넣고 빚어서 고물을 묻힌 떡이라고 기록되어 있다.

### 재료

메밀가루 1/2컵, 찹쌀가루 70g(2/3컵), 소금 1/2작은술, 다진 생강
1큰술, 설탕 2큰술, 계핏가루 1/2작은술, 끓는 물 1 1/2~2큰술,
지짐기름 적량, 꿀 2큰술, 잣가루 5큰술

 ### 만드는 법

#### 1. 반죽하기
- 메밀가루와 찹쌀가루를 섞고 소금을 넣어 중
  간체에 내린다.
- 가루에 곱게 다진 생강, 설탕, 계핏가루를 넣어
  골고루 섞은 후 끓는 물로 말랑하게 반죽한다.

#### 2. 성형하기
반죽을 작게 잘라 세 모서리에 뿔이 난 생강 모
양으로 빚는다.

#### 3. 쪄서 지지기
- 찜통에 젖은 면포를 깔고 모양 낸 반죽을 얹어
  15분 정도 찐다.
- 달궈진 팬에 기름을 두르고 쪄 낸 계강과를 지
  져 낸다.

#### 4. 담아 내기
- 지져 낸 계강과를 꿀에 담갔다가 건져 망에 밭
  쳐 여분의 꿀을 제거한다.
- 잣가루를 묻혀 담아 낸다.

# 빈자병

옛 음식책에서는 빈대떡이 대부분 찬이 아니고 화전이나 주악처럼 지진 떡에 해당
된다. 1930년대에 나온 『조선무쌍신식요리제법』의 빈대떡은 녹두와 찹쌀을 함께
맷돌에 갈아서 달걀과 여러 가지 채소를 넣어 부쳤다는 기록이 보인다. 최남선은
『조선상식』에서 떡인지 적(炙)인지 분간하기 어려운 것이라 했다.

##  재료

거피녹두 1컵(불린 녹두 2컵), 소금 ½작은술

소  거피팥고물 ⅓컵, 계핏가루 약간, 꿀 ⅓큰술

고명  대추 1개, 비늘잣 1작은술

## 만드는 법

### 1. 녹두 불려 갈기

거피녹두를 물에 2시간 이상 불린 후 껍질을 벗
겨 일어 믹서기에 물을 붓고 되직하게 갈아 소금
간을 한다.

### 2. 소 만들기

- 거피팥은 물에 충분히 불린 후 거피하여 일어
  건져 물기를 뺀다.
- 거피한 팥을 찜통에 쪄 소금 간을 하여 중간체
  에 내려 고물을 만든다.
- 거피팥고물에 계핏가루를 골고루 섞어 꿀로
  반죽하여 직경 2cm 크기로 납작하게 빚는다.

### 3. 고명 준비하기

- 대추는 씨를 돌려 내고 말아 얇게 썰어 꽃 모
  양을 만든다.
- 잣은 반을 갈라 비늘잣을 만든다.

### 4. 지지기

- 팬에 기름을 두르고 달군 후 불을 줄이고, 녹
  두를 잘 섞어 한 숟가락 떠놓고 소를 가운데
  얹고 녹두 반 숟가락으로 소를 덮는다.
- 빈자떡 위에 고명을 얹어 모양을 내고 뒤집어
  노릇하게 익힌다.

# 노티떡

노티는 평남·황해도의 특색 있는 찰전병이다. 쌀가루에 엿기름을 넣어 삭혀서 지
진 떡으로 추운 지방에서도 쉽게 굳지 않는 떡이다.

 **재료**

찹쌀가루 800g(8컵), 찰기장가루 1컵, 찰수숫가루 1컵,
소금 1큰술, 체친 엿기름 80g, 물 80g, 지짐기름 적량

**만드는 법**

**1. 가루 만들기**
- 찹쌀, 찰기장, 찰수수는 깨끗이 씻어 5시간 정
  도 불린 후 30분 정도 물기를 뺀 다음 각각 가
  루로 빻아 놓는다.
- 엿기름은 가루로 빻아 먼저 중간체에 내린 후 고
  운체에 다시 내려 고운 엿기름가루를 만든다.

**2. 재료 섞기**
찹쌀가루, 찰기장가루, 찰수숫가루에 소금물을
넣고 고루 버무려 중간체에 내린 다음 절반의 엿
기름을 섞어 준다.

**3. 중간 찌기**
시루에 젖은 면포를 깔고 준비한 가루를 안친 다
음 김이 오른 찜솥에 올려 살짝 찐다.

**4. 삭히기**
쪄진 떡가루에 남겨 둔 엿기름을 한데 섞어 치대
듯이 고루 반죽하고 60℃ 정도에서 6시간 삭힌다.

**5. 지지기**
- 삭힌 반죽을 찬 곳에 1시간 정도 두었다가 지
  름 5cm, 두께 0.2cm 크기로 만들어 지진다.
- 편평한 그릇에 담아 설탕을 솔솔 뿌려 둔다.

한과　유과 | 유밀과 | 다식류 | 정과류 | 숙실과 | 과편 | 엿강정류 | 당류 | 기타

# 유과바탕 만들기

## 재료

찹쌀 800g(5컵), 전분 적량, 콩물 1/2컵[불린 콩 1큰술, 물 1/2컵], 소주 1/2컵

## 만드는 법

### 1. 쌀가루 만들기

- 찹쌀은 1주일 정도 물에 담가 골마지가 끼도록 삭힌다.

  ※여름에는 1주일, 겨울에는 2주일 정도 담가두어 삭힌다.

- 골마지가 낀 쌀은 뽀얀 물 없이 말끔히 씻어서 3번 정도 빻아 종잇장처럼 한다.

찹쌀을 골마지가 끼도록 삭히기

### 2. 버무리기

- 흰콩은 하룻밤 동안 충분히 불려 껍질을 벗겨 믹서에 갈아 콩물을 만든다.  ※콩물의 농도는 막걸리 농도가 적당하다.

- 쌀가루에 콩물, 소주를 섞고 버무린다.

삭힌 찹쌀가루에 콩물과 소주 넣어 반죽하기

### 3. 안쳐 찌기

찜통에 젖은 면포를 깔고 반죽 덩어리를 안쳐 30분 정도 찐다.

절구에 꽈리가 일도록 치기

### 4. 치대기

- 찐 떡을 절구나 분마기에 붓고 꽈리가 일도록 세차게 치댄다.
- 반죽이 방망이에 실처럼 따라 올라오는 상태가 되면 충분하다.
- 펀칭기를 이용할 경우에는 5분 정도 친다.

친 떡을 쏟아 전분 뿌리기

### 5. 성형하기

넓은 도마에 전분을 뿌리고 치댄 떡을 놓은 후, 다시 위에 전분을 뿌린 다음 용도에 맞게 밀어 알맞은 크기로 썬다.

※산자 : 5×5×0.3cm, 손가락강정 : 0.5×2×0.7cm

빙사과용 : 0.3×0.3×0.3cm

### 6. 건조하기

썬 바탕은 방바닥에 한지를 깔고 붙지 않게 쭉 늘어놓아 뒤집어 주면서 2~3일 정도 말린다.  ※말린 바탕은 밀봉하여 냉동실에 보관한다.

강정용　　　산자용　　　빙사과용

각종 유과바탕

# ✿강 정

삭힌 참쌀을 가루 내어 쪄서 모양을 길쭉하게 만들어 기름에 띄워 지져 고물을 묻힌
유과류인데, 고물에 따라서 콩가루강정, 깨강정, 송화강정, 세반강정, 매화강정 등
으로 불린다. 매화강정은 찰벼를 튀겨 만든 나화(羅花)를 고물로 묻힌 강정이며, 나
화는 술에 적셔 말린 찰벼를 달군 솥에 모래와 함께 볶아 낱알이 터져 매화꽃 모양
으로 튀게 한 것이다.

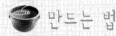

재료　말린 강정바탕·튀김기름 적량

　　　고물　세건반 1컵, 실깨 90g(1컵), 볶은 검정깨 100g(1컵), 파래 10g

　　　즙청시럽　물엿 840g(3컵), 조청 580g(2컵), 다진 생강 1큰술

기름에 담가 전분 털어 내기

## 만드는 법

### 1. 강정바탕 튀기기
말린 강정바탕을 차가운 기름에 담가 전분을 털어 내고 강정바탕을 90
~100℃의 낮은 온도의 기름에 넣어 서서히 부풀리면서 180~190℃
정도의 기름에 옮겨 튀긴다.

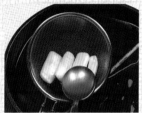

낮은 온도의 기름에서 서서히 부풀리기

### 2. 고물 준비하기
튀밥은 어레미 또는 중간체에 내려 조각을 내고 껍질 벗긴 실깨와 검정
깨는 씻어 볶는다. 파래는 손질하여 분쇄기에 굵게 간다.

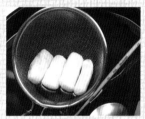

튀겨서 건지기

### 3. 즙청시럽 끓이기
냄비에 물엿, 조청, 다진 생강을 섞어 끓여 시럽을 중탕시켜 사용한다.

### 4. 고물 묻히기
튀겨 낸 강정바탕에 즙청시럽을 묻혀 망에 건져서 여분의 시럽을 제거
하고 고물을 고루 묻힌다.

즙청시럽 끓이기

시럽에 즙청하기

매화강정

고물 묻히기

# ❀ 산자

찹쌀가루를 강정바탕처럼 만들어 반듯반듯 네모지게 큼직하게 썰어 말려 기름에 지
져 꿀과 고물을 묻힌 유과류로 고물에 따라 세반산자, 매화산자, 백자말산자 등으로
부르며, 지초를 이용하여 붉은색을 내기도 한다.

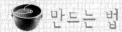 **재료** 말린 산자바탕, 튀김기름 적량

고물 세건반

즙청시럽 물엿 840g(3컵), 조청 580g(2컵), 다진 생강 1큰술

## 만드는 법

### 1. 산자바탕 튀기기

- 말린 산자바탕은 전분을 털어 차가운 기름에 담근다.
- 산자바탕을 90~100℃의 낮은 온도의 기름에 넣어 서서히 부풀린다. 바탕이 부풀기 시작하면 숟가락으로 누르면서 모양을 반듯하게 한다. 부풀린 바탕을 180~190℃ 정도의 기름에 옮겨 튀긴다.
- 바싹 튀겨 내어 건져 기름을 완전히 뺀다.

### 2. 고물 준비하기

튀밥은 어레미 또는 중간체에 내려 조각을 낸다.

### 3. 즙청시럽 끓이기

- 냄비에 물엿, 조청, 다진 생강을 섞어 끓인다.
- 끓는 물에 시럽을 중탕시켜 사용한다.

### 4. 고물 묻히기

튀겨 낸 산자에 즙청시럽을 묻혀 망에 건져서 여분의 시럽을 제거하고 고물을 고루 묻힌다.

# ✿ 빙사과

빙사과 반죽은 강정과 같고, 모양은 반죽을 팥알만큼씩 썰어 기름에 지져 시럽에 버
무려 네모난 틀에 부어 굳혀 다시 작은 네모로 썬 것이다.

 **재료** 튀김기름 5~6컵

고명 : 대추 3개, 호박씨 ½큰술, 석이 1장, 잣, 검정깨 약간

시럽 : 물엿 400g(1½컵), 설탕 85g(½컵), 생강즙 ½컵[생강 40g, 물 ½컵]

노란색  튀긴 빙사과바탕 6컵, 치자물 1작은술, 시럽 ½컵

붉은색  튀긴 빙사과바탕 6컵, 백년초물 ¼작은술, 시럽 ½컵

푸른색  튀긴 빙사과바탕 6컵, 말차 ½작은술, 시럽 ½컵

## 🍲 만드는 법

### 1. 튀기기

- 쌀알 크기로 자른 바탕을 말려 체에 쳐서 덧가루를 털어 내고 차가운 기름에 담가 둔다.
- 망에 담아 150℃ 정도의 기름에 넣어 저으면서 튀겨 기름기를 없앤다.

바탕 튀기기

### 2. 색 내는 재료 준비하기

- 노란색 : 치자 1개에 물 2큰술을 넣어 우려 낸다.
- 붉은색 : 백년초가루를 3배의 물에 타서 고운 망에 걸러 사용한다.
- 푸른색 : 뽕잎가루나 파래가루, 말차를 튀긴 바탕에 잘 버무려 색이 들게 하여 사용한다.

말차가루 색 들이기

### 3. 시럽 만들기

- 생강과 물을 믹서에 곱게 갈아 거즈에 짜서 생강즙을 받아둔다.
- 냄비에 물엿, 설탕, 생강즙을 함께 담아 끓어오르면 불을 줄이고 5분 정도 끓인다.

### 4. 버무리기

- 냄비에 시럽 ½컵을 넣고 팔팔 끓으면 불을 끄고 튀긴 빙사과바탕 6컵을 넣어 고루 버무린다.
- 색을 내는 백년초물, 치자물은 시럽에 넣어 끓여 주어 수분을 없애고 빙사과 바탕을 섞는다.

치자에 시럽 넣고 끓이기

### 5. 밀어 모양 만들기

틀에 식용유 칠한 비닐을 깔고 버무린 빙사과를 쏟아 윗면을 편평하게 손으로 펴서 굳힌 후 썬다.

시럽에 버무리기

# 약과 ( 다식과 )

약과는 다식과라고도 하는데, 약과를 다식판에 박아 내어 만든 것이다.

**재료** 밀가루 200g(2컵), 소금 1/2작은술, 후추 약간, 참기름 24g(3큰술), 꿀 50g(3큰술), 생강즙 26g(2큰술), 청주 20g(2큰술), 잣 약간

**즙청시럽** 설탕 170g(1컵), 물 1컵, 물엿(꿀) 2큰술, 계핏가루 약간

참기름 먹인 가루 체에 내리기

## 만드는 법

### 1. 밀가루에 기름 먹이기
- 밀가루에 소금과 후춧가루, 참기름을 넣어 고루 비벼 체에 내린다.
- 이때 소금의 입자를 곱게 하여 넣는다.

꿀, 청주에 생강즙 섞기

### 2. 생강즙 만들기
껍질 벗긴 생강 20g에 물 1/4컵을 믹서에 넣어 곱게 갈아 고운체에 밭쳐 생강즙을 만든다.

### 3. 즙청시럽 만들기
- 설탕과 물을 중간 불에 올려서 젓지 말고 끓인다.
- 끓어오르면 약한 불로 10분 정도 끓여서 1컵 정도가 되도록 하여 물엿(꿀)을 섞는다.
- 즙청시럽을 식힌 후에 계핏가루를 넣고 잘 저어 준다.

반죽 시럽 넣고 섞기

### 4. 반죽하기
- 꿀, 생강즙, 청주를 고루 섞는다.
- 참기름 섞은 밀가루에 꿀, 생강즙, 청주를 고루 섞은 것을 넣어 한데 뭉치면서 덩어리가 되도록 눌러서 반죽을 한다.

약과판에 박아 모양 내기

### 5. 모양 내기
- 약과판에 기름을 바르거나 얇은 랩을 깔고 반죽을 떼어 꼭꼭 눌러서 박아 낸다.
- 뒷면에 꼬치로 구멍을 몇 개씩 내어 튀길 때 속까지 잘 익도록 한다.

### 6. 튀기기
약과판에서 눌러 낸 반죽을 150℃의 온도에 넣어 뒤집으면서 갈색이 날 때까지 튀겨 낸다.

150℃ 기름에 튀기기

### 7. 즙청하기
- 튀겨 낸 약과를 뜨거울 때 바로 즙청시럽에 담근다.
- 단맛이 배면 망에 밭치고 비늘잣이나 잣가루로 장식한다.

즙청시럽에 담그기

 # 모약과

『규합총서』에서는 유밀과를 약과라고 하는데 "밀은 사시정기(四時精氣)요, 꿀은 온갖 약의 으뜸이요, 기름은 벌레를 죽이고 해독하기 때문에 이르는 말이다"라고 했듯이 우리음식에서 '약' 자가 들어가는 음식의 공통점은 꿀과 참기름이 들어간 음식이다.

 **재 료** 밀가루 200g(2컵), 소금 ½작은술, 후추 약간, 참기름 38g(3½큰술),

설탕시럽 50g(3½큰술), 소주 40g(3½큰술)

**설탕시럽** 설탕 170g(1컵), 물 1컵, 물엿(꿀) 1큰술

**즙청시럽** 조청물엿 580g(2컵), 물 ½~⅔컵, 생강 20g

**고명** 대추 · 잣 · 호박씨 약간

밀가루에 참기름 넣기

## 만드는 법

### 1. 밀가루에 기름 먹이기

밀가루에 소금과 후춧가루, 참기름을 넣어 고루 비벼 체에 내린다.

반죽시럽 넣고 섞기

### 2. 시럽 만들기

• 설탕 1컵에 물 1컵을 섞어 끓으면 약한 불에서 10분 동안 끓여 물엿
(꿀)을 넣고 식혀 반죽용 설탕시럽을 만든다.

• 조청물엿에 물과 저민 생강을 넣어 끓여 약한 불에서 5분간 끓여 식
혀 즙청시럽을 만든다.

반죽 나눠 밀기

### 3. 반죽하기

• 분량의 설탕시럽과 소주를 섞는다.

• 참기름 섞은 밀가루에 시럽과 소주 섞은 것을 넣어 가루가 보이지 않
도록 섞어 한 덩어리를 만든다.

### 4. 모양 내기

• 반죽을 반으로 잘라 겹쳐 눌러 한 덩어리를 만들고 다시 잘라 겹치기
를 2~3차례 반복한다.

반죽을 썰어 꼬치로 구멍 내기

• 반죽은 0.8cm 두께로 밀어 사방 3.5~4cm로 잘라 가운데에 칼집을
넣거나 꼬치로 찔러 튀길 때 속까지 잘 익도록 한다.

### 5. 튀기기

• 90~100℃ 기름에 넣어 위로 떠올라 켜가 일어나도록 튀긴다.

• 켜가 일어난 약과를 140~160℃의 기름에 옮겨 갈색이 나도록 튀겨
건진다.

100℃ 기름에 넣어 튀기기

### 6. 즙청하기

• 튀겨 낸 약과를 즙청시럽에 담가 즙청한다.

• 즙청한 약과를 건져 잣가루를 뿌리거나 고명으로 모양을 낸다.

즙청시럽에 담그기

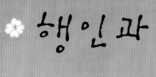

# 행인과

유밀과의 일종으로 약과와 같은 재료로 만드는데 살구씨의 껍데기 속의 알맹이 모양을 본 뜬 것이다.

**재료** 밀가루 200g(2컵), 소금 ½작은술, 후추 약간, 참기름 24g(3큰술), 꿀 50g(3큰술), 생강즙 26g(2큰술),
청주 20g(2큰술), 계핏가루 · 잣가루 약간

즙청시럽 설탕 170g(1컵), 물 1컵, 꿀 2큰술

## 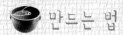 만드는 법

### 1. 밀가루에 기름 먹이기
- 밀가루에 소금과 후춧가루, 참기름을 넣어 고루 비벼 체에 내린다.
- 이때 소금의 입자를 곱게 하여 넣는다.

### 2. 생강즙 만들기
껍질 벗긴 생강 20g에 물 ¼컵을 믹서에 넣어 곱게 갈아 고운체에 걸러 생강즙을 만든다.

### 3. 즙청시럽 만들기
- 설탕과 물을 중간 불에 올려서 젓지 말고 끓인다.
- 끓어오르면 약한 불로 10분 정도 끓여서 1컵 정도가 되도록 하여 꿀을 섞는다.
- 즙청시럽을 식힌 후에 계핏가루를 넣고 잘 저어 준다.

### 4. 반죽하기
- 꿀, 생강즙, 청주를 고루 섞는다.
- 참기름 섞은 밀가루에 꿀, 생강즙, 청주를 고루 섞은 것을 넣어 한데 뭉치면서 덩어리가 되도록
  눌러서 반죽을 한다.

### 5. 모양 내기
- 잎사귀 모양의 약과판이나 틀에 기름을 바르거나 얇은 랩을 깔고 반죽을 떼어 꼭꼭 눌러서 박아
  낸다.
- 뒷면에 꼬치로 구멍을 몇 개씩 내어 튀길 때 속까지 잘 익도록 한다.

### 6. 튀기기
약과판에서 눌러낸 반죽을 150℃의 온도에 넣어 뒤집으면서 갈색이 날 때까지 튀겨낸다.

### 7. 즙청하기
- 튀겨 낸 약과를 더울 때에 바로 즙청시럽에 담근다.
- 단맛이 배어들면 망에 밭치고 비늘 잣이나 잣가루로 장식한다.

# 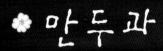 만두과

만두과는 꿀과 기름을 넣어 만드는 유밀과(油蜜菓)에 속하는 과자다. 재료는 약과
와 같으나 대추소를 넣고 송편 모양으로 빚어 기름에 튀겨 즙청한 것이다. 특히 만
두과는 약과를 고인 위에 웃기로 얹었다는 기록이 있다.

재료　밀가루 200g(2컵), 소금 ½작은술, 후춧가루 약간, 참기름 24g(3큰술), 꿀 66g(3½큰술),

생강즙 20g(2큰술), 청주 25g(2½큰술), 잣가루 약간

소　대추 30g, 꿀 1작은술, 계핏가루 ¼작은술

즙청시럽　설탕 170g(1컵), 물 1컵, 꿀(물엿) 2큰술, 계핏가루 약간

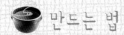 만드는 법

## 1. 밀가루에 기름 먹이기

밀가루에 소금과 후춧가루, 참기름을 넣어 고루 비벼 체에 내린다. 이때 소금의 입자를 곱게 하여 넣는다.

## 2. 생강즙 만들기

껍질 벗긴 생강 20g에 물 ¼컵을 믹서에 넣어 곱게 갈아 고운체에 받쳐 생강즙을 만든다.

## 3. 반죽하기

- 꿀, 생강즙, 청주를 고루 섞는다.
- 참기름 섞은 밀가루에 꿀, 생강즙, 청주를 고루 섞은 것을 넣어 한데 뭉치면서 덩어리가 되도록 눌러서 반죽을 한다.

## 4. 소 만들기

대추는 씨를 발라 내고 곱게 다져서 꿀, 계핏가루를 넣어 반죽하여 소를 조그맣게 떼어 둥글게 빚는다.

## 5. 즙청시럽 만들기

- 설탕과 물을 중간 불에 올려서 젓지 말고 끓인다.
- 끓어오르면 약한 불로 10분 정도 끓여서 1컵 정도가 되도록 하여 꿀(물엿)을 섞는다.
- 즙청시럽을 식힌 후에 계핏가루를 넣고 잘 저어 준다.

## 6. 모양 내기

- 반죽을 밤톨만큼씩 떼어(10g 정도) 송편을 빚듯이 가운데 구멍을 내어서 소를 넣어 오므린다.
- 가장자리를 새끼처럼 꼬아서 모양을 만든다.

## 7. 튀기기

빚은 만두과 반죽을 140℃의 낮은 온도에 넣어 옅은 갈색이 날 때까지 서서히 튀겨 낸다.

## 8. 즙청하기

튀겨 낸 만두과는 더울 때에 바로 즙청시럽에 담가서 단맛이 배어들면 망에 밭친다.

# 연약과

밀가루를 볶으면 약과 반죽 시 글루텐이 적게 생성되기 때문에 부드러워진다. 단, 밀가루를 오래 볶으면 약과를 지질 때 기름 안에서 풀어질 수도 있다. 연약과는 『궁중의궤』에 자주 나오나 만드는 법은 소개되지 않아 『음식디미방』(1670)에 소개된 방법을 근거로 만들었다.

### 재료

밀가루 200g(2컵), 소금 ½작은술, 참기름 16g(2큰술), 꿀 66g(4큰술), 청주 30g(3큰술), 후추·잣가루 약간

즙청시럽 설탕 1컵, 물 1컵, 물엿(꿀) 2큰술, 계핏가루 약간

###  만드는 법

**1. 밀가루 볶아 기름 먹이기**

- 마른 팬에 밀가루를 넣고 중불에서 미색이 되도록 볶은 후 체에 내린다.
- 밀가루에 소금과 후춧가루, 참기름을 넣어 고루 비벼 체에 내린다. 이때 소금의 입자를 곱게 하여 넣는다.

**2. 즙청시럽 만들기**

설탕과 물을 중간 불에 올려서 젓지 말고 끓여 물엿(꿀)을 넣고 식힌 후 계핏가루를 넣어 즙청시럽을 만든다.

**3. 반죽하여 모양 내기**

꿀·생강즙·청주를 고루 섞어 밀가루에 넣어 한 덩어리가 되도록 늘려서 반죽한다.

**4. 튀기기**

약과판에서 눌러낸 반죽을 150℃의 온도에 넣어 뒤집으면서 약과 표면이 미색이 나면 불을 약하게 하여 속까지 익도록 튀겨낸다.

**5. 즙청하기**

튀겨 낸 약과는 더울 때에 바로 즙청시럽에 담가서 단맛이 배어들면 망에 밭치고 잣가루를 올린다.

# 박계

유밀과의 한 가지로 크기에 따라 대박계, 중박계, 소박계가 있다.

 **재료**

밀가루 200g(2컵), 소금 ½작은술, 참기름 24g(3큰술),
꿀 50g(3큰술), 후추 약간

## 만드는 법

### 1. 밀가루에 기름 먹이기

- 밀가루에 소금과 후춧가루, 참기름을 넣어 고
루 비벼 체에 내린다.
- 이때 소금의 입자를 곱게 하여 넣는다.

### 2. 반죽하기

- 참기름을 고루 섞는다.
- 참기름 섞은 밀가루에 꿀을 넣고 한데 뭉치면
서 약간 노글하게 반죽한다.

### 3. 모양 내기

반죽한 것을 도마 위에 올려 놓고 두께 0.8cm,
가로 4cm, 세로 8cm의 장방형으로 썬다.

### 4. 지지기

장방형으로 썬 것을 기름에 지지되 반쯤 익었을
때 꺼내어 먹을 때 다시 구워 먹는다.

# ✿ 매작과

유밀과의 일종인 매작과는 매잡과, 매엽과, 타래과, 차수과 등으로 분명한 구별 없
이 여러이름으로 전해지는데 『시의전서』에는 매적과, 궁중 기록인 『의궤』와 『발기』
에는 매엽과로 기록되어 있다.

 **재료** 밀가루 100g(1컵), 소금 ½작은술, 다진 생강 1큰술, 물 3큰술, 튀김기름 적량, 잣가루 1큰술

**즙청시럽** 설탕 170g(1컵), 물 1컵, 물엿(꿀) 1~2큰술, 계핏가루 ¼작은술

## 만드는 법

### 1. 반죽하기

- 밀가루에 소금을 넣어 체에 내린다. 이때 소금의 입자를 곱게 하여 넣는다.
- 생강은 곱게 다져 밀가루에 섞어 반죽한다.

### 2. 즙청시럽 만들기

- 설탕과 물을 중간 불에 올려서 젓지 말고 끓인다.
- 설탕이 녹으면 불을 줄이고 물엿(꿀)을 넣어 10분 정도 끓여 1컵 정도가 되도록 끓인다.
- 즙청시럽을 식힌 후에 계핏가루를 넣고 잘 저어 준다.

### 3. 모양 만들기

- 반죽한 밀가루를 얇게 밀어 편다.
- 전분을 묻히면서 길이 5cm, 폭 2cm 정도로 잘라서 세 군데에 칼집을 넣는다.
- 가운데 칼집 사이로 한 번 뒤집는다.

### 4. 튀기기

160℃ 정도의 튀김기름에 넣어 튀겨 건져 기름을 뺀다.

### 5. 즙청하기

- 튀긴 매작과를 준비된 즙청시럽에 담갔다가 망에 건져 여분의 시럽을 뺀다.
- 즙청한 매작과에 잣가루를 뿌린다.

밀가루에 다진 생강 섞기

얇게 밀어 자른 후 칼집 넣기

가운데 칼집 사이로 밀어 넣기

설탕시럽에 즙청하기

 **생 강**

생강은 종합 위장약이라고 부를 만큼 소화와 관련한 효능이 우수하다. 생강 특유의 향을 내는 주성분인 진저롤이 위 점막을 자극하여 위액 분비와 위장 운동도 촉진하며, 담즙 분비도 촉진하여 소화를 돕는다. 또한 장에 자극을 주어 장 운동을 도와 변비를 예방하고 장 내 이상발효를 억제하여 대장에서 암세포 증식을 억제한다고 알려졌다. 특히나 기름의 산패를 막아주기도 한다.

# ✿ 오색다식
## (진말·송화·녹말·푸른콩·흑임자)

다식은 예로부터 오색의 아름다운 빛깔로 잔칫상을 장식해 온 과자다. 마른 가루를
꿀로 반죽하여 다식판에 박아내는 것인데, 다식판에는 '수복강녕' 등 인간의 바람,
또는 자연과 친숙하고자 하는 의미에서 동물이나 꽃 모양을 음각해 놓았다.

 재료 　진말다식　볶은 밀가루 110g(1컵), 시럽 5큰술[물엿 140g(1/2컵), 설탕 4큰술, 물 4큰술, 소금 약간,

꿀 4큰술]

송화다식　송홧가루 1컵, 소금 약간, 꿀 4~5큰술

녹말다식　녹말(또는 동부전분) 65g(1/2컵), 소금 약간, 오미자국 1/2~1큰술, 가루설탕 1/4컵,

시럽 1/2~1큰술

푸른콩다식　푸른콩가루 70g(1컵), 시럽 4큰술

흑임자다식　흑임자 110g(1컵), 시럽 2~3큰술

녹말·푸른콩·흑임자다식 시럽　물엿 280g(1컵), 설탕 85g(1/2컵), 물 2큰술, 꿀 4큰술, 기름 약간

# 만드는 법

## 진말다식

### 1. 가루 만들기

밀가루는 고운체에 쳐서 기름기 없는 팬에 나무주걱으로 저으면서 노릇하게
볶는다.

### 2. 시럽 만들기

• 냄비에 설탕, 물, 소금을 섞어 불에 올려 설탕을 녹인다.
• 설탕이 녹으면 물엿을 넣고 끓여 불을 끄고 꿀을 넣어 식힌다.

### 3. 모양 만들기

볶은 밀가루에 시럽을 넣고 되직하게 반죽하여 밤톨만큼씩 떼어서 다식판에 기름을
엷게 바르고 박아 낸다.

## 송화다식

### 1. 반죽하기

송홧가루에 꿀을 넣어 고루 섞어서 덩어리가 되도록 오랫동안 반죽한다.

### 2. 모양 만들기

• 다식판에 기름을 엷게 바른다.
• 송화 반죽을 밤톨만큼씩 떼어 꼭꼭 눌러서 다식판에 찍어 낸다.

 만드는 법

## 녹말다식

### 1. 오미자 우려 내기

오미자 1/2컵을 물 1/2~1컵에 하루쯤 담가 면포에 밭쳐 오미자국을 만든다.

### 2. 시럽 만들기

- 냄비에 물엿, 설탕, 물, 소금을 섞어 불에 올려 끓여 설탕을 녹인다.
- 끓어 설탕이 녹으면 불을 끄고 꿀을 넣어 식힌다.

### 3. 반죽하기

- 녹말에 오미자국, 가루설탕을 함께 섞어 고운체에 내린다.
- 체에 내린 녹말에 시럽을 넣고 겨우 뭉쳐질 정도로 되직하게 반죽한다.

### 4. 모양 만들기

다식판에 기름을 엷게 바르고 반죽을 밤톨만큼씩 떼어서 꼭꼭 박아 낸다.

## 푸른콩다식

### 1. 가루 만들기

푸른콩은 상한 콩을 골라 낸 후 급히 씻어 일어 건져 김 오른 찜통에 8~10
분간 쪄서 타지 않게 볶아 식혀 소금 간을 하여 분쇄기에 갈아 고운체에 내린다.

### 2. 시럽 만들기

- 냄비에 설탕, 물, 소금을 섞어 불에 올려 설탕을 녹인다.
- 설탕이 녹으면 물엿을 넣고 끓여 불을 끄고 꿀을 넣어 식힌다.

### 3. 모양 만들기

콩가루에 분량의 시럽을 넣어 되직하게 반죽하여 밤톨만큼씩 떼어서 다식판에 기름을 엷게 바르
고 박아 낸다.

푸른콩 찜통에 찌기

시럽 만들기

시럽 넣고 반죽하기

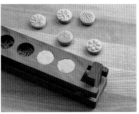
다식판에 박기

## ⬤ 만드는 법

### 흑임자다식

**1. 가루 만들기**

흑임자는 씻어 일어 물기를 뺀 후 볶아 식혀 분쇄기에 곱게 간다(흑임자 1컵 → 고물 1⅓컵).

**2. 시럽 만들기**

• 냄비에 설탕, 물, 소금을 섞어 불에 올려 설탕을 녹인다.

• 설탕이 녹으면 물엿을 넣고 끓여 불을 끄고 꿀을 넣어 식힌다.

**3. 모양 만들기**

• 흑임자가루에 시럽량의 반을 섞어 그릇에 담아서 찜통에 넣어찐다.

• 20분 정도 쪄 낸 다음 절구에 쏟아서 나머지 시럽을 넣어 가며 기름이 나와 윤이 날 때까지 찧어 한 덩어리가 되도록 하여 기름을 짜 내고 밤톨만큼씩 떼어서 다식판에 박아 낸다.

흑임자에 시럽 넣기

찜통에 찌기

기름이 나오도록 절구에 치기

다식판에 박기

# ❀ 쌀다식

쌀다식은 멥쌀가루에 물을 들여 설기떡을 찐 후 말려 다시 가루 내어 꿀이나 시럽으로 반죽하여 다식판에 박아 낸 것이다.

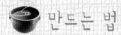 

**재료**　**흰색**　백설기가루 50g(약 ½컵), 녹말가루 1½큰술, 꿀 1큰술

　　　**홍색**　오미자설기가루 50g(약 ½컵), 녹말가루 1½큰술, 오미자 불린 물 ½큰술, 꿀 1큰술, 백년초가루 약간

　　　**노란색**　치자설기가루 50g(약 ½컵), 녹말가루 1½큰술, 꿀 1큰술

　　　**푸른색**　승검초설기가루 50g(약 ½컵), 녹말가루 1½큰술, 꿀 1큰술, 승검초가루 약간

## 만드는 법

### 1. 쌀가루 만들기

멥쌀을 깨끗이 씻어 일어 5시간 이상 불린 후 건져 30분 정도 물기를 빼고 소금을 넣고 가루로 곱게 빻는다.

### 2. 색 내기 준비하기

색에 맞추어 다음과 같이 재료를 준비한다.

- 흰색 : 멥쌀가루 3컵, 물 1큰술
- 노란색 : 멥쌀가루 3컵, 치자물 1큰술
- 푸른색 : 멥쌀가루 3컵, 승검초 1작은술, 물 1 ½큰술
- 분홍색 : 멥쌀가루 3컵, 오미자국 2작은술, 물 1작은술

### 3. 물 내리기

쌀가루에 치자물, 승검초, 오미자물 등을 넣어 손으로 잘 비벼 중간체에 내린다.

### 4. 안쳐 찌기

- 찜통에 젖은 면포를 깔고 쌀가루를 고루 펴 안쳐 위를 편평하게 안친다.
- 김 오른 찜통에 올려 가루 위로 골고루 김이 오르면 뚜껑을 덮어 약 20분 정도 찐 후 약한 불에서 5분간 뜸을 들인다.

### 5. 말려 가루 내기

- 한 김 나간 후 도마에 쏟아서 잘게 잘라 채반에 널어 말린다.
- 바짝 마르면 분쇄기에 갈아 고운 가루로 만든다.

### 6. 반죽하기

- 다식가루에 녹말과 분말 재료를 섞어 체에 내린다.
- 액상의 색깔 내는 재료는 꿀에 섞는다.

### 7. 모양 만들기

가루에 꿀을 넣고 잘 버무려서 밤톨만큼씩 떼어 다식판에 박아 낸다.

# 황률 · 산약 · 승검초다식

황률다식은 말린 밤으로 곱게 가루내어 꿀로 반죽하여 다식판에 박아 낸 것이다. 승검초의 명칭은 신감초, 싱검초 등 다양하며, 승검초의 향이 강해 송홧가루나 콩가루에 섞어 다식을 만든다.

재료　황률다식　황률가루 1컵, 시럽 4큰술

산약다식　산약(마) 1컵, 시럽 4큰술

승검초다식　송홧가루 ½컵, 승검초가루 1큰술, 시럽 2 ½큰술

콩가루 ½컵, 승검초가루 1큰술, 시럽 2 ½큰술

다식시럽　물엿 280g(1컵), 설탕 85g(½컵), 물 2큰술, 꿀 4큰술

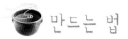 만드는 법

## 황률다식

### 1. 황률 손질하기
좋은 황률을 골라 씻어 말린 후 분쇄기에 갈아 체에
한 번 내려 고운 가루로 만든다.

### 2. 시럽 만들기
냄비에 물엿, 설탕, 물, 소금을 섞어 불에 올려 끓여
설탕이 녹으면 꿀을 넣어 식힌다.

### 3. 모양 만들기
황률가루에 분량의 시럽을 넣어 되직하게 반죽하여 밤톨
만큼씩 떼어서 다식판에 기름을 엷게 바르고 박아 낸다.

## 산약다식

### 1. 마 손질하기
마의 뿌리를 깨끗이 씻어 찜통에 쪄서 말린 다음 가루
로 만들어 체로 친다.

### 2. 시럽 만들기
• 냄비에 물엿, 설탕, 물, 소금을 섞어 불에 올려 끓여
  설탕을 녹인다.
• 끓어 설탕이 녹으면 불을 끄고 꿀을 넣어 식힌다.

### 3. 모양 만들기
마가루에 분량의 시럽을 넣어 되직하게 반죽하여 밤
톨만큼씩 떼어서 다식판에 기름을 엷게 바르고 박아
낸다.

승검초콩다식

승검초송화다식

## 승검초다식

### 1. 가루 만들기
• 송홧가루에 승검초가루를 섞고 체에 친다.
• 푸른콩가루에 승검초가루를 섞고 체에 친다.

### 2. 시럽 만들기
• 냄비에 물엿, 설탕, 물, 소금을 섞어 불에 올려 끓여
  설탕을 녹인다.
• 끓어 설탕이 녹으면 불을 끄고 꿀을 넣어 식힌다.

### 3. 모양 만들기
송홧가루와 푸른콩가루에 분량의 시럽을 넣어 되직하
게 반죽하여 밤톨만큼씩 떼어서 다식판에 기름을 엷
게 바르고 박아 낸다.

# ❁ 연근·도라지·생강정과

정과(正果)는 생과일이나 식물의 뿌리 또는 열매에 꿀을 넣어 조린 것으로 과니(果泥), 니밀과(泥蜜果) 등으로도 기록되어 있다.

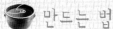 **재료** 연근정과 연근 100g, 설탕 50g, 소금 약간, 물 1컵, 물엿 1 1/2큰술, 꿀 1큰술

도라지정과 통도라지 100g(다듬어서), 설탕 50g, 소금 약간, 물엿 1큰술

생강정과 생강(껍질 벗긴 것) 100g, 설탕 50g, 물 1컵, 소금 약간, 물엿 1큰술, 꿀 1큰술

## 만드는 법

### 연근정과

**1. 연근 손질하기**

- 연근은 지름이 4cm 정도의 가는 것으로 골라서 껍질을 벗긴다.
- 껍질 벗긴 연근을 0.5cm 정도의 두께로 얇게 자른다.
- 자른 연근을 끓는 물에 식초를 넣어 살짝 데친 후 찬물에 헹구어 건진다.

**2. 조리기**

- 냄비에 연근, 설탕, 소금을 넣고 연근이 잠길 정도의 물을 붓고 중불에서 조린다.
- 끓기 시작하면 물엿을 넣고 투명해질 때까지 서서히 조린다.
- 속뚜껑을 덮어 단맛이 고르게 배이도록 한다.
- 물기가 거의 없어지면 꿀을 넣고 꿀맛이 배이게 한다.

**3. 마무리하기**

꺼내어 망에 밭쳐 여분의 단물을 제거한다.

연근 썰기

물에 데치기

설탕 넣기

투명해질 때까지 조리기

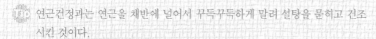 연근건정과는 연근을 채반에 널어서 꾸득꾸득하게 말려 설탕을 묻히고 건조시킨 것이다.

 만드는 법

## 도라지정과

### 1. 재료 준비
- 통도라지는 손질하여 4cm 길이로 잘라 굵은 것은 4등분하고 가는 것은 2등분한다.
- 도라지를 소금으로 주물러 쓴맛을 뺀 다음 끓는 소금물에 데쳐 찬물에 헹군다.

### 2. 조리기
- 냄비에 도라지와 설탕과 소금을 넣고 도라지가 잠길 정도의 물을 부어 끓인다.
- 끓기 시작하면 반 분량(1/2큰술)의 물엿을 넣고 약한 불에서 속뚜껑을 덮고 투명한 색이 나도록 서서히 조린다.
- 물기가 거의 없어지면 나머지 물엿(1/2큰술)을 넣어 윤기를 낸 다음 망에 밭친다.

## 생강정과

### 1. 생강 손질하기
- 생강은 큰 것으로 골라서 껍질을 벗겨 납작하고 얇게 저민다.
- 끓는 물에 소금을 약간 넣고 데쳐서 찬물에 헹구어 건진다.

### 2. 조리기
- 냄비에 데친 생강, 설탕, 물, 소금을 넣고 센 불에 끓인다.
- 끓기 시작하면 불을 약하게 하고 물엿을 넣어 서서히 조린다.
- 물기가 거의 없어지면 꿀을 넣고 꿀맛이 배이게 한다.

정과에 설탕을 묻혀 말리면 편강이 된다.

# 동아정과

한방에서는 동아가 독성이 없으며 폐, 위, 대장에 이롭고 이뇨작용이나 노폐물 제거에 특효가 있다고 한다. 동아가 특별한 맛이 없으므로 대추와 생강을 같이 넣고 조리면 맛있다.

동아

### 재료
동아 4kg, 사횟가루 200~250g, 물엿 2.8kg, 물 10컵

 만드는 법

**1. 동아 손질하기**
동아는 서리를 맞아 뽀얗게 흰 가루가 난 것으로 골라 사방 5~6cm 크기로 썰어 껍질을 벗겨 1.5~2cm 두께로 큼직하게 썬다.

**2. 사횟가루에 재우기**
동아 토막을 사횟가루에 굴려서 표면에 고루 묻혀 옹기나 항아리에 담아서 24시간 재워 둔다.

※사횟가루는 조개를 태운 재이다.

**3. 동아 우려 내기**
• 사횟가루에 재워둔 동아를 말끔히 씻어 내어 3시간 동안 물에 담근다.
• 씻어 담가 두기를 다섯 차례 동안 갈아 주며 우려 낸다.

**4. 동아 데치기**
물에 우려 낸 동아를 끓는 물에 10분 정도 삶아 찬물에 헹구어 낸다.

**5. 동아 조리기**
• 데쳐낸 동아를 냄비에 차곡차곡 담고 물엿을 넣고 동아가 잠길 정도의 물을 붓고 끓인다.
• 끓기 시작하면 불을 약하게 줄여서 7~8시간 동안 전체적으로 투명한 붉은색이 될 때까지 조린다.

# 박오가리정과

박오가리는 색이 희기 때문에 다양한 색의 박오가리정과를 만들 수 있다. 색을 들여
조리면 조릴수록 점점 색이 진해지기 때문에 처음 색을 낼 때 약간 흐리게 하여야
마지막에 진해지지 않는다. 다양한 꽃 모양을 만들어 떡이나 한과 위에 장식한다.

### 재료

불린 박오가리 200g(말린 박오가리 70g), 설탕 100g,
소금 · 분홍색소 · 초록색소 · 치자물 약간, 물엿 5큰술,
꿀 2큰술

###  만드는 법

**1. 박오가리 불려 데치기**

- 말린 박오가리는 소금으로 주물러 씻어 30분
  정도 물에 불린다.
- 충분히 불린 박오가리를 30cm 정도로 자른다.
- 물에 살짝 데쳐 찬물에 헹군다.

**2. 조리기**

- 냄비에 박오가리와 설탕, 소금을 넣고 박오가
  리가 잠길 정도의 물을 붓고 색소를 엷게 풀어
  끓인다.

  ※ 색소는 조려지면 색깔이 진해지므로 유의한다.

- 다른 정과보다는 물을 넉넉하게 한다.
- 끓기 시작하면 물엿을 넣고 투명해질 때까지
  약한 불로 서서히 졸인다.

**3. 망에 밭치기**

물기가 거의 없어지면 꿀을 넣어 꿀맛이 배이면
망에 밭쳐 여분의 단물을 제거한다.

# 통 도 라 지 정 과

통도라지정과는 은근한 불로 천천히 조려야만 당분이 도라지 속까지 스며들어 투명
해지고 모양이 좋아진다.

 재료
통도라지(껍질 벗긴 것) 1kg, 물엿 1.2kg, 설탕 1/2컵, 꿀 1/2컵

## 만드는 법

### 1. 도라지 손질
도라지를 깨끗이 씻어 칼로 껍질을 돌려가며 벗
긴다.

### 2. 도라지 삶기
껍질을 벗긴 도라지를 물을 자작하게 부어 중불
에서 삶아 끓기 시작하면 불을 약하게 하여 8~
10분 정도 삶는다.

### 3. 조리기
• 그릇에 물엿 먼저 넣고 설탕을 넣은 후 그 위
  에 도라지를 얌전히 얹는다(머리와 꼬리가 어
  긋나게 포갠다).
• 도라지가 잠길 정도의 물을 붓는다.
• 중불에서 끓여 끓기 시작하면 불을 약하게 줄
  여서 2~3시간 조리다가 거의 조려지면 꿀을
  넣어 연한 갈색이 될 때 상태를 보면서 불을
  끈다.

### 4. 말리기
• 물이 홍건하게 있을 때 채반에 건져 시럽을 뺀다.
• 편평한 채반에 널어서 꾸덕꾸덕하게 건조시킨
  후 설탕을 묻힌다.

# ❀산사·유자·모과정과

유자정과는 유자 껍질을 꿀에 조린 것으로 유자 설탕절임을 쓰기도 한다. 모과정과
는 모과를 두툼하게 썰어서 한 번 끓여 내어 쓴맛을 제거한 후 당분에 조린 것으로
모과쪽정과라고도 한다.

재료   **산사정과**   산사 200g, 설탕 100g, 물 1컵, 소금 약간, 물엿 2큰술

　　　　**유자정과**   유자(설탕에 재운 것) 100g, 물엿 2큰술, 물 4큰술, 소금 약간, 꿀 3큰술

　　　　**모과정과**   모과 1개(200g), 물엿 140g, 꿀 140g, 물 ¼컵, 소금 약간

 만드는 법

## 산사정과

### 1. 산사 손질하기
- 산사는 깨끗이 씻어 꼬치로 구멍을 내어 터지는 것을 방지한다.
- 손질한 산사를 끓는 물에 살짝 데쳐서 찬물에 헹구어 건진다.

### 2. 조리기
- 냄비에 데친 산사, 설탕, 물, 소금을 넣고 센 불에 끓인다.

- 끓기 시작하면 불을 약하게 하여 서서히 조린다.
- 조리는 도중에 떠오르는 거품을 걷어 내어 윤기 나게 조린다.
- 물기가 거의 없어지면 물엿을 넣어 더 조려 윤기가 나게 한다.

### 3. 마무리하기
망에 밭쳐 여분의 시럽을 제거한다.

## 유자정과

### 1. 유자 손질하기
- 유자는 많이 나는 철에 껍질만을 설탕에 차곡차곡 재워 둔 다음 2~3개월 정도 지난 후에 사용한다.
- 설탕에 절인 유자를 1cm 폭으로 저며 썬다.

### 2. 조리기
- 냄비에 설탕, 물, 소금을 넣고 끓으면 유자를 넣는다.

- 끓기 시작하면 불을 약하게 하고 꿀을 넣어 서서히 조린다.

### 3. 마무리하기
꺼내어 망에 밭쳐 여분의 단물을 제거한다.

## 모과정과

### 1. 모과 손질하기
싱싱하고 단단한 모과를 깨끗이 씻어 씨를 빼고 저며 썰어 끓는 물에 데친다.

### 2. 조리기
- 냄비에 물엿, 꿀, 물, 소금을 넣고 끓으면 모과를 넣고 조린다.
- 끓기 시작하면 불을 줄이고 투명해질 때까지 서서히 조린다.

- 속뚜껑을 덮어 단맛이 고르게 배이도록 한다.
- 물기가 거의 없어지면 꿀을 넣고 꿀맛이 배이게 한다.

### 3. 마무리하기
꺼내어 망에 밭쳐 여분의 단물을 제거한다.

# ❀ 인삼·더덕정과

인삼과 더덕을 켜켜로 같이 담아 정과를 하면 인삼의 특유의 향이 더덕에 배어 일품
이다. 조린 후 꾸덕하게 말려 설탕을 묻힌 건정과를 만들기도 한다.

인삼정과

더덕정과

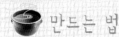 **재료** 인삼(4년근) 1채(750g) 더덕(껍질 안 깐 것) 1kg, 물엿 2.5kg, 설탕 1컵, 꿀 1컵

## 만드는 법

### 1. 인삼 손질하기
인삼을 깨끗이 씻어 칼로 뿌리까지 껍질을 살살 벗긴다.

### 2. 더덕 손질하기
더덕은 깨끗이 씻어서 끓는 물에 살짝 데쳐 낸 후 껍질을 벗기면 쉽게
벗길 수 있다.

인삼 손질하기

### 3. 인삼 · 더덕 삶기
- 껍질을 벗긴 인삼을 물을 자작하게 부어 중불에서 삶아 끓기 시작하
면 불을 약하게 하여 15분 정도 삶는다. 거품은 걷어 내면서 삶는다.
인삼 삶은 물은 따로 받아 둔다.

  ※물은 인삼이 잠길 정도로 붓고 만졌을 때 말랑한 느낌이 들 정도로 삶는다.

- 더덕은 인삼과 같은 방법으로 삶는다. 더덕 삶은 물은 따로 받을 필
요가 없다.

인삼 머리와 꼬리 어긋나게 포개기

### 3. 조리기
- 그릇에 물엿 먼저 넣고 설탕을 넣은 후 그 위에 인삼을 얌전히 얹는
다(머리와 꼬리가 어긋나게 포갠다).
- 인삼 위에 더덕도 얌전히 얹는다.
- 인삼과 더덕 위에 잠길 정도의 인삼 삶은 물을 붓는다.
- 중불에서 끓여 끓기 시작하면 불을 약하게 줄여서 8~10시간 조리다
가 거의 조려지면 꿀을 넣어 연한 갈색이 될 때 상태를 보면서 불을
끈다.

인삼, 더덕 삶기

### 4. 말리기
- 물이 홍건하게 있을 때 채반에 건져 시럽을 뺀다.
- 조심스럽게 몸과 다리가 떨어지지 않도록 주의하면서 편평한 채반
에 널어서 꾸득꾸득하게 건조시킨다(이틀 정도 지나면 설탕을 묻히
고 20일 정도 건조시킨다).
- 더덕은 같은 모양(크기)끼리 머리와 꼬리가 맞닿게 손에 물을 묻혀
가며 붙인다.

더덕 올리고 인삼 삶은 물 붓기

갈색이 될 때까지 조리기

# ❀ 감자·당근·사과·단호박정과

정과용 당근은 싱싱한 것보다는 썰어서 냉장고에 보관한 후 하루 정도 지나 약간 시
든 것이 좋다. 수분이 많은 재료는 설탕량을 늘리고, 마른 재료는 설탕량을 줄인다.

 **재료** 감자정과 감자 3개, 설탕 170g(1컵), 물엿 840g(3컵), 백련초가루·치자물·포도레진·녹차레
진·딸기레진 약간

당근정과 당근 4개, 물엿 840g(3컵), 설탕 170g(1컵), 잣 1큰술

사과정과 사과(홍옥) 3개, 설탕 340g(2컵), 물엿 580g(2컵)

단호박정 단호박 100g, 시럽[설탕 60g(1/3컵), 물엿 280g(1컵)]

## 만드는 법

### 감자정과

#### 1. 감자 손질하기
- 감자는 껍질을 벗겨 클 경우 반으로 자른다.
- 감자를 결대로 반달 모양으로 얇게 썰어 물에 담가 녹말을 뺀다.

#### 2. 감자 데치기
끓는 물에 소금을 약간 넣고 감자를 데쳐 건져 채반에 놓아 물기를 없앤다.

#### 3. 시럽 만들기
냄비에 물엿과 설탕을 넣고 설탕이 녹아 말갛게 되도록 끓인다.

> ※물엿과 설탕의 비율은 계절에 따라 달리한다.
> · 여름철—설탕 : 물엿 = 2 : 5
> · 봄·가을—설탕 : 물엿 = 1 : 3
> · 겨울철— 설탕 : 물엿 = 1 : 5
> ※맥아엿일 경우 이온 엿에 비해 설탕량이 많아진다. 설탕량이 많으면 정과가 빨리 완성되고
> 설탕량이 적으면 천천히 조려지지만 정과는 훨씬 양호하다.

#### 4. 시럽에 담그기
데친 감자를 시럽에 넣고 2~3시간 정도 담가 둔다.

#### 5. 모양 만들기
꺼내어 망에 밭쳐 여분의 시럽을 제거한 후 돌돌 말아 모양을 만든다.

> · 감자정과에 색을 낼 때는 시럽을 조금씩 덜어 원하는 색소와 함께 끓여 각각의 시럽에 담가 둔다.
> · 완성된 정과를 저장할 때는 담가둔 물엿을 한 번 끓여 정과를 다시 담가 저장한다.

 만드는 법

## 당근정과

### 1. 당근 손질하기

- 당근은 위아래 부위의 굵기가 같은 것으로 깨끗이 손질한다.
- 손에 들어갈 길이 정도로 자른다.
- 당근을 굵기에 따라 4~7각형으로 껍질을 벗긴다.
- 자른 면에 길고 얕게 홈을 넣고 뾰족한 부분을 다듬는다.
- 당근을 새끼손가락으로 밭쳐가며 돌려깎기를 하여 꽃모양을 만든다.

　　　※뿌리 쪽이 위로 가게 하여 돌려깎는다. 머리 쪽이 위로 가면 당근꽃이 오므라들고
　　　꼬리 쪽이 위로 가게 돌려깎으면 꽃이 펼쳐진다.

### 2. 시럽 만들기

냄비에 물엿과 설탕을 넣고 설탕이 녹아 말갛게 되도록 끓인다.

### 3. 시럽에 담그기

끓인 시럽을 좁은 컵에 담아 당근 꽃을 포개어 2~3시간 정도 담가 둔다.

### 4. 모양 만들기

꺼내어 망에 밭쳐 여분의 시럽을 제거한 후 당근꽃 가운데 잣을 끼운다.

## 사과정과

### 1. 사과 손질하기

사과는 깨끗이 씻어 반으로 잘라 사과를 결대로 얇게 썬다.

### 2. 설탕에 재어 물기 제거하기

홍옥에 설탕을 뿌려 절이고 절여진 홍옥을 채에 밭쳐 설탕을 뿌려 물기를 제거한다.

### 3. 시럽 만들기

냄비에 물엿과 설탕을 넣어 끓인다.

　　　※버무릴 때 설탕이 많이 들어가므로 설탕은 넣지 않는다.

### 4. 시럽에 담그기

물기를 제거한 사과를 끓인 시럽에 담가 둔다.

### 5. 모양 만들기

꺼내어 망에 밭쳐 여분의 시럽을 제거한 후 돌돌 말아 꽃 모양으로 만든다.

 만드는 법

## 단호박정과

### 1. 단호박 손질하기
단호박은 껍질째 깨끗이 씻어 얇게 썬다.

### 2. 단호박 데치기
끓는 물에 소금을 약간 넣고 단호박을 넣어 데쳐 낸 후 건져 채반에 놓아 물기를 없앤다.

### 3. 시럽 만들기
냄비에 물엿과 설탕을 넣어 끓인다.

### 4. 시럽에 담그기
데친 단호박을 시럽에 넣고 2~3시간 정도 담가 둔다.

### 5. 모양 만들기
꺼내어 망에 밭쳐 여분의 시럽을 제거한 후 돌돌 말아 꽃 모양으로 만든다.

## 한과에 쓰이는 각종 시럽

| 시럽의 종류 | 용도 | 재료의 비율 |
| --- | --- | --- |
| 약과 반죽 | 개성약과, 궁중약과 반죽<br>매작과, 다식과 즙청 | 설탕 170g(1컵) : 물 1컵 : 물엿 1큰술 |
| 설탕시럽 | 모약과,<br>주악 튀긴 후 즙청 | 조청 580g(2컵) : 물 1/2~3/4컵 : 생강 20g |
| 다식 | 다식 반죽 | 설탕 85g(1/2컵) : 물 2큰술 : 물엿 280g(1컵) : 꿀 4큰술 : 소금 약간 |
| 쌀강정 | 쌀강정 버무릴 때 | 설탕 170g(1컵) : 물 3큰술 : 물엿 280g(1컵) |
| 엿강정 | 콩·깨강정 버무릴 때 | 설탕 170~210g(1~1 1/3컵) : 물 3큰술 : 물엿 280g(1컵) : 소금 약간 |
| 말이깨엿강정 | 콩·깨엿강정 버무려<br>말이 모양 낼 때 | 설탕 85~120g(1/2~3/4컵) : 물 3큰술 : 물엿 280g(1컵) : 소금 약간 |
| 빙사과 | 빙사과 버무릴 때 | 물엿 400g(1 1/2컵) : 설탕 85g(1/2컵) : 생강즙 1/2컵[생강 40g, 물 1/2컵] |
| 유과 | 산자·강정 즙청 | 물엿 840g(3컵) : 조청 580g(2컵) |

# ❁ 율란 · 조란 · 생란

조란은 숙실과의 한 가지로 꿀에 버무린 삶은 밤을 소로 넣어서 빚기도 한다. 생란
은 숙실과(熟實果)에 속하는 음식으로 강란(薑卵) 또는 생강란이라고도 한다. 율란
(栗卵), 조란(棗卵)과 함께 궁중 잔치에 여러 번 올려졌으며 근래에는 귤, 호박, 당
근, 도라지, 유자 등 다양한 재료로 란을 만든다.

생란

조란

율란

재료  **율란**  밤 200g(10개, 밤고물 1컵), 계핏가루 1/2작은술, 꿀 1~2큰술, 소금 · 잣가루 · 계핏가루 약간

**조란**  대추 70g(25~35개, 갈아서 50g), 물 2/3컵, 설탕 2큰술, 꿀 1큰술, 물엿 1큰술, 계핏가루 1/2작은술,
소금 약간, 잣 1작은술

**생란**  생강(껍질 벗긴 것) 200g, 물 1 1/2컵, 설탕 100g, 소금 약간, 물엿 2큰술, 꿀 1큰술, 잣가루 1/2컵

##  만드는 법

### 율 란

**1. 밤고물 만들기**

밤은 씻어서 물을 부어 20~25분 정도 삶아 껍질을 벗겨 체에 내려 고물을 만든다.

**2. 모양 만들기**

밤고물에 계핏가루와 소금을 고루 섞고 꿀을 넣어 반죽한 후 밤톨처럼 빚는다.

**3. 잣가루 만들기**

잣은 고깔을 떼고 한지를 깔고 곱게 다져서 가루를 만든다.

**4. 담아 내기**

밤톨처럼 빚은 율란의 둥근 부분에 잣가루나 계핏가루를 묻혀 그릇에 담는다.

### 조 란

**1. 대추 손질하기**

대추는 젖은 행주로 닦아서 먼지를 없애고 칼로 씨를 발라 낸 후 곱게 다지거나 분쇄기에 간다.

**2. 조리기**

- 냄비에 물과 설탕, 꿀, 물엿, 소금을 넣고 끓여 다진 대추를 넣고 조린다.
- 조려져 한 덩어리가 되면 계핏가루를 넣어 골고루 섞어 넓은 접시에 퍼서 식힌다.

**3. 모양 만들기**

조린 대추를 원래의 대추 모양으로 빚어 꼭지 부분에 통잣을 반쯤 나오게 박는다.

※ 잣가루나 실깨를 묻힐 수도 있다.

### 생 란

**1. 생강 손질하기**

- 생강은 껍질을 벗겨서 얇게 저며 믹서에 물을 한데 넣고 곱게 간다.
- 생강 간 것을 고운체에 쏟아서 건더기만 따로 받친다.
- 생강물은 그릇에 받아 두어 생강전분을 가라앉힌다.
- 건더기는 물에 헹구어 매운맛을 없앤다.

**2. 조리기**

- 냄비에 생강 건더기와 물, 설탕, 소금을 넣어 불에

올려서 끓이면서 물엿을 넣고 약한 불로 서서히 조린다.

- 거의 조려졌을 때 가라앉힌 녹말을 물에 풀어 넣어 고루 섞어 엉기게 한 다음 꿀을 넣어 잠시 더 조린다.

**3. 모양 만들기**

조린 생강은 손에 설탕물을 묻히면서 삼각뿔이 난 생강 모양으로 빚어 잣가루를 묻힌다.

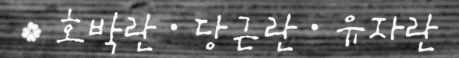

# ❀ 호박란 · 당근란 · 유자란

호박과 당근, 유자 등을 익힌 후 꿀이나 설탕을 넣어 투명하게 조린 후 다시 원재료
의 모양으로 빚는다.

**재료**  **호박란** 단호박(껍질 벗긴 것) 200g, 설탕 100g, 물엿 50g, 소금 약간, 호박씨 1큰술, 잣가루 ¼컵

**당근란** 당근 200g, 물 3컵, 설탕 30g, 설탕 70g, 소금 약간, 물엿 1큰술, 호박씨 1큰술

**유자란** 설탕에 절인 유자 100g(5개), 물엿 1큰술, 꿀 1큰술, 잣가루 ¼컵, 호박씨 1작은술

 만드는 법

## 호박란

### 1. 호박 손질하기

호박은 껍질은 벗겨 굵직하게 썬 다음 찜통에 15분 정도 쪄서 방망이로 으깨거나 중간체에 내린다.

### 2. 조리기

- 으깬 호박을 냄비에 넣고 설탕과 소금, 물엿을 넣고 단단해질 때까지 조린다.
- 조린 호박을 넓은 접시에 퍼서 식힌다.

### 3. 잣가루 만들기

잣은 고깔을 떼고 한지를 깔고 곱게 다져서 가루를 만든다.

### 4. 모양 만들기

조린 호박이 식으면 모양을 호박처럼 만들어 호박씨로 장식하고 잣가루를 묻힌다.

## 당근란

### 1. 당근 손질하기

당근은 씻어서 굵게 썰어 물을 부어 물이 거의 없어질 때까지 삶는다.

### 2. 당근 으깨기

- 삶은 당근을 체에 밭쳐 물기를 없앤다.
- 물기 제거한 당근 위에 설탕을 솔솔 뿌린다.
- 당근에 있던 수분이 어느 정도 빠지면 방망이로 대충 으깬다.

### 3. 조리기

- 으깬 당근을 냄비에 넣고 설탕과 소금, 물엿을 넣고 단단해질 때까지 조린다.
- 조린 당근을 넓은 접시에 퍼서 식힌다.

### 4. 모양 만들기

조린 당근이 식으면 모양을 당근처럼 만들거나 동그랗게 만들어 호박씨로 장식한다.

## 유자란

### 1. 유자 다지기

껍질을 4등분하여 설탕에 절인 유자를 채 썰어 잘게 만들어 분쇄기에 곱게 간다.

### 2. 조리기

- 냄비에 곱게 다진 유자, 물엿, 꿀을 넣고 은근한 불에서 서서히 조린다.
- 조려서 한 덩어리로 뭉쳐지게 한다.
- 다 조려지면 넓은 사기접시에 펼쳐 식힌다.

### 3. 잣가루 만들기

잣은 고깔을 떼고 한지를 깔고 곱게 다져서 가루를 만든다.

### 4. 모양 만들기

- 동글게 유자 모양으로 만든 다음 잣가루를 묻힌다.
- 호박씨를 4등분한 후 위에 박는다.

# 밤초·대추초

밤초는 숙실과에 속하는 과자다. 숙실과란 말 그대로 과일을 익혀서 만든 과자이며,
밤, 대추, 생강 등이 쓰인다. 초(炒)와 란(卵) 자를 붙이는데 초는 모양을 그대로 살
려 꿀을 넣어 조리듯 볶는 방법으로 한다.

**재료** 밤초  밤(껍질 벗긴 것) 200g(中 15개), 물 2컵, 백반가루 ¼작은술, 물 1½컵, 설탕 100g, 소금 약간,
치자물 1작은술, 물엿 2큰술, 꿀 1큰술, 잣가루 1작은술

대추초  대추 60g(20개), 물 ½~¾컵, 설탕 2큰술, 물엿 1큰술, 소금 약간, 꿀 1큰술, 계핏가루 약간,
식용유 ½작은술, 잣 2큰술

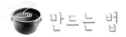 만드는 법

## 밤 초

**1. 밤 손질하기**

밤은 속껍질까지 깨끗이 벗겨 물에 씻는다.

**2. 백반 만들기**

명반은 팬에 쿠킹포일을 깔고 얹어 구워서 백반을 만든 다음 식혀 빻아 가루를 만든다.

**3. 밤 데쳐 조리기**

- 물 2컵에 백반가루 1/4작은술을 넣어 끓여 1~2분 정도 밤을 데쳐내어 헹군다.
- 냄비에 물, 설탕, 소금, 치자물을 섞어 끓인다.

  ※치자물은 물 1/₂컵에 치자 1개를 쪼개어 우린 물이다.

- 물기가 반쯤 줄었을 때 물엿을 넣고 거의 조려지면 꿀을 넣는다.

**4. 시럽 제거하기**

망에 밭쳐 여분의 시럽을 제거하고 그릇에 담은 후 잣가루를 뿌린다.

백반을 녹인 물에 밤을 장시간 담가 두면 백반의 알루미늄이온과 철이온이 밤의 펙틴과 결합하여
조직이 강해져서 부서지지 않는다.

명반 굽기　　　　　　백반 넣고 밤 데치기　　　　치자물 넣고 조리기　　　　조린 후 시럽 망에 건지기

## 대추초

**1. 대추 손질하기**

대추는 젖은 행주로 깨끗이 닦아 씨를 발라 낸 후 김 오른 찜통에 5분 정도 찐다.

**2. 조리기**

- 냄비에 물, 설탕, 물엿, 소금을 넣고 끓인 후 대추를 넣어 조린다.
- 마지막에 계핏가루와 식용유를 넣고 볶듯이 조린 후 식힌다.

**3. 성형하기**

대추씨를 뺀 자리에 잣을 서너 개씩 채워서 원래의 대추 모양으로 만든다.

# 오미자편

오미자, 앵두, 모과, 산사 등의 과일을 찌거나 삶아 체에 밭쳐 녹말과 꿀을 넣어 되직
하게 조려서 굳혀 썬 음식으로 과일의 이름을 붙여 오미자편, 모과편, 앵두편, 산사
편으로 부른다. 북한에서는 단묵이라 한다.

 **재료** 오미자국 4컵[오미자 45g(½컵), 물 4컵], 설탕 170g(1컵), 소금 약간, 꿀 2큰술,
녹말(녹두전분 또는 동부전분) 7큰술, 물 7큰술, 밤 5개

## 만드는 법

### 1. 오미자 우려 내기
오미자는 물에 씻어서 찬물 4컵을 부어 하루를 우려 낸 후 면포에 밭친다.

### 2. 녹말물 만들기
녹말을 동량의 물에 푼다.

> 과편을 제조할 때는 전통적으로 녹두의 전분(녹말)을 사용한다. 지금은 녹말과
> 전분을 동일하게 보는 경우도 많지만 녹말은 녹두의 전분을 지칭하는 것이다.
> 현재에는 녹말을 구입하기 어려우므로 녹말보다는 동부전분(청포묵 가루)을
> 대신 사용한다.

오미자를 하룻밤 우린 후 거르기

### 3. 밤 손질하기
생률은 껍질을 벗겨 두툼하게 저민다.

### 4. 끓이기
- 냄비에 오미자국과 녹말물, 설탕, 소금을 넣어 고루 섞는다.
- 나무주걱으로 저으면서 약한 불에 20~25분 정도 끓여 말갛게 익힌다.
- 농도가 되직하게 되면 꿀을 넣어서 잠시 더 끓인다.

오미자국에 녹말물 넣기

### 5. 굳혀 썰기
- 그릇에 물을 바르고 쏟아 부어 굳힌다.
- 오미자편이 굳으면 네모지게 썰거나 모양틀로 찍어 저민 생률에 얹어
담는다.

말갛게 익을 때까지 서서히 끓이기

> **오미자**
>
> 오미자는 이름 그대로 단맛, 신맛, 쓴맛,
> 짠맛, 매운맛의 다섯가지 맛을 내는 열매
> 이다. 우리는 물 온도가 높으면 쓴맛이 많
> 이 우러 나오므로 반듯이 찬물에서 우려
> 야 한다. 한방에서 자양강장제로 쓰이는
> 오미자는 폐를 돕는 기능이 있어서 담이
> 들어 목이 쉬었을 때, 진해, 거담, 갈증에도 효과가 있다.

틀에 물을 바르고 굳히기

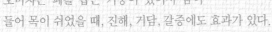

# ❀앵두편·살구편

새콤한 앵두와 살구를 삶아 걸러서 과즙을 받아 꿀과 설탕, 녹말을 넣고 엉기게 한 후 틀에 굳혀 썬 것이다. 앵두편은 『음식디미방』 등 다양한 옛 음식책에 기록된 대표적인 과편류 중 하나이다.

재료 앵두편 앵두 600g, 물 3컵, 설탕 170g(1컵), 소금 약간, 꿀 2큰술, 녹말 6큰술(또는 동부전분), 물 6큰술, 밤 5개 　　※녹말은 구하기 어려우므로 동부로 만든 전분을 사용한다.

살구편 살구 600g, 물 3컵, 설탕 170g(1컵), 소금 약간, 꿀 2큰술, 녹말 6큰술(또는 동부전분), 물 6큰술, 밤 5개

 만드는 법

## 앵두편

### 1. 앵두 끓여 거르기

- 앵두는 깨끗이 씻어 건져 꼭지를 떼고 냄비에 담아 물을 넣어 10분 정도 끓인다.
- 과육이 무르면 고운체에 쏟아 씨와 껍질을 거른다.

※또는 과즙으로만 하기도 한다.

### 2. 녹말 불리기

녹말을 동량의 물에 풀어 불린다.

### 3. 밤 손질하기

생률은 껍질을 벗겨 두툼하게 저민다.

### 4. 끓이기

- 바닥이 두툼한 냄비에 앵두즙과 설탕, 소금을 넣어 끓인다.
- 녹말을 섞어 덩어리지지 않도록 잘 저으면서 30분가량 중불에서 끓인다.
- 농도가 되직해지면 꿀을 넣고 고루 섞어서 잠시 더 끓인다.

### 5. 굳혀 썰기

- 틀에 물을 바르고 쏟아 부어서 식힌다.
- 앵두편이 식어서 굳으면 틀에서 꺼내어 네모지게 썰거나 모양틀로 찍어 저민 생률에 얹어 담는다.

## 살구편

### 1. 살구 끓여 거르기

- 살구는 깨끗이 씻어 반을 가르고 씨를 뺀다.
- 냄비에 살구를 담고 물을 넣어 끓인다.
- 과육이 무르면 고운체에 쏟아 씨와 껍질을 걸러서 과즙만 모은다.

### 2. 녹말 불리기

녹말을 동량의 물에 풀어 불린다.

### 3. 밤 손질하기

생률은 껍질을 벗겨 두툼하게 저민다.

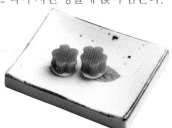

### 4. 끓이기

- 바닥이 두툼한 냄비에 살구과즙을 담고 분량의 설탕을 넣어 끓인다.
- 불린 녹말을 섞어 덩어리지지 않도록 잘 저으면서 30분가량 중불에서 끓인다.
- 농도가 되직해지면 꿀을 넣고 고루 섞어서 잠시 더 끓인다.

### 5. 굳혀 썰기

- 틀에 물을 바르고 두께 1cm 정도로 쏟아 부어서 식힌다.
- 살구편이 식어서 굳으면 틀에서 꺼내어 네모지게 썰거나 모양틀로 찍어 저민 생률에 얹어 담는다.

# 복분자편 · 모과편

복분자(覆盆子)는 복분자 딸기의 열매를 약용한 것으로 맛은 달고 시며, 성질은 따뜻하다. 신장 기능의 허약으로 유정, 몽정, 유뇨 또는 소변을 자주 보는 데 쓰인다.

재료　복분자편　복분자 600g, 물 4컵, 설탕 170g(1컵), 소금 약간, 꿀 2큰술, 녹말 6큰술(또는 동부전분),
　　　　　　　　물 6큰술, 밤 5개
　　　　모과편　모과 600g, 물 3컵, 설탕 170g(1컵), 소금 약간, 꿀 2큰술, 녹말 6큰술(또는 동부전분), 물 6큰술, 밤 5개

 만드는 법

## 복분자편

### 1. 복분자 끓여 거르기
- 복분자는 깨끗이 씻어 건져 꼭지를 떼고 냄비에 담아 물을 넣어 10분정도 끓인다.
- 과육이 무르면 체에 쏟아 거른다.

### 2. 녹말 불리기
녹말을 동량의 물에 풀어 불린다.

### 3. 밤 손질하기
생률은 껍질을 벗겨 두툼하게 저민다.

### 4. 끓이기
- 바닥이 두툼한 냄비에 복분자즙과 설탕, 소금을 넣어 끓인다.

- 녹말을 섞어 덩어리지지 않도록 잘 저으면서 30분가량 중불에서 끓인다.
- 농도가 되직해지면 꿀을 넣고 고루 섞어서 잠시 더 끓인다.

### 5. 굳혀 썰기
- 틀에 물을 바르고 쏟아 부어서 식힌다.
- 복분자편이 식어서 굳으면 틀에서 꺼내어 네모지게 썰어 저민 생률에 얹어 담는다.

## 모과편

### 1. 모과 끓여 거르기
- 모과는 깨끗이 씻어 반을 가르고 씨를 빼낸다.
- 냄비에 모과를 담고 물을 넣어 끓인다.
- 과육이 무르면 고운체에 쏟아 껍질을 걸러서 과즙만 모은다.

### 2. 녹말 불리기
녹말을 동량의 물에 풀어 불린다.

### 3. 밤 손질하기
생률은 껍질을 벗겨 두툼하게 저민다.

### 4. 끓이기
- 바닥이 두툼한 냄비에 모과 과즙을 담고 분량의 설탕을 넣어 끓인다.

- 불린 녹말을 섞어 덩어리지지 않도록 잘 저으면서 30분가량 중불에서 끓인다.
- 농도가 되직해지면 꿀을 넣고 고루 섞어서 잠시 더 끓인다.

### 5. 굳혀 썰기
- 틀에 물을 바르고 쏟아 부어서 식힌다.
- 모과편이 식어서 굳으면 틀에서 꺼내어 네모지게 썰어서 저민 생률에 얹어 담는다.

# 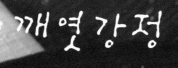 깨엿강정

잣, 깨, 콩, 쌀 등을 볶거나 튀겨서 물게 녹인 엿에 버무려 틀에 넣고 굳혀 자르거나 경
단 같이 뭉쳐 만든 과자로, 엿강정류에 속하며 강정과는 달리 '엿' 자를 붙여야 한다.

재료 볶은 실깨 180g(2컵), 볶은 검정깨 200g(2컵), 볶은 들깨 180g(2컵)

고명 대추 3개, 잣 1작은술, 호박씨 1작은술, 해바라기씨 2큰술

시럽 물엿 280g(1컵), 설탕 120~170g(²/₃~1컵), 물 3큰술, 소금 약간

# 만드는 법

커터기에 갈아 껍질 벗기기

## 1. 재료 준비

- 흰깨는 씻어 일어 2시간 이상 불려 거피하여 물기를 뺀 후 볶아 중간 체에 내려 체에 남은 실깨를 사용한다.
- 검정깨는 씻어 일어 물기를 뺀 후 타지 않도록 볶는다.
- 들깨는 씻어 일어 물기를 뺀 후 타지 않도록 볶는다.

껍질 걸러 내기

## 2. 고명 준비

- 대추는 씨를 발라 내어 채 썰거나 꽃 모양으로 만든다.
- 잣은 반으로 갈라 비늘잣을 만들고, 호박씨는 반으로 가른다.

## 3. 시럽 만들기

냄비에 물엿, 설탕, 물, 소금을 넣고 끓여 굳지 않도록 중탕하면서 이용한다.

깨 볶기

## 4. 버무리기

- 팬에 각각의 깨를 담아 따뜻하게 볶는다.
- 따뜻하게 볶아진 깨에 시럽 6~7큰술을 넣어 약한 불에서 실이 많이 보일 때까지 버무린다(볶은 깨 1컵에 시럽 3~4큰술의 비율로 버무린다).

시럽 넣고 버무리기

## 5. 밀어 펴기

- 엿강정 틀에 식용유 바른 비닐을 깔고 버무린 깨가 식기 전에 쏟아 밀대로 얇게 편다.
- 대추채, 비늘잣, 반으로 가른 호박씨, 해바라기씨 등을 얹고 밀대로 밀어 장식하기도 하고, 썬 엿강정 위에 시럽을 바르고 장식하기도 한다.

얇게 밀기

※ 날씨가 더울 때는 설탕 양을 늘리고 추울 때는 물엿의 양을 늘린다.

## 6. 자르기

엿강정이 굳기 전에 칼로 자른다.

굳기 전에 썰기

# ❀쌀엿강정

건반병(乾飯餅)은 1680년경 『요록』(要綠)에 찹쌀로 밥을 지어 햇볕에 말려 튀겨서
식은 후 검은엿이나 또는 따뜻한 꿀로 섞어서 뭉쳐 덩어리로 만들고 적당히 조각으
로 잘라서 사용했다. 지초란 지치과의 여러해살이풀로 지초, 자초라고도 하며 기름
에 우려 내어 붉은 빛으로 물들이는 데 쓰인다. 지초를 넣어 기름의 온도를 높이면
붉은 기름이 되는데 『의궤』에서는 홍취유(紅取油)라 했다.

**재료**  쌀 4컵, 물 20컵, 튀긴 쌀 20컵(말린 쌀 4컵), 튀김기름 적량

홍유 : 튀김기름 5컵, 지초 40g          시럽 : 설탕 170g(1컵), 물엿 280g(1컵), 물 3큰술

흰색  튀긴 쌀 5컵, 검정깨 1큰술, 시럽 ½컵

푸른색  튀긴 쌀 5컵, 마른 파래가루 ½큰술, 물 1큰술, 시럽 ½컵

붉은색  지초에 튀긴 쌀 5컵, 시럽 ½컵, 대추 10개

노란색  튀긴 쌀 5컵, 치자물 1작은술, 유자 ¼개분, 시럽 ½컵

 만드는 법

### 1. 쌀 불려 끓이기

쌀을 깨끗이 씻어 일어 5시간 이상 불린 후 심이 없을 때까지 끓인다. 끓기 시작해서 15분 정도면 알맞다.

쌀 불려 삶기

### 2. 익힌 쌀 헹구고 말리기

- 익힌 쌀을 소쿠리에 쏟아 맑은 물이 나올 때까지 헹군 후 마지막 헹 굼물에 소금을 풀어 3~4분 정도 담가 간이 배이도록 한 다음 채반에 망사를 씌워 얇게 펴 말린다.
- 말리는 도중에 밥알이 뭉치지 않도록 자주 저어 주고 바짝 마르면 밀 대로 밀어 하나하나 떨어지도록 한다.

쌀 말리기

### 3. 말린 밥알 튀기기

- 바싹 말린 밥알을 망에 넣어 200℃ 고열의 기름에 튀겨 내어 기름기 를 없앤다.
- 붉은색은 튀김기름이 120℃ 정도 되었을 때 지초를 넣어 붉은 기름 이 되면 지초를 건져 내고 온도를 높여 튀긴다.

지초기름 내기

### 4. 시럽 만들기

냄비에 설탕과 물엿, 물을 분량대로 합하여 중간 불에서 설탕이 녹을 정도로 끓인 후 냄비를 중탕하여 굳지 않게 하여 사용한다.

지초기름에 쌀 튀기기

### 5. 부재료와 고명 준비

파래가루는 불리고, 유자는 곱게 다지고, 대추는 튀긴 쌀알 크기로 다 진다.

### 6. 버무리기

- 흰색 : 튀긴 쌀에 검정깨를 잘 섞고 시럽 1/2컵을 팬에 담아 끓이며 튀긴 쌀을 넣고 잘 버무린다.
- 푸른색 : 끓는 시럽에 불린 파래가루를 넣고 튀긴 쌀 5컵을 넣어 골 고루 버무린다.
- 붉은색 : 시럽 1/2을 팬에 담아 끓이며 지초에 튀긴 쌀과 대추를 넣어 버무린다.
- 노란색 : 끓는 시럽에 치자물과 유자 다진 것을 넣고 튀긴 쌀 5컵을 넣어 골고루 버무린다.

시럽에 버무리기

### 7. 썰기

기름 바른 비닐에 쏟아 부어 밀대로 납작하게 밀어 편 다음 썬다.

틀에 쏟아 모양 만들며 밀기

# 현미엿강정

현미를 소금이나 모래를 이용하여 기름 없이 튀긴 후 각종 견과류와 합하여 시럽에
버무린다.

**재 료** 볶은 현미 100g(4컵), 캐슈넛 27g(¹/₅컵), 아몬드 30g(¹/₅컵), 호박씨 25g(¹/₅컵),

해바라기씨 28g(¹/₅컵), 호두 27g(¹/₅컵)

시럽 설탕 85g(¹/₂컵), 물엿 140g(¹/₂컵), 물 2큰술, 소금 약간

## 만드는 법

### 1. 볶은 현미 만들기

현미찹쌀을 12시간 정도 불린 뒤 1시간 정도 쪄서 말려 팬에 볶아 툭툭 터지도록 한다.

### 2. 부재료 준비하기

- 캐슈넛, 아몬드, 호박씨, 호두를 다져 체에 쳐 가루를 털어 낸다.
- 다진 재료와 해바라기씨를 각각 볶아 식힌다.

### 3. 시럽 만들기

- 냄비에 설탕과 물엿, 물, 소금을 분량대로 합하여 중간 불에서 설탕이 녹을 정도로 끓인다.
- 시럽을 만들어 끓는 물에 시럽 냄비를 중탕하여 굳지 않게 하여 사용한다.

### 4. 버무리기

- 시럽 ¹/₄~¹/₅컵을 팬에 담아 끓이며 현미와 부재료를 넣어 버무린다.
- 실이 나고 한 덩어리가 되도록 약한 불에서 버무린다.

### 5. 썰기

- 식용유 바른 비닐에 쏟아 부어 밀대로 펴 준다.
- 약간 굳어 찌그러지지 않을 때 칼로 톱질하듯 자른다.

- 시럽의 양이 적을수록 바삭하고 딱딱하지 않게 된다.
- 각종 건정과, 인삼청, 매실청, 편강가루 등을 첨가할 수 있다

# ❀ 잣박산

잣박산은 백자편(柏子餠)이라고 하며 잣을 꿀이나 엿에 버무려 반듯반듯하게 만든
엿강정으로 궁중 잔치에도 여러 번 올렸던 음식이며 엿강정 중에서 최상급이라고
할 수 있다.

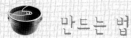

**재료**　잣 300g(2컵)

시럽　설탕 50g, 물엿 50g, 소금 약간, 식초 ²/₃작은술

## 🍲 만드는 법

### 1. 잣 손질
잣은 고깔을 떼고 마른 천으로 닦아 먼지를 제거한다.

### 2. 시럽 만들기
• 냄비에 설탕과 물엿에 약간의 소금을 넣은 후 설탕이 녹을 때까지 중간 불에서 끓인다.
• 끓인 시럽에 식초를 넣고 중탕하여 굳지 않도록 한다.

### 3. 버무리기
• 잣을 기름이 없는 팬에 따뜻하게 볶는다.
• 약한 불에서 볶으면서 시럽을 넣어 실이 보일 때까지 버무린다.

### 4. 밀어 펴기
엿강정 틀에 식용유 바른 비닐을 깔고 버무린 잣을 쏟아 두께 1cm 정도로 얇게 편다.

### 5. 썰기
거의 굳어지면 썬다.

# 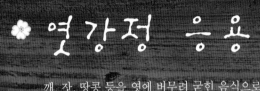 엿강정 응용

깨, 잣, 땅콩 등을 엿에 버무려 굳힌 음식으로 추운 계절에 만드는 과자이다. 또 같
은 방법으로 쌀이나 찹쌀을 튀긴 다음 버무려서 만드는 쌀강정도 있다. 근래에는 엿
대신 물엿과 설탕을 이용한다.

재료   시럽 : 물엿 280g(1컵), 설탕 120g(³/₄컵), 물 3큰술, 소금 약간

태극 모양  볶은 실깨 25g(시럽 1큰술), 볶은 검정깨 25g(시럽 1큰술), 다진 호박씨 30g(시럽 1 ¹/₂큰술)

모자이크 모양  볶은 실깨 50g(시럽 2큰술), 볶은 검정깨 50g(시럽 2큰술), 다진 호박씨 50g(시럽 1 ¹/₂큰술)

원통 모양  다진 땅콩 40g(시럽 1 ¹/₂큰술), 볶은 들깨 30g(시럽 1 ¹/₂큰술)

회오리 모양  볶은 실깨 50g(시럽 2큰술), 볶은 검정깨 25g(시럽 1큰술)

## 🍲 만드는 법

### 1. 시럽 만들기
냄비에 물엿, 설탕, 물, 소금을 넣고 끓여 굳지 않도록 중탕하면서 이용
한다.

### 2. 버무리기
- 팬에 각각의 재료를 담아 따뜻하게 볶는다.
- 따뜻하게 볶아진 재료에 시럽 적당량을 넣어 약한 불에서 실이 많이
보일 때까지 버무린다.

### 3. 성형하기
식용유 바른 비닐을 깔고 버무린 재료가 식기 전에 쏟아 여러 가지 모
양을 만들어 썬다.

> 🌀 여러 가지 모양 만들기
> - 🌓 태극 모양 : 실깨와 검정깨를 각각 볶아 🌀모양으로 만들어 겹친 후 호박
>   씨에 시럽을 넣어 볶아 얇게 민 것에 놓고 만다.
> - ▦ 모자이크 모양 : 실깨와 검정깨를 각각 볶아 2개의 긴 막대 모양을 만들어
>   겹쳐 엇갈리게 붙여 모양을 만든 후 호박씨에 시럽을 넣어 볶아 얇게 민
>   것에 놓고 만다.
> - ◯ 원통 모양 : 땅콩을 다져서 시럽을 넣어 볶아 긴 원통형을 만든 후 들깨에
>   시럽을 넣어 볶아 얇게 밀은 것에 놓고 만다.
> - ◎ 회오리 모양 : 실깨에 시럽을 넣어 볶아 얇게 밀고 검정깨도 시럽을 넣어
>   볶아 얇게 밀은 후 실깨 위에 검정깨를 올리고 돌돌 말아 준다.

깨 볶아 막대 모양으로 만들기

흰깨 · 검정깨 겹치기

겹쳐진 상태에서 썰기

색이 서로 엇갈리게 붙이기

호박씨에 말아 모양 내기

## 엿

엿은 엿기름과 곡물(쌀, 옥수수, 수수, 보리, 고구마, 차조 등)로 간단히 만들 수 있는
데, 묽은 엿을 조청, 더 오래 조려서 굳힌 것을 갱엿이라고 한다. 멥쌀로 만든 엿보
다 찹쌀로 만든 엿이 더 투명하고 유리알처럼 윤기가 있다.

 재료  멥쌀(찹쌀) 8kg, 엿기름 800g(쌀 무게의 10%), 물 8L, 땅콩 1컵,
　　　　볶은 콩 1컵, 콩가루 1컵

## 🍲 만드는 법

### 1. 밥 짓기

밥을 푹 퍼지게 지어 더울 때에 넓은 양푼에 쏟아서 한 김 식힌다. 쌀을
완전히 호화시킨다.

### 2. 엿기름물 만들기

- 엿기름에 물을 붓고 비벼서 풀고 불린 후 고운체에 걸러서 가라앉힌다.
- 가라앉힌 엿기름물의 윗물만 따라 맑은 물만 밭친다.

엿기름 짜 내기

### 3. 당화시키기

- 엿기름물을 밥에 섞어서 보온밥솥에 넣는다. 이때 온도는 40℃ 정도
  가 되게 한다.

  ※밥에 엿기름과 물을 섞어 함께 삭힐 수도 있다.

- 당화시키는 온도는 60~65℃ 정도로 유지하면서 8시간 정도 삭힌다.
- 밥알을 비벼 보아 미끈거리지 않고 완전히 삭혀졌으면 면포에 넣고
  짠다.

밥에 엿기름 우린 물 넣기

밥알이 뜰 때까지 삭히기

### 4. 엿 만들기

- 삭은 밥물을 두꺼운 솥에 넣고 처음 4시간은 센 불에서 펄펄 끓여 반
  정도가 되게 조린다.

  ※엿기름에 불순물이 있으면 엿을 고는 동안 바닥에 늘어 붙는다.

베자루에 넣고 짜기

- 불을 약하게 하여 계속 조리면 점차 잰 거품이 나타나고, 누르스름해
  지면서 조개거품이 생긴다. 이 상태가 조청(1말에 6kg)이다. 조청이
  될 때까지는 보통 8시간 정도가 걸린다.
- 조청 상태에서 약한 불로 계속 조리면 호청거품이라 하여 거품이 크
  게 하나로 나타나는데 이때가 엿이 다 고아진 상태, 갱엿(강엿)이다.
  고아진 엿을 떠서 찬물에 떨어뜨려 굳힌다. 엿을 깨뜨려 보아 쨍그
  랑 소리가 나면서 깨지면 다 된 상태, 강엿(1말에 2.5~3kg)이다.

  ※가마솥에 엿을 고면 엿이 검게 된다.

끓이기

- 다 된 엿에 볶은 콩, 땅콩 등을 섞고 콩가루를 묻혀 잘게 썰거나 둥글
  납작하게 만든다.

갱엿이 되어가는 상태

엿
류

# ❀ 백 당

쌀을 엿기름으로 삭혀 조청 상태로 고다가 갱엿이 되기 전에 더운 방에서 두 사람이
마주 잡고 엿덩이를 잡아 늘리는 과정을 많이 하면 진한 색의 엿이 점차 뽀얀 색의
흰엿이 된다.

 **재료** 멥쌀(찹쌀) 8kg, 엿기름 800g(쌀 무게의 10%), 물 8L, 콩가루 1컵

## 만드는 법

### 1. 밥 짓기

밥을 푹 퍼지게 지어 더울 때에 넓은 양푼에 쏟아서 한 김 식힌다. 쌀을 완전히 호화시킨다.

### 2. 엿기름 만들기

• 엿기름에 물을 붓고 비벼서 풀고 고운체에 걸러서 가라앉힌다.

• 가라앉힌 엿기름물의 윗물만 따라 맑은 물만 밭친다.

### 3. 당화시키기

• 엿기름물을 밥에 섞어서 보온밥솥에 넣는다. 이때 온도는 40℃ 정도가 되게 한다.

※밥에 엿기름과 물을 섞어 함께 삭힐 수도 있다.

• 당화시키는 온도는 60~65℃ 정도로 유지하면서 8시간 정도 삭힌다.

• 밥알을 비벼보아 미끈거리지 않고 완전히 삭혀졌으면 면포에 넣고 짠다.

### 4. 엿 만들기

• 삭은 밥물을 두꺼운 솥에 넣고 처음 4시간은 센 불에서 펄펄 끓여 반 정도가 되게 조린다.

• 불을 약하게 하여 계속 조리면 점차 잰 거품이 나타나고 누르스름해지면서 조개거품이 생긴다. 조청이 될 때까지는 보통 8시간 정도가 걸린다. 엿물은 조청보다는 되고 갱엿보다는 묽게 곤다.

• 더운 방에서 엿덩이를 두 사람이 마주 잡고 계속 늘였다가 다시 붙잡아 주면 검은색의 엿이 점차 뽀얗게 되면서 흰색으로 변한다.

• 알맞은 굵기로 늘려 3~4cm 길이로 잘라 콩고물을 묻힌다.

# 곶감쌈

주머니곶감에 호두를 싸서 만든 과자류이며 '곶감호두말이'라고도 한다. 곶감의 단
맛과 호두의 고소한 맛이 어울리고 모양이 예뻐 건구절판에 많이 쓰이며 근래에는
수정과에 곶감 대신 곶감쌈을 띄우기도 한다.

 **재 료** 주머니곶감 5개, 호두 7개, 조청 약간

## 만드는 법

### 1. 곶감 손질하기
곶감은 꼭지를 떼고 넓게 편 후 씨를 빼고 밑부분을 약간 썰어 낸다.

### 2. 호두 준비하기
호두는 딱딱한 심을 빼고 물엿을 발라 원래 모양대로 붙인다.

**곶감 손질하기**

### 3. 말기
· 김발 위에 곶감을 조금씩 겹쳐 놓고 호두를 올린 후 김밥 싸듯이 돌돌 만다.
· 랩을 감아 모양을 고정시킨 후 냉동실에 넣었다가 0.8~1cm 두께로 썰고 랩을 벗긴다.

**호두 붙이기**

**곶감에 호두 넣고 말기**

**썰 기**

# 곶감오림

전라도 지방에서 많이 하는 방법으로 곶감을 다양한 모양으로 오려 진칫상을 화려
하게 장식한다. 곶감의 선택이 중요한데 반건조 곶감은 너무 물러 좋지 않다.

 재료

곶감 · 잣 약간씩

### 만드는 법

**1. 곶감 손질하기**

곶감은 분이 많이 나고 약간 단단한 듯하며 붉은
색을 띤 주머니곶감으로 구입한다. 말랑할 경우
손으로 둥글납작하게 만들어 건조시킨다.

> 곶감은 1~2월 사이에 구입하여 냉동 보관하여 쓰면
> 색이 변하지 않고 단단해지지도 않는다.

**2. 모양 만들기**

- 곶감 꼭지를 떼고 일정한 간격으로 자른 후 가
  위 끝으로 잘라진 면을 자른다.
- 삼각지게 손으로 뾰족하게 다듬어 준다.
- 또 하나의 곶감을 작은 칼로 반을 옆으로 가르
  고 가운데 살을 떼어내고, 꼭지 부분을 동글게
  잘라낸다.
- 반 가른 것에 일정한 간격으로 가위집을 넣고
  둥근 한 면마다 삼각진 모양으로 자른다.
- 원형에서 원하는 개수로 자른다. 아랫면에서
  위로 갈수록 꽃잎 수가 작아진다.
- 원통형을 밑받침으로 놓고 그 위에 잎 수가 많
  은 것부터 오므리면서 층층이 올린다.
- 맨 위의 가운데 작은 곶감 오린 곳에 잣을 박
  는다.

# 호두강정

호두를 끓는물에 잠시 담가 쓴맛을 뺀 후 설탕으로 조려 기름에 튀기면 바삭한 호두
강정이 된다. 이때 튀기는 온도는 중온 이하가 좋은데 높으면 겉만 타버리기 쉽다.

 **재료**

호두 120g, 물 1컵, 설탕 60g, 소금 약간, 꿀 1큰술,
튀김기름 적량

## 만드는 법

### 1. 호두 손질하기

호두는 뜨거운 물에 10분 정도 담가 두어 쓴맛을
우려 낸다.

### 2. 조리기

- 냄비에 호두, 물, 설탕, 소금을 넣고 끓인다.
- 불을 약하게 하여 끓여 물이 반 정도로 줄면
  꿀을 넣어 윤기 나게 조린다.
- 체에 밭쳐 설탕물을 제거한다.

### 3. 튀기기

조린 호두를 140℃의 기름에 갈색이 나게 튀겨
낸다.

기
타

음청류

# 보리수단

보리수단은 햇보리가 나오는 5월 시절식으로 보리쌀을 삶아 전분을 입혀 데친 후
오미자국이나 꿀물에 넣어 만드는 음료이다.

##  재료

오미자 45g(1/2컵), 물 6컵, 설탕 170g(1컵), 햇보리 1/4컵,
녹말 1/3컵, 소금 · 잣 약간

## 만드는 법

### 1. 오미자 우려 내기
오미자는 물에 씻어서 물 2컵을 부어 하루 동안
우려 낸 후 면포에 밭친다.

### 2. 설탕 섞기
오미자국의 색깔과 신맛을 보면서 물 4컵에 섞
고 설탕을 녹인다.

### 3. 보리 삶기
* 햇보리를 잘 씻어 삶아 내어 맑은 물이 나도록
  씻어 건져 물기를 뺀다.
* 삶은 보리에 녹말을 고루 묻힌다.
* 녹말 묻힌 보리를 넉넉한 끓는 물에 삶는다.
* 보리가 익어 떠오르면 찬물에 헹구어 녹말을
  묻혀 다시 익히기를 3번 정도 한다.

### 4. 담아 내기
그릇에 삶아 낸 보리와 오미자 우려 낸 물을 넣
고 잣을 띄운다.

오미자국 대신 꿀물을 만들어 보리수단을 만들기
도 한다.

# 오미자화채(배·진달래화채)

오미자 화채는 오미자 국에 배를 얇게 저며 꽃 모양으로 만들어 띄운 음료이며, 진달래꽃이나 복숭아를 띄우기도 한다. 오미자는 붉고 살이 많이 붙어 있고 약간 끈적한 느낌이 드는 것이 좋다. 오미자는 기침, 갈증해소에 효능이 있는 것으로 알려져 있다.

진달래화채

배화채

**재료** 배화채 오미자 45g(½컵), 물(생수) 6컵, 설탕 170g(1컵), 배 ⅛개, 잣 1작은술

진달래화채 오미자 45g(½컵), 물 6컵, 설탕 170g(1컵), 진달래 30개, 녹말 약간, 잣 1큰술

## 만드는 법

## 배화채

### 1. 오미자 불리기
오미자는 물에 씻어서 물 2컵을 부어 하루를 우려 낸 후 면포에 밭친다.

### 2. 설탕 섞기
- 오미자국의 색과 신맛을 보면서 물 4컵을 섞는다.
- 설탕을 섞어 녹인다.

오미자 우려 내기

### 3. 고명 준비
- 배는 얇게 저며 꽃 모양으로 찍어 설탕물에 담가 갈변을 막는다.
- 잣은 고깔을 떼어 내고 깨끗이 닦아 놓는다.

오미자국물 거르기

### 4. 담아 내기
화채 그릇에 오미자국을 담고 꽃 모양의 배와 잣을 띄운다.

## 진달래화채

### 1. 오미자 불리기
오미자는 물에 씻어서 물 2컵을 부어 하루를 우려 낸 후 면포에 밭친다.

꽃 모양의 배 띄우기

### 2. 설탕 섞기
- 오미자국의 색과 신맛을 보면서 물 4컵을 섞는다.
- 설탕을 섞어 녹인다.

### 3. 진달래 데치기
- 진달래는 꽃술을 따고 깨끗하게 씻는다.
- 진달래에 녹말을 묻혀 끓는 물에 살짝 데쳐 냉수에 헹군다.

### 4. 담아 내기
화채 그릇에 오미자국을 담고 데친 진달래와 고깔 뗀 잣을 띄운다.

# ❀ 창면(책면)·녹두나화

창면은 착면, 책면이라고 하며, 녹말로 국수를 만들어 가늘게 썰어 오미자국물에 넣어 만든 음료이다. 나화란 밀수제비의 옛말이다. 『음식디미방』에 녹말국수를 참깨즙에 만 것을 녹두나화라 했다. 긴 행주 위에 녹말 풀은 즙을 담은 그릇을 엎고 그대로 끓는 물에 놓아서 말갛게 익으면 행주의 양끝을 들어 올리면 쉽게 건질 수 있다.

창면

녹두나화

🌀 재료　창면(책면) 오미자 45g(½컵), 물(생수) 6컵, 설탕 170g(1컵), 녹말(또는 동부전분) 35g(¼컵), 물 ½컵

녹두나화　실깨 1컵, 물 5컵, 소금 ⅓큰술, 녹두녹말 35g(¼컵), 물 ½컵, 잣 1작은술

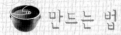 만드는 법

## 창면(책면)

### 1. 오미자 불리기

오미자는 물에 씻어서 물 2컵을 부어 하루를 우려 낸 후 면포에 밭친다.

### 2. 설탕 섞기

오미자국의 색과 신맛을 보면서 물 4컵을 섞고 설탕을 녹인다.

### 3. 녹말국수 만들기

• 녹말에 물 1/2컵을 부어 잘 섞어 묽게 한다.
• 밑이 평편한 쟁반에 물칠을 하고 녹말물을 0.3cm 두께로 부어 중탕으로 익힌다.
• 거의 익으면 그릇째 끓는 물 속에 넣어 익혀 꺼내 찬물에 식혀 건져 채를 썬다.

### 4. 담아 내기

화채그릇에 녹말국수를 담고 오미자 우려 낸 물을 붓는다.

## 녹두나화

### 1. 깻국 만들기

• 깨는 씻어 일어 2시간 이상 불려 커터기에 넣고 물을 자작하게 부어 껍질이 벗겨질 때까지 돌린다.
　🌀 많은 양을 할 때는 불린 깨를 면자루에 넣어 뜨거운 물에 잠깐 담갔다가 꺼내어 방망이로 두드려서 껍질을 벗
　　긴다.
• 바가지에 깨를 넣고 물을 부으면 껍질이 위로 뜬다. 물 위에 뜨는 껍질을 버리고 남은 깨는 물기
　를 뺀 후 볶는다.
• 믹서에 볶은 실깨를 넣고 물을 부어 곱게 간다.
• 고운 망이나 면포에 걸러 맑은 국물을 밭쳐 소금으로 간을 한다.

### 2. 녹말국수 만들기

• 녹말에 물 1/2컵을 부어 잘 섞어 묽게 한다.
• 밑이 평평한 쟁반에 물칠을 하고 녹말물을 0.3cm 두께로 부어 중탕으로 익힌다.
• 말갛게 익기 시작하면 그릇째 끓는 물 속에 넣어 익으면 꺼내어 찬 물에 식혀 건져 채를 썬다.

### 3. 담아 내기

채 썬 녹말국수를 화채그릇에 담고 깻국을 붓고 잣을 띄운다.

# ✿ 떡수단 · 원소병

떡수단은 흰떡을 앵두만큼 썰어서 겉에 녹말을 묻혀 끓는 물에 데친 다음 띄운 음료
이며, 원소병은 으뜸이 되는 밤에 먹는 떡이라는 뜻으로 정월 대보름날 찹쌀경단을
달 모양으로 둥글게 빚어 꿀물에 넣어 먹는 음료이다.

떡수단

원소병

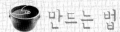 **재료** 떡수단 흰떡 100g(쌀가루 100g, 물 1 ½큰술), 녹말 ⅓컵, 물 5컵, 꿀 8~10큰술, 잣 1작은술

원소병 찹쌀가루 200g(2컵), 코치닐물 · 치자물 · 치자그린물 약간, 끓는 물 3~4큰술, 녹말 2큰술, 잣 1작은술, 소[대추 3개, 계핏가루 약간, 꿀 1작은술, 설탕에 절인 유자 ¼개], 화채국물[물 6컵, 설탕 170g(1컵)]

## 🍲 만드는 법

## 떡수단

### 1. 흰떡 모양 만들기

- 쌀을 불려 물기를 빼고 소금을 넣어 가루로 빻은 후 물을 섞어 10분 정도 찐다.
- 익은 떡을 절구나 안반에서 차지게 될 때까지 친 후 직경 1cm 정도로 가늘게 밀어서 0.5cm 두께로 썰어 가운데를 눌러 준다.
- 썬 떡에 녹말을 묻혀 여분의 가루를 털어 내고 끓는 물에 데쳐 내어 찬물에 헹구어 건진다.

### 2. 꿀 섞기

물에 꿀을 넣고 잘 섞는다.

### 3. 담아 내기

그릇에 흰떡과 꿀물을 담고 고깔을 뗀 잣을 띄운다.  🔅 떡수단의 국물은 오미자국을 쓰기도 한다.

## 원소병

### 1. 쌀가루 만들기

찹쌀은 충분히 불려서 소금을 넣어 가루로 곱게 빻아 넷으로 나눈다.

### 2. 소 만들기

대추는 씨를 빼고 곱게 다져서 계핏가루와 꿀을 넣어 고루 버무리고, 유자는 곱게 다진다.

### 3. 성형하기

- 끓는 물에 코치닐물, 치자물, 치자그린물을 타서 각각의 찹쌀가루에 넣고 치대어 말랑하게 반죽한다.
- 찹쌀반죽을 떼어서 직경 2cm로 둥글게 빚어서 가운데에 대추나 유자소를 넣어 경단을 빚는다.

### 4. 삶아 헹구기

경단에 녹말을 고루 묻혀서 여분의 가루를 털어 낸 후 끓는 물에 경단을 넣어 삶아 떠오르면 약간 뜸을 들인 후 찬 물에 헹구어 건진다.

### 5. 담기

물과 설탕을 섞어 화채 그릇에 사색경단을 고루 담아 화채국물을 붓고 잣을 서너 알씩 띄운다.

# 가련수정과

3~4월에 새싹이 나오는 연꽃의 속잎을 따서 얇은 껍질을 벗기고 꿀물이나 오미자
국에 띄운 음료이다.

 재료

연꽃순 30개, 녹말 1/3컵, 물 5컵, 꿀 8큰술

## 만드는 법

### 1. 연꽃순 데치기
- 연꽃순은 작은 것으로 선택하여 씻어 물기를
  뺀다.
- 연꽃순에 녹말을 묻혀 끓는 물에 살짝 데친 후
  찬물에 헹궈 물기를 뺀다.

### 2. 꿀 섞기
물에 꿀을 넣고 잘 섞는다.

### 3. 담아 내기
그릇에 데친 연꽃순과 꿀물을 담고 고깔을 뗀 잣
을 띄운다.

> tip 가련수정과의 국물은 오미자국을 쓰기도 한다.

# 송화밀수 · 흑미미수

소나무의 꽃술을 볕에 말려서 물에 담가 쓴맛을 우려 내고 앙금을 거두어 바싹 말려
곱게 가루 내어 꿀물에 타서 차게 마시는 음료로 송화수라고도 한다. 흑미미수는 미
숫가루를 꿀물에 탄 여름철 음료이다.

 ## 재료

송화밀수  물 5컵, 꿀 8~10큰술, 송홧가루 1¹/₂큰술

흑미미수  흑미찹쌀 1.6kg(10컵), 현미찹쌀 1.6kg(10컵),
         검정콩 700g(5컵), 검정깨 500g(5컵)
         소금물[물 10컵, 소금 2큰술]

## 만드는 법

### 송화밀수

물에 꿀을 타서 꿀물을 만든 후 송홧가루를 넣어 잘
푼다.

### 흑미미수

1. 밑준비하여 가루내기

• 흑미찹쌀과 현미찹쌀은 12시간 이상 불린 후
  40분 정도 찐 후 밥알을 물에 헹구어 물기를
  뺀 후 소금물에 담궜다 건져 말려 분쇄기에 곱
  게 간다.
• 검정콩은 깨끗이 씻어 1시간 이상 불린 후 10
  분 정도 쪄서 말려 볶아 분쇄기에 곱게 간다.
• 검정깨는 씻어 일어 물기를 뺀 후 타지 않도록
  볶아 곱게 간다.
• 모든 가루를 잘 섞는다

※ 쌀과 콩을 말린 후 볶지 않고 가루로 빻을 수도 있다.

2. 담아 내기

미숫가루는 냉동보관하고 우유나 냉수에 타고 소
금을 따로 담아 낸다.

# 봉수탕·곡차

봉수탕은 껍질 벗긴 호두와 잣을 곱게 찧어서 꿀에 재어
두고 끓는 물에 타서 마시던 음료이다. 『산림경제』에
"봉수탕을 먹으면 머리털이 검어지고 강장, 강정의 효
과가 있다"고 기록되어 있다.
곡차는 어느 집에서나 즐겨 마시는 곡식을 이용한 차로,
주로 물 대신 마신다. 알곡을 볶아서 호정화시켜 끓이는
것으로 어느 정도 누렇게 볶아야 구수하다.

봉수탕

곡차

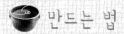 **재 료**  봉수탕 잣 40g, 호두 80g, 꿀 20g

곡  차  볶은 보리 · 볶은 옥수수 · 볶은 콩 각 2 $1/2$ 큰술, 물 10컵

## 만드는 법

## 봉수탕

1. 재료 준비
  - 잣은 고깔을 떼고 마른 행주로 깨끗이 닦는다.
  - 호두는 끓는 물에 잠시 불려서 속껍질을 대꼬치 끝으로 벗겨 물기를 없앤다.
  - 손질한 잣과 호두를 가루로 만든다.

2. 꿀에 재기
  가루낸 잣과 호두를 합쳐 꿀을 섞어 병이나 항아리에 담아 둔다.

3. 담아 내기
  물 1컵에 꿀에 재운 잣과 호두 2큰술을 넣고 잘 섞은 후 마신다.


## 곡 차

1. 재료 준비
  - 보리와 옥수수, 흰콩은 모두 깨끗이 손질하여 볶는다.
  - 볶을 때 너무 타거나 덜 볶으면 차 맛이 달라지므로 겉껍질이 약간 탈 정도로 알맞게 볶아야 구
    수하다.

2. 끓이기
  - 볶은 곡식을 한 번 씻어 낸다.
  - 주전자에 볶은 곡식을 모두 넣고 물을 붓고 끓인다.

3. 담아 내기
  구수한 맛과 향이 우러나면 고운체나 고운 천에 밭친다.

  tip 보리, 옥수수는 시중에서 파는 보리차, 옥수수차를 이용할 수 있다.

# 모과차

모과(木瓜, 木果)는 모양이 울퉁불퉁하고, 신맛이 강하며 단단하다. 향기가 강한 열매로 가을에 노랗게 익는다. 예로부터 감기에 차로 끓여 마시면 좋다고 알려져 있다.

## 재료

저장모과(모과 당절임) 100g, 물 6컵, 꿀(설탕) 적량

##  만드는 법

### 1. 끓이기

당절임한 모과(300쪽 참고)에 물을 넣고 중불에서 30분가량 끓여 모과 맛이 우러나도록 한다.

### 2. 담아 내기

찻잔에 따뜻한 모과차를 담고 대추채와 잣을 띄우기도 한다.

> 꿀이나 설탕은 따로 담아서 기호에 따라 타 마시도록 한다.

# 산사화채

산사자(山査子)는 산사나무(아가위나무)의 열매를 이르는 말이며, 9월에 적색으로
익고 신맛이 난다. 산사자는 화채, 차, 떡, 술, 정과, 과편으로 이용하며 산사화채는
산사수정과라고도 한다. 건위, 소화에 약효가 있는 것으로 알려져 있다.

### 재료
마른 산사자 40g($^1/_2$컵), 물 8컵, 설탕 85~170g($^1/_2$~1컵),
잣 1큰술

###  만드는 법

**1. 산사 끓이기**
- 저며 말린 산사자를 씻어 분량의 물에 넣어 끓
  인다.
- 처음에는 불을 세게 하고 끓기 시작하면 중불
  에서 30분 정도 끓여 맛이 잘 우러나도록 한다.

**2. 산사 거르기**
면포에 밭쳐 맑게 걸러 설탕을 넣어 차게 식힌다.

**3. 담아 내기**
마실 때 고깔을 뗀 잣을 3~5알 띄워 낸다.

🍵 따뜻한 차로 마셔도 좋다.

# 모과 · 유자 저장

초겨울 모과와 유자가 나올 때 손질하여 동량의 설탕에 버무려 저장해 두고 일년 내내 모과차나 유자정과, 두텁떡 소 등에 다양하게 이용할 수 있다.

모과 저장

유자 저장

**재료**
**모과 저장**   손질한 모과 2.5kg(10개), 설탕 2.5kg, 시럽 1컵[설탕 1컵, 물 1컵, 물엿(꿀) 1큰술]

**유자 저장**   유자 껍질 500g, 설탕 500g, 유자 속(씨 뺀 것) 500g, 설탕 500g,

시럽 1컵[설탕 1컵, 물 1컵, 물엿(꿀) 1큰술]

 만드는 법

## 모과 저장

**1. 모과 썰기**

가을에 잘 익은 모과를 깨끗이 씻어 물기를 없애고 길이로 4등분하여 씨 부분을 도려 내고 납작하게 썬다.

**2. 설탕에 버무리기**

모과를 동량의 설탕에 버무려 병에 눌러 담고 여분의 설탕으로 위를 덮어 준다.

**3. 시럽 만들기**

• 냄비에 설탕과 물을 동량으로 넣고 불에 올려서 젓지 말고 끓인다.

• 설탕이 녹은 후에 물엿(꿀)을 넣어 약한 불로 10분 정도 끓여 식힌다.

**4. 시럽 붓기**

2~3일이 지나 모과가 설탕에 절어 병 윗부분에 공간이 생기면 시럽을 병에 붓고 모과 조각이 위에 뜨지 않도록 하여 저장한다.

## 유자 저장

**1. 유자 손질하기**

• 유자를 깨끗이 씻어 물기를 제거하여 4등분하고 유자 속은 씨를 제거한다.

• 유자 껍질과 유자 속을 각각 동량의 설탕에 섞는다.

  ※껍질과 속을 따로 따로 저장하는 것이 좋다. 유자 속은 씨를 뺀 후 동량의 설탕에 버무려 저장한다.

유자 속과 껍질 분리하기

**2. 용기에 담기**

설탕에 버무린 유자를 밀폐용기에 가득 채워 담는다.

**3. 시럽 만들기**

• 냄비에 동량의 설탕과 물을 불에 올려서 젓지 말고 끓인다.

• 설탕이 녹은 후에 물엿(꿀)을 넣어 1컵 정도가 되도록 10분 정도 끓여 식힌다.

유자 껍질 설탕에 버무리기

**4. 시럽 붓기**

• 유자가 절여져 빈 공간이 생기면 시럽을 붓는다.

• 공간을 채우고 뚜껑을 덮어 밀폐한다. 또는 얇은 비닐 봉투에 설탕을 넣어 설탕주머니를 만들어 위에 덮어 유자가 시럽 위로 떠오르지 않도록 한다.

🌼 유자 속은 수분이 많아 오래 보관하기는 어려우므로 동량의 설탕에 버무린 후 빠른 시간 안에 물에 타서 차로 마신다.

# 유자화채

얇게 저며 채 친 유자 껍질과 채 썬 배를 담고 꿀물이나 설탕물을 부어 만든 유자화
채는 향이 매우 향기롭다.

 **재료** 유자 ½개, 배 ¼개, 석류알 1큰술, 잣 ½큰술

화채국물 물 2 ½컵, 설탕 85g(½컵)

# 만드는 법

## 1. 건지 만들기

- 유자는 껍질을 4등분하여 속을 다치지 않게 껍질을 벗겨 한 조각씩 도마에 놓고 안쪽의 흰 부분을 얇게 저며 노란 부분과 흰 부분을 따로따로 가늘게 채로 썬다.
- 유자 속은 한 조각씩 떼어 씨를 빼고 설탕에 재우거나 깨끗한 면포에 싸서 즙을 짠다.
- 배는 껍질을 벗겨서 곱게 채 썬다.
- 석류는 속을 알알이 떼어 놓고 잣은 고깔을 뗀다.

유자 속껍질 분리하기

## 2. 화채국물 만들기

- 설탕물을 만든다.
- 유자 속을 짜서 즙을 만들 경우는 화채국물에 섞는다.

모든 재료 곱게 채 썰기

## 3. 담기

- 화채 그릇에 유자 속을 담고 유자채와 배채를 옆옆히 담는다.
- 화채국물을 가만히 부어 30분 정도 랩을 덮어 유자향이 화채국물에 우러나도록 한다.
- 석류알과 잣을 띄운다.

화채 그릇에 담기

### 유자의 효능

비타민 C라고 하면 레몬을 연상하지만 유자에는 그 3배의 비타민 C를 함유하고 있어 대표적인 감기 치료약으로 꼽힌다. 특히 겉껍질에는 속살보다 비타민 C가 4배 이상 더 들어 있다. 유자의 새콤한 맛을 내는 성분은 구연산과 사과산 등의 유기산이 풍부한데 특히 구연산은 피로물질인 젖산이 근육에 쌓이지 않도록 하기 때문에 피로회복뿐만 아니라 어깨 결림 등 근육통을 예방하는 데 효과적이다. 이것이 비타민 C와 함께 우리 몸의 피로를 풀어주는 역할을 하므로 과로로 인한 감기, 몸살에 더욱 효과가 있다. 또한 유자의 신맛은 소화기관에 영향을 주어 위액의 분비를 촉진하고 식욕을 증진하는 효과도 있다.

화채국물 붓기

# 배 숙

배숙(梨熟)은 배수정과라고 하며 문배로 만들었다고 한다. 문배는 석세포가 많고
단단하며 보통 배보다 작고 신맛이 많다. 『조선무쌍신식요리제법』(1943년)에는 배
숙을 향설고(香雪膏)라고 이름하여 설명하고 있다.

###  재료

생강(껍질 벗긴 것) 25g, 물 7컵, 배 1/4개(문배 1개),
통후추 1/2작은술, 설탕 85g(1/2컵), 잣 1/2큰술

### 만드는 법

**1. 생강물 끓이기**
- 생강은 껍질을 벗겨서 얇게 저민다.
- 물을 부어 은근한 불에서 서서히 끓여 면포에
  거른다(끓기 시작해서 30분 정도).

**2. 배 모양내기**
- 배는 길이로 6등분 또는 8등분하여 껍질을 벗
  긴다.
- 큰 것은 삼각시게 썰어서 각을 조금씩 다듬는다.
- 등쪽에 통후추를 세 개씩 박는다.

**3. 끓이기**
끓인 생강 물에 통후추를 박은 배와 설탕을 넣고
불에 올려서 끓인다. 이때 다듬은 배 조각도 함
께 넣어 끓인다.

**4. 담아 내기**
배가 충분히 무르게 익으면 차게 식혀 화채그릇
에 담고 잣을 서너 알 띄운다.

# 수정과

수정과는 생강, 계피 등을 달인 물에 꿀이나 설탕을 섞은 후 곶감을 띄워 만든 음료
이다. 옛 음식책마다 재료가 약간 다른데, 배를 사용한 것은 배수정과라 하였다.

### 재료
생강(껍질 벗긴 것) 50g, 물 6컵, 통계피 40g, 물 6컵,
황설탕 1~1½컵, 주머니곶감 3개, 잣 1큰술

 ### 만드는 법

1. 재료 준비
   - 생강은 껍질을 벗겨서 얇게 저민다.
   - 통계피는 조각을 내어 깨끗이 씻는다.
   - 주머니곶감은 꼭지를 떼고 펴서 씨를 빼고 모
     양을 만든다.
   - 잣은 깨끗이 닦아 고깔을 뗀다.

2. 끓여 거르기
   - 저민 생강에 물을 부어 뭉근한 불에서 30분
     정도 끓여 면포에 거른다.
   - 씻은 계피에 물을 부어 40분 정도 끓여서 면
     포에 거른다.

3. 설탕 넣기
   생강과 계피 끓인 물을 합하여 설탕을 넣고 10분
   정도 끓여서 식힌다.

4. 담아 내기
   - 통곶감을 사용할 때는 수정과 물을 약간 덜어
     내어 곶감을 불려 부드러워지면 한 개씩 화채
     그릇에 담고 수정과 물을 부어 낸다.
   - 곶감을 말아 썰어 사용하거나 곶감쌈, 곶감오
     림으로 모양 낸 것을 사용할 수도 있다.
   - 잣을 3~4알 띄운다.

# 식 혜

식혜(食醯)는 밥이 엿기름에 들어 있는 당화효소의 작용으로 삭으면서 맥아의 독특한 단맛과 향이 나는 차갑게 먹는 음료이며, 음식을 푸짐하게 먹은 뒤에 마시면 소화에 도움을 준다. 지방에 따라 감주(甘酒), 단술이라고도 한다.

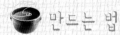 재 료　엿기름 180g(2컵), 물 15컵, 찹쌀(멥쌀) 320g(2컵), 생강(껍질 벗겨서) 20g,
설탕 250~340g(1 ½~2컵), 잣 1큰술, 석류알 1큰술

# 만드는 법

## 1. 엿기름 우려 내기

- 엿기름가루를 미지근한 물에 고루 풀어 불린다.
- 불린 엿기름을 바락바락 주물러 고운체에 밭쳐 윗물이 맑아질 때까지 가라앉힌다.
- 엿기름의 윗물을 가만히 따르고 남은 앙금은 버린다.

엿기름 물에 불리기

## 2. 고두밥 짓기

- 쌀은 씻어 일어 5시간 이상 불려 되직하게 밥을 짓는다.
- 찹쌀인 경우는 물기를 빼고 찜통에 젖은 면포를 깔고 1시간 정도 찐다.

엿기름 고운체에 밭치기

## 3. 당화시키기

- 엿기름물은 40℃ 정도로 따끈하게 데운다.
- 엿기름물과 밥을 섞어 보온밥통에 담아 5~6시간 정도 당화시킨다.

　※밥알을 비벼 보아 미끈거리는 것이 없을 때까지 당화시킨다. 당화에 적당한 온도
　는 60~65℃이다.

엿기름물 40℃로 데우기

## 4. 끓이기

- 밥알이 떠오르면 밥알만 건져 내어 냉수에 헹구어 찬물에 담가 둔다.
- 삭힌 엿기름물은 저민 생강과 설탕을 넣어 20~30분 정도 약한 불에 끓인다.
- 끓이면서 떠오르는 거품을 걷어 낸다.
- 식혜 면포에 밭쳐 차게 둔다.

엿기름 우린 물에 밥 넣기

## 5. 담아 내기

- 먹을 때 식혜 국물에 밥알을 건져 띄우고 고깔 뗀 잣을 3~4알 띄운다.
- 석류철에는 석류알을 몇 알 띄우면 보기에 좋다.

　엿기름이 안 좋으면 식혜가 탁하게 된다.
　지방에 따라 삭힌 엿기름물과 밥알을 같이 끓이기도 한다.

밥알이 뜰 때까지 식히기

생강 넣고 끓이기

# ✿ 생맥산 · 제호탕

생맥산은 사람의 기를 도우며 심장의 열을 내리게 하고 폐를 깨끗하게 하는 약효가
있는 음료이다. 제호탕은 조선조 궁중내의원에서 단오에 임금께 만들어 올리면 임
금이 여름을 시원히 보내라고 제호탕과 부채를 기로소(耆老所)에 보냈다고 한다.
또한『동의보감』에 더위를 풀어주고 번갈(煩渴)을 그치게 하는 효능이 있다고 기록
되어 있다.

생맥산

제호탕

🍵 **재료**  생맥산  맥문동 40g, 건삼 20g, 황기 3g, 감초 3g, 황백 0.5g, 물 6컵, 오미자 15g

　　　제호탕  오매육 375g(1근), 초과 11.5g(3돈), 축사(사인) 15g(4돈), 백단향 30g(8돈), 꿀 1.8L(1되),

　　　　　　제호탕가루 1컵, 꿀 2컵

 만드는 법

## 생맥산

### 1. 재료 준비
건삼과 맥문동, 황기, 감초, 황백, 오미자를 물에 씻어 놓는다.

### 2. 끓이기
먼저 손질한 인삼과 맥문동, 황기, 감초, 황백, 물을 넣어 30분 정도 끓여 불을 끄고 오미자를 넣어 우려 낸다.

※ 여름에 끓인 물 대신 복용한다.

- 맥문동(麥門冬) : 성질이 약간 차고 맛은 달며 독이 없다. 폐를 보강해 주어 기침을 멎게 한다.
- 인삼(人蔘) : 성질은 약간 따뜻하고 맛은 달며 독이 없다. 오장의 기가 모자라는 것을 치료하고 정신과 마음을 진정시키고 눈을 밝게 하며 마음을 열어 준다.
- 황기(黃芪) : 성질은 평온하며 원기를 돕고 방한(防汗)의 약재로 쓰인다.
- 감초(甘草) : 비위(脾胃)를 돕고 다른 약의 작용을 순하게 한다.
- 황백(黃柏) : 차가운 성질로 열로 인한 질병을 다스린다.
- 오미자(五味子) : 진해작용, 거담작용, 혈압강하작용, 강심작용, 자궁수축 등의 약리작용을 한다.

## 제호탕

### 1. 재료 준비
오매육, 초과, 축사, 백단향은 곱게 가루로 빻는다.

### 2. 중탕하기
- 불에 올려 중탕할 수 있는 도자기에 가루로 빻은 재료 1컵과 꿀 2컵을 넣어 섞는다.
- 10~12시간 중탕시켜 되직하게 만든다.

### 3. 보관하기
되직하게 된 제호탕을 식혀서 사기 항아리에 담아 시원한 곳에 보관한다.

### 4. 담아 내기
냉수에 제호탕 재료를 타서 면포에 걸러 내고 기호에 따라 꿀이나 설탕을 넣어 마신다.

- 오매육(烏梅肉) : 껍질을 벗기고 짚불 연기에 그을러서 말린 매실의 씨를 발라 버린 살로, 가래를 삭히고 구토, 갈증, 이질 등을 치료하며 술독을 풀어 준다.
- 초과(草果) : 초과는 비위를 덥게 하고 습을 제거하며 복통, 복부팽만, 메스꺼움, 구토, 설사 치료에 쓰였다.
- 축사(縮砂) : 사인(砂仁)이라고도 하며 매운맛을 내며 위와 장을 튼튼히해 준다.
- 백단향(白檀香) : 성분이 따뜻하고 맛이 매우며 독이 없고 열종을 없애며 신기의 복통을 낫게 하고, 또 심복통과 곽란중악 및 귀기와 벌레를 죽인다(『본초』).

제호탕 재료

PART **3**

# 떡제조기능사
## 실기 과제

# 콩설기떡·부꾸미

| 시험시간 | **2시간** |

부꾸미

콩설기떡

**요구사항**

※ 지급된 재료 및 시설을 사용하여 아래 두 가지 작품을 만들어 제출하시오.

### 1. 콩설기떡을 만들어 제출하시오.

① 떡 제조 시 물의 양은 적정량으로 혼합하여 제조하시오(단, 쌀가루는 물에 불려 소금 간하지 않고 2회 빻은 쌀가루이다).

② 불린 서리태를 삶거나 쪄서 사용하시오.

③ 서리태의 1/2 정도는 바닥에 골고루 펴 넣으시오.

④ 서리태의 나머지 1/2 정도는 멥쌀가루와 골고루 혼합하여 찜기에 안치시오.

⑤ 찜기에 안친 쌀가루 반죽을 물솥에 얹어 찌시오.

⑥ 서리태를 바닥에 골고루 펴 넣은 면이 위로 오도록 그릇에 담고, 썰지 않은 상태로 전량 제출하시오.

### 2. 부꾸미를 만들어 제출하시오.

① 떡 제조 시 물의 양을 적정량으로 혼합하여 반죽을 하시오(단, 쌀가루는 물에 불려 소금 간하지 않고 1회 빻은 찹쌀가루이다).

② 찹쌀가루는 익반죽하시오.

③ 떡반죽은 직경 6cm로 지져 팥앙금을 소로 넣어 반(△)으로 접으시오.

④ 대추와 쑥갓을 고명으로 사용하고 설탕을 뿌린 접시에 부꾸미를 담으시오.

⑤ 부꾸미는 12개 이상으로 제조하여 전량 제출하시오.

# 콩설기떡

## 재료 및 분량

멥쌀가루 700g
소금 7g
물 7~8큰술(105~120g)
설탕 70g
불린 서리태 160g

## 만드는 방법

### 1. 불린 서리태 삶기

① 불린 서리태를 냄비에 넣고 물이 콩 위로 3cm 정도 올라오게 넣어 센 불로 끓인다.
② 물이 끓어오르면 거품을 걷어 내고 중불로 줄여 10~15분간 삶아 건진다.

### 2. 쌀가루에 소금 간하기 및 물 내리기

① 물 100g에 소금을 넣고 녹여 멥쌀가루에 섞는다.
② 멥쌀가루를 비벼 섞어 소금물이 고루 가게 한 후 중간체에 내린다.
③ 쌀가루의 수분량을 점검한 후 수분이 부족하면 물을 더 넣고 섞어 다시 한 번 체에 내린다.

Tip 물을 넣지 않고 빻은 쌀가루의 경우 멥쌀가루 700g에 110~120g 정도의 수분이 적절하나 쌀가루의 상태에 따라 조절이 필요하다.

Tip 멥쌀가루가 눈에 띄게 거칠 경우(종이처럼 눌린 쌀가루가 많이 보일 경우) 중간체에 내린 후 계량해서 사용하면 좋다.

### 3. 안치기

① 삶은 서리태에 소금 간을 한 후 반으로 나눈다.
② 찜기에 시루밑을 깔고 소금 간한 서리태의 반을 고루 펴놓는다.
③ 멥쌀가루에 설탕과 남은 서리태를 섞어 찜기에 넣고 편편하게 안친다.

### 4. 찌기

물통에 물이 끓으면 떡이 안쳐진 찜기를 올려 김이 새는지 확인하며 약 20분간 찌고(떡이 익을 때까지), 약불로 줄여 5분간 뜸을 들인다.

Tip 물통과 찜기 사이에서 김이 새면 젖은 키친타월로 막고 찐다.

### 5. 꺼내기

① 찜기를 살짝 기울여 찜기 옆면과 떡이 떨어졌는지 확인한다.
② 찜기에 제출용 그릇을 뚜껑처럼 덮고 뒤집어서 떡을 꺼내고 시루밑을 떼어낸다.

**부꾸미**

## 재료 및 분량

찹쌀가루 200g
소금 2g
끓는 물 4~5큰술
설탕 30g
팥앙금 100g
대추 3개
쑥갓 20g
식용유 20mL

## 만드는 방법

### 1. 소금 간하기 및 반죽하기

① 찹쌀가루는 중간체에 한 번 내린다.

② 소금에 끓는 물 1큰술을 넣고 소금물을 만들어 쌀가루에 고루 섞는다.

③ 끓는 물(3~4큰술)을 넣어 가며 되직하게 반죽하여 한 덩어리로 뭉쳐지면 손바닥으로 치대면서 반죽한다.

### 2. 성형하기

① 찹쌀반죽의 무게를 재서 12개(개당 18~20g 정도)로 분할한다.

② 반죽을 두께 5mm의 납작한 타원형(◯)으로 빚는다.

### 3. 부재료 준비하기

① 팥앙금 : 7~8g으로 분할하여 원통형으로 빚는다.

② 대추 : 대추 껍질 쪽만 얇게 벗겨 돌돌 말아 얇게 잘라 대추꽃을 만든다.

③ 쑥갓 : 끝부분을 자르고 물에 담갔다가 젖은 키친타월을 깔아 마르지 않게 준비한다.

### 4. 부꾸미 지져 성형하기

① 평평한 접시에 설탕을 뿌려 준비한다.

② 팬에 기름을 두르고 부꾸미를 올려 표면이 마르지 않도록 약한 불에 자주 뒤집어가며 지진다.

③ 부꾸미가 다 익으면 매끄러운 면이 설탕을 뿌린 접시에 닿도록 꺼낸다.

④ 익은 부꾸미 반죽에 팥앙금을 넣고 반을 접어 반달 모양(◠)으로 완성한다.

⑤ 부꾸미가 식기 전에 대추꽃과 쑥갓 고명을 올린다.

⑥ 설탕을 뿌린 접시에 부꾸미를 담는다.

# 송편·쇠머리떡

| 시험시간 | **2시간** |

쇠머리떡

송편

**요구사항**

※ **지급된 재료 및 시설을 사용하여 아래 두 가지 작품을 만들어 제출하시오.**

## 1. 송편을 만들어 제출하시오.

① 떡 제조 시 물의 양은 적정량으로 혼합하여 제조하시오(단, 쌀가루는 물에 불려 소금 간하지 않고 2회 빻은 쌀가루이다).

② 불린 서리태는 삶아서 송편소로 사용하시오.

③ 떡반죽과 송편소는 4:1~3:1 정도의 비율로 제조하시오(송편소가 1/4~1/3 정도 포함되어야 한다).

④ 쌀가루는 익반죽하시오.

⑤ 송편은 완성된 상태가 길이 5cm, 높이 3cm 정도의 반달 송편 모양(◠)이 되도록 오므려 집어 송편 모양을 만들고, 12개 이상으로 제조하여 전량 제출하시오.

⑥ 송편을 찜기에 쪄서 참기름을 발라 제출하시오.

## 2. 쇠머리떡을 만들어 제출하시오.

① 떡 제조 시 물의 양은 적정량을 혼합하여 제조하시오(단, 쌀가루는 물에 불려 소금 간하지 않고 1회 빻은 찹쌀가루이다).

② 불린 서리태는 삶거나 쪄서 사용하고, 호박고지는 물에 불려서 사용하시오.

③ 밤, 대추, 호박고지는 적당한 크기로 잘라서 사용하시오.

④ 부재료를 쌀가루와 잘 섞어 혼합한 후 찜기에 안치시오.

⑤ 떡반죽을 넣은 찜기를 물솥에 얹어 찌시오.

⑥ 완성된 쇠머리떡은 15×15cm 정도의 사각형 모양으로 만들어 자르지 말고 전량 제출하시오.

⑦ 찌는 찰떡류로 제조하며, 지나치게 물을 많이 넣어 치지 않도록 주의하여 제조하시오.

송편·쇠머리떡 317

## 재료 및 분량

멥쌀가루 200g
소금 2g
끓는 물 5~6큰술
불린 서리태 70g
참기름 적정량

## 만드는 방법

### 1. 서리태 삶기

① 불린 서리태를 냄비에 넣고 물이 콩 위로 3cm 정도 올라오게 넣어 센불로 끓인다.

② 물이 끓어오르면 거품을 걷어 내고 중불로 줄여 10~15분간 삶아 건진다.

③ 삶은 콩에 소금을 조금 넣고 섞어 간을 한다.

### 2. 쌀가루에 소금 간하기 및 반죽하기

① 멥쌀가루는 중간체에 한 번 내린다.

② 소금에 끓는 물 1큰술을 넣어 녹인 후 멥쌀가루에 넣는다.

③ 나머지 끓는 물 4~5큰술을 넣어 젓가락으로 섞은 후 반죽한다.

### 3. 성형하기

① 반죽을 12개(개당 18~20g)로 분할한다.

② 동그란 반죽을 오목하게 파고 소금 간한 콩을 5개 정도 넣고 오므려 반달 송편 모양(◌)으로 성형한다.

### 4. 찌기

① 찜기에 시루밑을 깔고 송편이 서로 닿지 않게 안친다.

② 물통에 물이 끓으면 떡이 안쳐진 찜기를 올려 김이 새는지 확인하며 떡이 15~20분 정도 익을 때까지 찌고 약불로 줄여 5분간 뜸들인다.

### 5. 꺼내기

기름솔을 이용하여 송편에 참기름을 바른다.

**쇠머리떡**

## 재료 및 분량

찹쌀가루 500g, 소금 5g, 물 2큰술(30g), 설탕 50g, 불린 서리태 100g, 대추 5개, 간 밤 5개, 마른 호박고지 20g, 식용유 적정량

## 만드는 방법

### 1. 부재료 준비하기

**1) 불린 서리태 삶기**

① 불린 서리태를 냄비에 넣고 물이 콩 위로 3cm 정도 올라오게 넣어 센불로 끓인다.

② 물이 끓어오르면 거품을 걷어 내고 중불로 줄여 10~15분간 삶아 건진다.

**2) 마른 호박고지 불리기**

① 마른 호박고지를 미지근한 물에 담근다(5~10분).

② 불은 호박고지를 꼭 짜 물기를 제거하고 2~3cm로 자른다.

**3) 대추 준비하기**

① 대추를 씻어 물기를 제거하고 돌려 깎아 씨를 빼고 3~4등분으로 자른다.

③ 자른 대추를 물에 잠깐 담갔다가 건진다.

**4) 깐 밤 준비하기**

① 깐 밤은 씻어 물기를 제거한다.

② 깐 밤 두 개는 둥근 모양대로 편 썰고 나머지는 크기에 따라 4~6등분으로 썬다.

### 2. 찹쌀가루에 소금 간하기 및 물 내리기

① 물 2큰술(30g)에 소금을 넣고 녹여 찹쌀가루에 섞는다.

② 찹쌀가루를 손으로 골고루 비벼 소금물이 고루 가게 한 후 중간체에 내린다.

### 3. 안치기

① 찹쌀가루에 부재료와 설탕을 넣고 고루 섞는다.

② 찜기에 젖은 면포를 깔고 설탕을 살짝 뿌린 후 편 썰은 밤과 부재료 일부를 바닥에 깔고 부재료 섞은 쌀가루를 주먹 쥐어 덩어리지게 안친다.

### 4. 찌기

물통에 물이 끓으면 떡이 안쳐진 찜기를 올려 김이 새는지 확인하고 쌀가루 위에 고루 김이 오른 후 30분간 찌고 약불로 줄여 5분간 뜸들인다.

### 5. 꺼내기 및 성형

① 비닐에 식용유를 발라 식용유 바른 면이 떡에 닿도록 덮고 넓은 그릇으로 덮어 뒤집은 후 면포를 떼어낸다.

② 비닐로 떡을 가두고 밀어 가로세로 15cm 크기로 성형하여 식힌다.

③ 떡이 다 식으면 비닐을 벗겨 그릇에 담는다.

# 무지개떡(삼색)·경단

| 시험시간 | **2시간** |

경단

무지개떡(삼색)

**요구사항**

※ 지급된 재료 및 시설을 사용하여 아래 두 가지 작품을 만들어 제출하시오.

### 1. 무지개떡(삼색)을 만들어 제출하시오.

① 떡 제조 시 물의 양은 적정량으로 혼합하여 제조하시오(단, 쌀가루는 물에 불려 소금 간하지 않고 2회 빻은 멥쌀가루이다).

② 삼색의 구분이 뚜렷하고 두께가 같도록 떡을 안치고 8등분으로 칼금을 넣으시오.

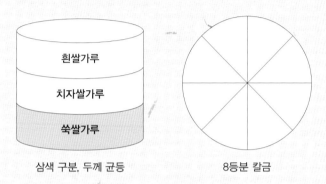

삼색 구분, 두께 균등                    8등분 칼금

③ 대추와 잣을 흰쌀가루에 고명으로 올려 찌시오(잣은 반으로 쪼개어 비늘잣으로 만들어 사용하시오).

④ 고명이 위로 올라오게 담아 전량 제출하시오.


### 2. 경단을 만들어 제출하시오.

① 떡 제조 시 물을 적정량으로 혼합하여 반죽을 하시오(단, 쌀가루는 물에 불려 소금 간하지 않고 1회 빻은 쌀가루이다).

② 찹쌀가루는 익반죽하시오.

③ 반죽은 직경 2.5~3cm 정도의 일정한 크기로 20개 이상 만드시오.

④ 경단은 삶은 후 고물로 콩가루를 묻히시오.

⑤ 완성된 경단은 전량 제출하시오.

**무지개떡
(삼색)**

## 재료 및 분량

**흰색**
멥쌀가루 250g
소금 2.5g
물 3~4큰술(45~60g)
설탕 25g

**노란색**
멥쌀가루 250g
소금 2.5g
물 1~2큰술(15~30g)
설탕 25g
치자물 2큰술
(물 ¼컵+치자 1개를 쪼개서
불린 물)

**초록색**
멥쌀가루 250g
소금 2.5g
물 3~4큰술(45~60g)
쑥가루 3g
설탕 25g

**고명**
대추 2개
잣 1작은술

## 만드는 방법

### 1. 치자물 내기

치자는 반으로 쪼개어 뜨거운 물 1/4컵에 10분 정도 우려 체에 거른다.

### 2. 고명 만들기

① 대추는 껍질 부분만 돌려 깎아 밀대로 밀어 얇게 펴준 다음 1개는 돌돌 말아 얇게 잘라 꽃모양으로 만들고 1개는 곱게 채썬다.
② 잣은 길이로 잘라 비늘잣을 만든다.

### 3. 쌀가루 삼등분하여 색 내어 물 주기

① 멥쌀가루는 250g씩 3등분한다.
② 분량의 물과 소금을 섞어 소금물을 만든다.
③ 각각의 쌀가루에 치자물, 쑥가루를 섞은 후 소금물을 넣어 잘 섞어 체에 내린다. 흰색은 쌀가루에 소금물만 섞어 체에 내린다.

Tip 체에 내리는 순서는 흰색-노란색-쑥가루 순으로 한다.

Tip 멥쌀가루가 눈에 띄게 거칠 경우(종이처럼 눌린 쌀가루가 많이 보일 경우) 중간체에 내린 후 계량해서 사용하면 좋다.

④ 체에 내린 쌀가루에 설탕을 넣어 잘 섞는다.

| 구분 | 흰색 | 노란색 | 쑥색 |
|---|---|---|---|
| 쌀가루 | 250g | 250g | 250g |
| 색을 내는 재료 | – | 치자물 2큰술(30g) | 쑥가루 3g |
| 소금물 | 소금 2.5g+물 3큰술 | 소금 2.5g+물 1큰술 | 소금 2.5g+물 3½큰술 |
| 설탕 | 25g | 25g | 25g |

\* 쌀가루 상태에 따라 물의 양 조절 필요

## 만드는 방법

### 4. 안치기

찜기에 시루밑을 깔고 쑥쌀가루·치자쌀가루·흰쌀가루 순서로 가볍게 펴서 편편하게 안친다.

Tip 무지개떡 찜기는 높이가 7.5cm 이상이어야 하며, 호떡 누르개를 이용하면 고르게 안칠 수 있다.

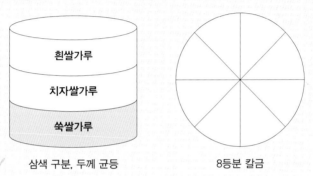

삼색 구분, 두께 균등                    8등분 칼금

### 5. 칼금 주고 고명 올리기

① 대나무 찜기에 안친 무지개떡을 찜기에 올려 익히기 전에 얇은 칼을 이용해 방사형으로 8등분 칼금을 넣는다.

② 칼금을 넣은 떡 위에 준비한 고명을 이용하여 장식한다.

### 6. 찌기

물통에 물이 끓으면 떡이 안쳐진 대나무 찜기를 올려 김이 새는지 확인하고 김이 오른 후 20분간 찌고 약불로 줄여 5분간 뜸들인다.

### 7. 꺼내기

① 찜기 옆면과 떡이 떨어졌는지 확인한다.

② 넓고 편편한 그릇을 뚜껑처럼 덮고 뒤집어 떡을 꺼내고 시루밑을 떼어낸다.

③ 제출용 그릇을 떡에 덮고 다시 뒤집어 담는다.

경단

## 재료 및 분량

찹쌀가루 200g
소금 2g
끓는 물 4~5큰술
볶은 콩가루 50g

## 만드는 방법

### 1. 소금 간하기 및 반죽하기

① 찹쌀가루는 중간체에 한 번 내린다.

② 소금에 끓는 물 1큰술을 넣고 소금물을 만들어 쌀가루에 고루 섞는다.

③ 끓는 물(3~4큰술)을 넣어 가며 되직하게 반죽하여 한 덩어리로 뭉쳐지면 손바닥으로 치대면서 반죽한다. 오랫동안 반죽해야 매끄럽고 차진 경단을 만들 수 있다.

Tip 시험장에서 지급된 쌀가루의 상태에 따라 끓는 물의 양을 조절한다.

### 2. 성형하기

경단 반죽을 길게 밀어 약 12g 정도로 20개 이상으로 분할하여 동그랗게 만든다.

### 3. 삶기

냄비에 넉넉한 물(10컵 이상)을 넣고 끓어오르면 경단을 넣고 바닥에 붙지 않도록 한 번 저어준다. 경단이 떠오르면 중불로 줄이고 찬물 1/2컵을 넣고 끓어오르면 다시 찬물 1/2컵을 넣고 삶는다. 경단이 잘 익을 때까지는 끓는 물에 넣고 약 4분 30초 정도 소요된다.

TIP 경단을 속까지 익히는 것이 중요한데 넉넉한 물에서 끓이는 것이 좋다. 중간에 물을 넣어 주며 삶으면 속까지 익히기 쉽다.

### 4. 냉각하기

익은 경단을 건져 차가운 물에 담가 식히는데 중심부까지 완전히 식을 때까지 찬물을 2~3회 바꿔주며 식힌다.

### 5. 고물 묻히고 그릇에 담기

경단을 건져 물기를 제거하고 볶은 콩가루에 굴려 고물을 묻힌 후 그릇에 담는다.

# 백편·인절미

| 시험시간 | **2시간** |

인절미

백편

**※ 지급된 재료 및 시설을 사용하여 아래 두 가지 작품을 만들어 제출하시오.**

**1. 백편을 만들어 제출하시오.**

① 떡 제조 시 물의 양은 적정량으로 혼합하여 제조하시오(단, 쌀가루는 물에 불려 소금 간하지 않고 2회 빻은 멥쌀가루이다).

② 밤, 대추는 곱게 채썰어 사용하고 잣은 반으로 쪼개어 비늘잣으로 만들어 사용하시오.

③ 쌀가루를 찜기에 안치고 윗면에만 밤, 대추, 잣을 고물로 올려 찌시오.

④ 고물을 올린 면이 위로 오도록 그릇에 담고 썰지 않은 상태로 전량 제출하시오.

**2. 인절미를 만들어 제출하시오.**

① 떡 제조 시 물의 양을 적정량으로 혼합하여 제조하시오(단, 쌀가루는 물에 불려 소금 간하지 않고 1회 빻은 찹쌀가루이다).

② 익힌 찹쌀반죽은 스테인리스볼과 절굿공이(밀대)를 이용하여 소금물을 묻혀 치시오.

③ 친 떡은 기름 바른 비닐에 넣어 두께 2cm 이상으로 성형하여 식히시오.

④ 4×2×2cm 크기로 인절미를 24개 이상 제조하여 콩가루를 고물로 묻혀 전량 제출하시오.

## 백편

### 재료 및 분량

멥쌀가루 500g
소금 5g
물 5~6큰술(80~95g)
설탕 50g
깐 밤 3개
대추 5개
잣 2g

### 만드는 방법

#### 1. 소금 간하기 및 물내리기

① 물 70g에 소금을 넣어 녹인 후 멥쌀가루에 넣어 고루 섞어 중간체에 내린다.

② 쌀가루의 수분량을 점검하며 1~2큰술의 물을 더 주어 중간체에 내린다.

Tip 멥쌀가루가 눈에 띄게 거칠 경우(종이처럼 눌린 쌀가루가 많이 보일 경우) 중간체에 내린 후 계량해서 사용하면 좋다.

#### 2. 고물 준비하기

① 깐 밤 : 밤을 씻어 물기를 제거한 후 가늘게 채 썬다.

② 대추 : 대추를 씻어 물기를 제거하고 껍질 쪽만 얇게 벗겨 밀대로 밀어 준 후 가늘게 채 썬다.

③ 잣 : 잣을 길이로 잘라 비늘잣을 만든다.

#### 3. 안치기

① 멥쌀가루에 설탕을 섞고 시루밑을 깐 찜기에 편편하게 안친다.

② 채 썬 밤과 채 썬 대추를 고루 섞어 멥쌀가루 위에 뿌린다.

③ 밤·대추고물이 빈 곳에 비늘잣을 놓는다.

#### 4. 찌기

물통에 물이 끓으면 떡이 안쳐진 찜기를 올려 김이 새는지 확인하고 김이 오른 후 20분 찌고 약불로 줄여 5분간 뜸들인다.

#### 5. 꺼내기

① 찜기 옆면과 떡이 떨어졌는지 확인한다.

② 넓고 편편한 그릇을 뚜껑처럼 덮고 뒤집어 떡을 꺼내고 시루밑을 떼어 낸다.

③ 제출용 그릇을 떡에 덮고 다시 뒤집어 담는다.

328 Part 3. 떡제조기능사 실기 과제

## 재료 및 분량

찹쌀가루 500g
소금 5g
물 3큰술(45g)
설탕 50g
볶은 노란콩가루 60g
식용유 5g
소금물용 소금 5g

## 만드는 방법

### 1. 찹쌀가루에 물 주기

물 3큰술(45g)에 소금 5g을 섞어 소금물을 만들어 찹쌀가루에 넣고 잘 섞는다.

Tip 대량의 인절미를 제조할 때는 체에 내리지 않지만 시험장에서는 소금을 잘 섞이게 하는 목적으로 체에 한 번 내려주는 것도 좋다.

### 2. 안치기

① 찹쌀가루에 설탕을 넣어 고루 섞는다.
② 찜통에 젖은 면포를 깔고 설탕을 살짝 뿌린다.
③ 쌀가루를 주먹 쥐어 덩어리지게 안친다.

### 3. 찌기

물통에 물이 끓으면 떡이 안쳐진 찜기를 올려 김이 새는지 확인하고 쌀가루 위에 고루 김이 오른 후 20분간 찌고 약불로 줄여 5분간 뜸들인다.

### 4. 치기

① 물 1컵에 소금 1작은술을 섞어 소금물을 만든다.
② 적당한 크기로 자른 비닐에 기름을 발라 준비한다.
③ 스테인리스볼에 소금물을 바르고 익은 찹쌀반죽을 넣어 절굿공이에 소금물을 적셔 가며 쳐준다. 소금물을 적셔 가며 쳐야 떡이 붙지 않는다.
④ 기름 바른 비닐에 친 떡을 넣고 2cm 이상 두께의 사각형으로 만들어 식힌다.

### 5. 잘라 고물 묻히기

① 식은 인절미는 스크레이퍼에 기름을 발라 4cm 폭으로 길게 자른다.
② 자른 인절미에 고물을 전체적으로 묻힌 후 다시 2cm 폭으로 잘라 고물을 한 번 더 묻힌다.
③ 고물을 묻힌 인절미는 제출용 접시에 24개 이상 나란히 붙여 담아야 인절미가 늘어지지 않고 모양이 잡힌다.

# 흑임자시루떡·개피떡(바람떡)

| 시험시간 | **2시간** |

개피떡(바람떡)

흑임자시루떡

※ **지급된 재료 및 시설을 사용하여 아래 두 가지 작품을 만들어 제출하시오.**

### 1. 흑임자시루떡을 만들어 제출하시오.

① 떡 제조 시 물의 양은 적정량으로 혼합하여 제조하시오(단, 쌀가루는 물에 불려 소금 간하지 않고 1회 빻은 쌀가루이다).

② 흑임자는 씻어 일어 이물이 없게 하고 타지 않게 볶아 소금 간하여 빻아서 고물로 사용하시오.

③ 찹쌀가루 위·아래에 흑임자 고물을 이용하여 찜기에 한 켜로 안치시오.

④ 찜기에 안쳐 물솥에 얹어 찌시오.

⑤ 썰지 않은 상태로 전량 제출하시오.

### 2. 개피떡(바람떡)을 만들어 제출하시오.

① 떡 제조 시 물의 양을 적정량으로 혼합하여 반죽을 하시오(단, 쌀가루는 물에 불려 소금 간하지 않고 2회 빻은 멥쌀가루이다).

② 익힌 멥쌀반죽은 치대어 떡반죽을 만들고 떡이 붙지 않게 고체유를 바르면서 제조하시오.

③ 떡반죽은 두께 4~5mm 정도로 밀어 팥앙금을 소로 넣어 원형틀(직경 5.5cm 정도)을 이용하여 반달 모양(◠)으로 찍어 모양을 만드시오.

④ 개피떡은 12개 이상으로 제조하여 참기름을 발라 제출하시오.

**흑임자
시루떡**

## 재료 및 분량

찹쌀가루 400g
소금 4g
설탕 40g
물 3~4큰술(45~60g)
흑임자 110g
소금 적정량

## 만드는 방법

### 1. 흑임자 고물 만들기
① 흑임자는 돌 없이 씻어 일어 타지 않게 볶는다.
② 볶은 깨를 식혀 소금을 넣고 절구와 절굿공이를 이용하여 고물을 만든다.

### 2. 소금 간하기 및 물 내리기
① 물 45g에 소금을 넣어 녹인 후 찹쌀가루에 넣어 고루 섞어 중간체에 내린다.
② 찹쌀가루의 수분량을 점검하며 1큰술의 물을 더 주어 중간체에 내린다.

### 3. 안치기
① 시루밑을 깐 찜기에 1/2 정도의 흑임자 고물을 고루 깐다.
② 체에 내린 쌀가루에 설탕을 섞고 고물 위로 편편하게 안친다.
③ 나머지 흑임자 고물을 고루 뿌린다.

### 4. 찌기
물통에 물이 끓으면 떡이 안쳐진 찜기를 올려 김이 새는지 확인하고 김이 오른 후 30분간 찌고 약불로 줄여서 5분간 뜸들인다.

### 5. 꺼내기
① 젓가락으로 찜기 테두리를 따라 돌려 옆면과 떡을 떨어뜨린다.
② 넓고 편편한 그릇을 뚜껑처럼 덮고 뒤집어 떡을 꺼내고 시루밑을 떼어낸다.
③ 고물을 다듬고 썰지 않은 상태로 전량 제출한다.

## 개피떡 (바람떡)

### 재료 및 분량

멥쌀가루 300g
소금 3g
물 7~8큰술(105~120g)
팥앙금 200g
고체유 5g
참기름 적정량
설탕 10g(찔 때 필요시 사용)

### 만드는 방법

#### 1. 소금 간하기 및 물주기

① 물 50g에 소금을 넣어 녹인 후 멥쌀가루에 넣어 고루 섞어 중간체에 내린다.

② 쌀가루의 수분량을 점검하며 3~4큰술(45~60g)의 물을 더 주어 고루 섞는다.

Tip 개피떡은 물을 많이 넣는 떡으로, 필요한 물을 모두 한번에 넣으면 쌀가루가 덩어리져 체에 내리기 어렵다.

Tip 멥쌀가루가 눈에 띄게 거칠 경우(종이처럼 눌린 쌀가루가 많이 보일 경우) 중간체에 내린 후 계량해서 사용하면 좋다.

#### 2. 안치기

찜기에 젖은 면포를 깔고 쌀가루를 안친다.

#### 3. 찌기

물통에 물이 끓으면 떡이 안쳐진 찜기를 올려 김이 새는지 확인하고 쌀가루 위로 고루 김이 오른 후 20분간 찐다.

#### 4. 부재료 준비하기

팥앙금은 16g씩 분할하여 길쭉한 원통 모양으로 빚는다.

#### 5. 치기

① 젖은 광목에 익힌 멥쌀 반죽을 넣고 치댄다.

② 치댄 떡은 비닐에 넣거나 젖은 면포로 덮어 마르지 않게 둔다.

#### 6. 성형하기

① 친 떡을 12~13등분 한다.

② 고체유를 도마와 밀대에 바르고 떡 반죽을 4~5mm 두께로 밀어 팥앙금을 넣어 반달 모양(△)으로 찍는다.

③ 개피떡 표면에 참기름을 얇게 발라 접시에 담는다.

# 흰팥시루떡·대추단자

| 시험시간 | **2시간** |

대추단자

흰팥시루떡

**※ 지급된 재료 및 시설을 사용하여 아래 두 가지 작품을 만들어 제출하시오.**

## 1. 흰팥시루떡을 만들어 제출하시오.

① 떡 제조 시 물의 양은 적정량으로 혼합하여 제조하시오(단, 쌀가루는 물에 불려 소금 간하지 않고 2회 빻은 멥쌀가루이다).

② 불린 흰팥(동부)은 거피하여 쪄서 소금 간하고 빻아 체에 내려 고물로 사용하시오(중간체 또는 어레미 사용 가능).

③ 멥쌀가루 위·아래에 흰팥고물을 이용하여 찜기에 한 켜로 안치시오.

④ 찜기에 안쳐 물솥에 얹어 찌시오.

⑤ 썰지 않은 상태로 전량 제출하시오.


## 2. 대추단자를 만들어 제출하시오.

① 떡 제조 시 물의 양을 적정량으로 혼합하여 반죽을 하시오(단, 쌀가루는 물에 불려 소금 간하지 않고 1회 빻은 찹쌀가루이다).

② 대추의 40% 정도는 떡 반죽용으로, 60% 정도는 고물용으로 사용하시오.

③ 떡 반죽용 대추는 다져서 쌀가루와 함께 익혀 쓰시오.

④ 고물용 대추, 밤은 곱게 채썰어 사용하시오(단, 밤은 채썰 때 전량 사용하지 않아도 됨).

⑤ 대추를 넣고 익힌 찹쌀반죽은 소금물을 묻혀 치시오.

⑥ 친 대추단자는 기름(식용유) 바른 비닐에 넣어 성형하여 식히시오.

⑦ 친 떡에 꿀을 바른 후 3×2.5×1.5cm 크기로 잘라 밤채, 대추채 고물을 묻히시오.

⑧ 16개 이상 제조하여 전량 제출하시오.

**흰팥
시루떡**

## 재료 및 분량

멥쌀가루 500g
소금 5g
설탕 50g
물 5~6큰술(80~95g)
불린 흰팥 320g
소금 3g

## 만드는 방법

### 1. 고물 만들기
① 불린 흰팥(동부)은 손으로 비벼 껍질을 벗긴다.
② 불린 물을 체에 다시 받아 가며 제물에서 껍질을 제거한다.
③ 일어 돌이나 불순물을 제거한 후 찜기에 면포를 깔고 40분 이상 푹 찐다.
④ 동부가 익었는지 확인한 후 꺼내어 소금을 넣고 절굿공이로 빻는다.
⑤ 어레미(굵은 체)나 중간체에 내려 고물을 만든다.

### 2. 소금 간하기 및 물 내리기
① 물 70g에 소금을 넣어 녹인 후 멥쌀가루에 넣어 고루 섞어 중간체에 내린다.
② 쌀가루의 수분량을 점검하며 1~2큰술의 물을 더 주어 중간체에 내린다.

Tip 멥쌀가루가 눈에 띄게 거칠 경우(종이처럼 눌린 쌀가루가 많이 보일 경우) 중간체에 내린 후 계량해서 사용하면 좋다.

### 3. 안치기
① 시루밑을 깐 찜기에 1/2 정도의 흰팥 고물을 고루 깐다.
② 체에 내린 쌀가루에 설탕을 섞고 고물 위로 편편하게 안친다.
③ 나머지 흰팥 고물을 고루 뿌린다.

### 4. 찌기
물통에 물이 끓으면 떡이 안쳐진 찜기를 올려 김이 새는지 확인하고 김이 오른 후 20분간 찌고 약불로 줄여서 5분간 뜸들인다.

### 5. 꺼내기
① 찜기를 살짝 기울여 찜기 옆면과 떡이 떨어졌는지 확인한다.
② 넓고 편편한 그릇을 뚜껑처럼 덮고 뒤집어 떡을 꺼내고 시루밑을 떼어 낸다.
③ 제출용 그릇을 떡에 덮고 다시 뒤집어 담아 고물을 다듬는다.

## 재료 및 분량

찹쌀가루 200g
소금 2g
물 1~2큰술(15~30g)
대추 80g
깐 밤 6개
꿀 20g
식용유·설탕 적정량
소금물용 소금 5g

## 만드는 방법

### 1. 고물 및 부재료 준비하기

① 고물용 깐 밤 : 밤을 씻어 물기를 제거한 후 가늘게 채 썬다.

② 고물용 대추 : 대추를 씻어 물기를 제거하고 껍질 쪽만 얇게 벗겨 밀대로 밀어준 후 가늘게 채 썬다.

③ 떡 반죽용 대추 : 대추를 씻어 물기를 제거하고 씨를 빼 곱게 다진다. 떡 반죽용 대추는 씨를 뺄 때 살을 두껍게 발라 준다.

Tip 고물용 대추와 떡 반죽용 대추는 씨를 제거할 때 차이를 두고 빼야 한다.

### 2. 소금 간하기 및 물 주기

물 15g에 소금을 넣어 녹인 후 찹쌀가루에 넣고 잘 섞는다.

Tip 대량 제조할 때는 체에 내리지 않지만, 시험장에서는 소금이 잘 섞이게끔 중간체에 한 번 내려주는 것도 좋다.

### 3. 안치기

① 찜통에 젖은 면포를 깔고 설탕을 살짝 뿌린다.

② 찜기에 쌀가루가 고루 익도록 가운데를 움푹 파 안치고 물통의 물이 끓으면 찜기를 올려 3~5분 정도 익힌다.

③ 찜기 뚜껑을 열어 보아 쌀가루 표면이 살짝 익었으면 다진 대추를 올려 20분간 찌고, 5분간 뜸들인다.

### 4. 치기

① 물 1컵에 소금 1작은술을 섞어 소금물을 만든다.

② 적당한 크기로 자른 비닐에 식용유를 발라 준비한다.

③ 스테인리스볼과 절굿공이에 소금물을 적셔가며 익은 찹쌀반죽을 친다.

④ 기름 바른 비닐에 친 떡을 넣고 1.5cm 정도 두께의 사각형으로 만들어 식힌다.

**만드는 방법**

### 5. 잘라 고물 묻히기

① 식은 대추단자는 기름 바른 스크레이퍼로 3×2.5×1.5cm로 잘라 고물을 묻힌다.

② 고물을 묻힌 대추단자는 제출용 접시에 16개 이상 나란히 붙여가며 담아야 늘어지자 않고 모양이 잡힌다.

도량형

조선왕조 궁중병과 · 음청류 전수종목

부 록

# 도량형(度量衡)

| 옛날의 단위와 현대의 단위 | | | | 의 미 | |
|---|---|---|---|---|---|
| 길이<br>(度) | 푼(分) | 0.303 | cm | • 길이의 단위 | 1푼=1/10치 |
| | 치(寸) | 3.03 | cm | | 1치=10푼 |
| | 자(尺) | 30.03 | cm | | 1자=10치 |
| | 마(碼) | 91.44 | cm | | 1마=3자 |
| | 필(疋) | | | • 일정한 길이로 짠 피륙의 단위<br>• 옥양목이나 광목은 통이라 함 | |
| | 장(丈) | 3.03 | m | • 긴 정도. 남자의 키 | 1장=10자 |
| | 리(里) | 3.927 | m | | |
| 부피<br>(量) | 작(勺) | 18.039 | mL | • 양의 단위<br>• 지적의 단위. 坪(평)의 1/100 | 夕(사) |
| | 홉(合) | 180.39 | mL | • 양의 단위<br>• 지적의 단위. 坪(평)의 1/10 | 1홉=10작 |
| | 되(升) | 1803.9 | mL | • 곡식, 액체 등의 분량 | 1되=10홉 |
| | 말(斗) | 18.039 | L | • 곡식, 액체 등의 분량 | 1말－10되 |
| | 섬(石) | 180.39 | L | • 곡식, 액체 등의 분량 | 1섬=10말 |
| 무게<br>(衡) | 푼(分) | 0.375 | g | • 무게의 단위 | |
| | 돈(錢) | 3.75 | g | | 1돈=10푼 |
| | 냥(兩) | 37.5 | g | | 1냥=10돈 |
| | 근(斤) | 375<br>600 | g | • 1근=10냥(채소)<br>• 1근=16냥(육류) | 1관=10근 |
| | 관(貫) | 3.75 | kg | | |

| 옛날의 단위와 현대의 단위 | | | 의 미 | |
|---|---|---|---|---|
| 수<br>(數) | 개(介, 箇, 個) | | • 과일, 채소, 해삼, 전복 등의 낱개 | |
| | 미(尾) | 마리 | • 짐승이나 물고기의 수 | |
| | 각(脚) | | • 각을 떠서 사용할 수 있는 육류 | |
| | 첩 | | • 약복지(藥袱紙)에 싼 약 | |
| | 단(丹) | | • 파, 미나리 등 | |
| | 곶(串) | | • 꼬챙이에 꿰어 있는 곶감 등 | |
| | 두름 | | • 물고기나 나물을 길게 엮은 것 | |
| | 접 | | • 과실, 채소 따위의 100개씩 묶음 | 1두름＝20마리 |
| | 단 | | • 짚, 땔나무, 푸성귀 같은 것의 묶음 | 곶감1접＝100개 |
| | 사리 | | • 국수, 새끼, 실 등을 사리어 감은 뭉치 | |
| | 본(本) | 뿌리 | • 연근 등 | |
| | 원(圓) | | • 사탕 등 | |
| | 우(隅) | 모 | • 두부 | |
| | 수(首) | 마리 | • 닭, 꿩 등 | |
| | 부(部) | | • 내장 등 | |
| | 악(握) | 줌 | • 고사리, 도라지 등 | |
| | 입(立) | | • 약과의 개수, 다시마 등 | |
| | 편(片) | 조각 | • 송기 등 | |
| | 토리(吐理) | | • 박고지 등 | |

# 조선왕조 궁중병과 · 음청류 전수종목(총 116종)

## 떡류(45종)

### 메시루떡(粳甑餅)
백설기(白雪只)
백편(白片)
꿀편(蜜雪只)
승검초편(辛甘草雪只)
임자설기(荏子雪只)
잡과밀설기(雜果蜜雪只)
청애설기(靑艾雪只)
백두경증병(白豆粳甑餅)
녹두경증병(菉豆粳甑餅)
석이경증병(石耳粳甑餅)
임자경증병(荏子粳甑餅)
적두경증병(赤豆粳甑餅)

### 차시루떡(粘甑餅)
백두점증병(白豆粘甑餅)
녹두점증병(菉豆粘甑餅)
밀점증병(蜜粘甑餅)
석이점증병(石耳粘甑餅)
임자점증병(荏子粘甑餅)
초두점증병(炒豆粘甑餅)
신감초점증병(辛甘草粘甑餅)
석이밀설기(石耳蜜雪只)
초두석이점증병(炒豆石耳粘甑餅)

### 합병(盒餅) · 후병(厚餅)

### 증병(蒸餅)

### 산삼병(山蔘餅)

### 단자병(團子餅)
석이단자(石耳團子)
대추단자(大棗團子)
청애단자(靑艾團子)

밤단자(栗團子)
은행단자(銀杏團子)
승검초단자(辛甘草團子)
잡과단자(雜果團子)

### 백병(白餅 : 가래떡)

### 절병(切餅 : 절편)

### 갑피병(甲皮餅)

### 산병(散餅)

### 인절병(引切餅)

### 송병(松餅 : 송편)

### 삭병(索餅)

### 사증병(沙蒸餅)

### 조악(助岳)
감태조악(甘苔助岳)
대추조악(大棗助岳)
승검초조악(辛甘草助岳)
치자조악(梔子助岳)

### 화전(花煎)

### 약반(藥飯)

## 한과류(63종)

### 유밀과(油蜜菓)
약과(藥果)
방약과(方藥果)
행인과(杏仁果)
다식과(茶食果)
연약과(軟藥果)
만두과(饅頭果)
한과(漢果)
차수과(叉手果)
매엽과(梅葉果) · 매작과(梅雀果) ·
　　　타래과
박계(朴桂)
채소과(菜蔬菓)
미자(味子)

### 유과류(油果類)
연사과(軟絲果)
강정(强精)
산자(散子)
빙사과(氷絲果)
감사과(甘絲果)
요화과(蓼花)

### 다식류(茶食類)
녹말다식(菉末茶食)
강분다식(薑粉茶食)
갈분다식(葛粉茶食)
황률다식(黃栗茶食)
송화다식(松花茶食)
계강다식(桂薑茶食)
흑임자다식(黑荏子茶食)
청태다식(靑太茶食)
산약다식(山藥茶食)

승검초다식(辛甘草茶食)
진말다식(眞末茶食)

## 정과류(正果類)

길경정과(桔梗正果) · 길경건정과
(桔梗乾正果)
연근정과(蓮根正果)
생강정과(生薑正果) · 생강건정과
(生薑乾正果)
모과정과(木瓜正果)
산사정과(山査正果)
두충정과(杜沖正果)
동과정과(冬瓜正果)
생이정과(生梨正果)
유자정과(柚子正果)

## 숙실과류(熟實果類)

율란(栗卵)
조란(棗卵)
강란(薑卵)
밤초
대추초

## 과 편

녹말편(菉末片) · 오미자편(五味
子片)
앵두편(櫻餅)
살구편(杏餅)
복분자편(覆盆子片)
모과편(木瓜片)

## 엿강정류

흰깨엿강정
흑임자엿강정

백자편(柏子餅)

## 당류(糖類)

사탕(砂糖)
팔보당(八寶糖)
옥춘당(玉春糖)
인삼당(人蔘糖)
진자당(榛子糖)
청매당(靑梅糖)
빙당(氷糖)
수옥당(水玉糖)
어과자(御菓子)
문동당(門冬糖)
귤병(橘餅)

## 엿 류

## 음청류(8종)

청면(淸麵) · 화면 · 세면 · 수면
수정과(水正果) · 가련수정과(假蓮
水正果)
수단(水團) · 보리수단 · 떡수단 ·
원소병
배숙(梨熟)
상설고(霜雪膏)
유자화채(柚子花菜)
밀수(蜜水) · 송화밀수(松花蜜水)
식혜(食醯)

# 참고문헌

『국역산림경제』(전2권), 고전국역총서, 민문고, 1967.

『식품재료학사전』, 한국사전 연구사, 1997.

『원행을묘정리의궤』 상·중·하, 규장각 총서, 서울대학교 규장각, 1994.

강인희, 『한국식생활풍속』, 삼영사, 1978.

강인희, 『한국의 떡과 과즐』, 대한교과서주식회사, 1997.

강인희, 『한국의 맛』, 대한교과서주식회사, 1987.

강인희 외 6명, 『한국음식대관 제3권 — 떡·과정·음청』, 한림출판사, 2000.

강인희·이경복, 『한국식생활풍속』, 삼영사, 1982.

김관 외, 찹쌀의 침지시간을 달리하여 제조한 찹쌀떡의 노화속도, 한국식품과학회지. Vol.27-2, 1995.

김광언, 『김광언의 민속지』, 조선일보사, 1994.

김귀영·이성우, 음식보의 조리에 관한 분석적 고찰, 한국식생활학회지, Vol.3-2, 1988.

김귀영·이성우, 이씨음식책의 조리에 관한 분석적 고찰, 한국식문화학회지, Vol.5-2, 1990.

김기숙, 경단 조리법의 표준화를 위한 조리과학적 연구 I, 한국조리과학회지, Vol.3-1, 1987.

김기숙, 『조리방법별 조리과학 실험』, 교학연구사, 1995.

김득중, 『우리의 전통예절』(증보판), 한국문화재보호재단, 1986.

김명길, 『낙선재 주변』, 중앙일보사, 1977.

김상보, 『조선왕조 궁중의궤 음식문화』, 수학사, 1996.

김상정, 『식품학』, 수학사, 1987.

김용숙, 『조선조 궁중풍속 연구』, 일지사, 1987.

김정옥 외, 쌀전분젤의 노화에 수분함량과 저장온도가 미치는 영향, 한국식품과학회지, Vol.28-3 1996.

류기형, 『한국의 떡』, 도서출판 효일, 2005.

박미원 외, 쌀의 수침시간에 따른 절편의 특성, 한국조리과학회지, Vol.8-3, 1992.

박일화, 『식품과 조리원리』, 수학사, 1990.

방신영, 『우리나라 만드는 법』, 청구문화사, 1952.

방신영, 『조선요리제법』, 신문관, 1917.

빙허각 이씨, 『규합총서』, 1815년경.

빙허각 이씨 원찬, 『부인필지』, 1915.

손경희 외, 『한국음식의 조리과학』, 교문사, 2001.

손정규, 『우리음식』, 삼중당, 1948.

손정규, 『조선요리』, 경성서방, 1940.

송정순 외, 압력솥 사용 및 쌀가루의 입자크기가 백설기의 품질특성에 미치는 영향, 한국조리과학
    회지, Vol.8-3, 1992.

신민자, 『한국 병과류 및 음청류―역사와 조리』, 경희호텔경영전문대학, 1997.

안동 장씨 부인, 『다시 보고 배우는 음식디미방』, (사)궁중음식연구원, 1999.

안명숙, 『식품과 조리과학』, 신광출판사, 1992.

유만공 원저·임기중 역주, 『우리 세시풍속의 노래』, 집문당, 1993.

유태종, 『식품보감』, 문문당, 1988.

윤서석, 『한국식생활문화』, 신광출판사, 2009.

윤서석 외, 『한국음식문화대관 1권』, 한국문화재보호재단, 1997.

윤서석·조후종, 조선시대 후기의 조리서인 음식법의 해설 Ⅰ·Ⅱ·Ⅲ, 한국식문화학회지,
    Vol.8-1·2·3, 1993.

윤숙경, 『우리말조리어사전』, 신광줄판사, 1996.

이근명, 『태상지』, 장서각, 1873.

이두현, 『한국민속학논고』, 학연사, 1984.

이석만, 『간편조선요리제법』, 삼문사, 1934.

이석호 역, 『조선세시기』(열양세시기, 동국세시기, 동경잡기, 경도잡지), 동문선, 1991.

이성우, 『고대 한국식생활사 연구』, 향문사, 1978.

이성우, 『한국식경대전』, 향문사, 1981.

이성우·조준하 역,『국역 역주방문』, 한양대학교 한국생활과학연구소, 한국생활과학연구, No.1, 1983.

이성우·조준하 역,『요록』, 한양대학교 한국생활과학연구소, 한국생활과학연구, No.1, 1983.

이성우 찬,『조선왕조 행행식 가례식 영접식 의궤』, 미원음식연구원, 1988.

이성우 찬,『한국고식문헌 집성 고조리서(Ⅰ~Ⅶ)』, 수학사, 1992.

이용기,『조선무쌍신식요리제법』, 영창서관, 1943.

이인의 외, 찹쌀떡의 저장중 texture의 변화, 한국식품과학회지, Vol.15-4, 1983

이지영 외, 식이섬유 첨가가 절편의 특성에 미치는 영향에 관한 연구, 한국조리과학회지, Vol.10-3, 1994.

이철호·김선영, 한국전통음료에 관한 문헌적 고찰—1: 전통음료의 종류와 제조방법, 한국식생활문화학회지, 6(1), 1991.

이춘녕·김우정 공저,『천연 향신료와 식용색소』, 향문사, 1995.

이춘자 외,『통과의례음식』, 대원사, 1997.

이혜수 외,『조리과학』, 교문사, 2001.

이효지, 당의 종류와 물에 첨가량에 따른 신감초편의 텍스쳐에 관한 연구, 한국조리과학회지, Vol.7-4, 1991.

이효지, 요록의 조리과학적 고찰, 한양대학교 한국생활과학연구소, 한국생활과학연구, No.2, 1984.

이효지, 한국의 음청류 문화, 한국식생활문화학회지, 9(4), 1994.

이효지 외, 쑥인절미의 제조방법에 따른 텍스쳐 특성, 한국조리과학회지, Vol.11-5, 1995.

이훈종,『국하도감』, 일조각, 1970.

이훈종,『민족생활어사전』, 한길사, 1992.

정양완 역주,『국역 규합총서』, 보진재, 1975.

조자호,『조선요리법』, 광한서림, 1938.

전호태,『어린이박물관 고구려』, 웅진주니어, 2008.

지형준,『건강식품 생약』, 서울대학교출판부, 1999.

찬자미상,『시의전서』, 1800년대 말.

찬자미상,『역주방문』, 1800년대 중반.

찬자미상,『요록』, 1680년경

찬자미상,『윤씨음식법』, 1854.

찬자미상,『음식보』, 1700년 초.

찬자미상,『이씨음식법』, 1800년대 말.

찬자미상,『주방』, 1800년대 초.

찬자미상,『주방문』, 1680년대 말경.

최인자 · 김영아, 식이섬유 첨가에 의한 백설기의 특성 변화에 관한 연구, 한국조리과학회지, Vol.8-3, 1992.

한국민속사전 편찬위원회, 『한국민속대사전』, 민족문화사, 1991.

한국정신문화연구원, 『한국민족문화대백과사전 11 · 15권』, 한국정신문화연구원, 1991.

한국의 맛 연구회, 『전통건강음료』, 대원사, 1996.

한복려, 『쉽게 맛있게 아름답게 만드는 떡』, 궁중음식연구원, 1999.

한복려 외, 『쉽게 맛있게 아름답게 만드는 한과』, 궁중음식연구원, 2000.

한복진, 『우리가 정말 알아야 할 우리 음식 백 가지』, 현암사, 1998.

한희순 · 황혜성 · 이혜경, 『이조궁정요리통고』, 학총사, 1957.

허균 원저, 『도문대작』, 1611.

허준 원저, 『국역 동의보감』(1611), 남산당, 1991.

현기순 외, 『조리학』, 교문사, 1977.

홍만선, 『산림경제』, 1715년경.

홍선표, 『조선요리학』, 조광사, 1940.

홍성모, 『동국세시기』, 1849.

황혜성, 『조선왕조 궁중음식』, 궁중음식연구원, 1995.

황혜성, 『한국요리 백과사전』, 삼중당, 1976.

황혜성 · 한복려 · 한복진, 『한국의 전통음식』, 교문사, 1991.

황혜성 역주, 『음식디미방』(영인본―해설편), 궁중음식연구원, 1985.

황혜성 외, 『한국음식문화대관 6권』, 한국문화재보호재단, 1997.

# 찾아보기

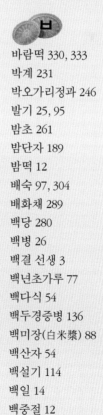

## 저자 소개

### 정길자
(사)궁중병과연구원 원장
국가무형유산 조선왕조 궁중음식 보유자

### 박영미
한양여자대학교 외식산업과 교수
국가무형유산 조선왕조 궁중음식 이수자

### 장소영
경민대학교 호텔조리과 교수
국가무형유산 조선왕조 궁중음식 이수자

### 조은희
전통문화연구소 온지음 맛공방 방장
국가무형유산 조선왕조 궁중음식 이수자

### 이종민
(사)궁중병과연구원 교육팀장
국가무형유산 조선왕조 궁중음식 이수자

3판

# 한국의 전통병과

**초판 발행** 2010년 3월 5일
**2판 발행** 2021년 2월 22일
**3판 발행** 2025년 2월 10일

**지은이** 정길자 외
**펴낸이** 류원식
**펴낸곳** 교문사

**편집팀장** 성혜진 | **디자인·본문편집** 신나리
**사진** 최동혁 | **푸드스타일링** 손선영

**주소** 10881, 경기도 파주시 문발로 116
**대표전화** 031-955-6111 | **팩스** 031-955-0955
**홈페이지** www.gyomoon.com | **이메일** genie@gyomoon.com
**등록번호** 1968.10.28. 제406-2006-000035호

**ISBN** 978-89-363-2636-4 (93590)
**정가** 26,000원